Roboter programmieren mit NXC für LEGO® MINDSTORMS® NXT

Daniel Braun

Roboter programmieren mit NXC für LEGO® MINDSTORMS® NXT

mitp

Bibliografische Information Der Deutschen Nationalbibliothek
Die Deutsche Nationalbibliothek verzeichnet diese Publikation in der Deutschen Nationalbibliografie; detaillierte bibliografische Daten sind im Internet über <http://dnb.d-nb.de> abrufbar.

Bei der Herstellung des Werkes haben wir uns zukunftsbewusst für umweltverträgliche und wiederverwertbare Materialien entschieden.
Der Inhalt ist auf elementar chlorfreiem Papier gedruckt.

ISBN 978-3-8266-5070-3
1. Auflage 2009

E-Mail: kundenbetreuung@hjr-verlag.de

Telefon: +49 89/2183-7928
Telefax: +49 89/2183-7620

Lektorat: Sabine Schulz
Sprachkorrektorat: Petra Heubach-Erdmann
Satz: III-satz, Husby, www.drei-satz.de
Druck: Köppl & Schönfelder, Stadtbergen

Inhaltsverzeichnis

Vorwort

Liebe Leserinnen, liebe Leser,

waren Roboter vor einigen Jahren noch Stoff für Science-Fiction-Filme, so sind sie heute längst in unserem Alltag angekommen, teilweise sichtbar, teilweise unsichtbar. Beim Einkaufen, beim Autofahren oder im Haushalt, überall dort treffen wir Roboter und intelligente Maschinen an.

Bisher gab es für den normalen Anwender aber kaum eine Möglichkeit, selbst mit Robotern zu arbeiten, da die Hardware zum einen sehr teuer war und die Programmierung äußerst kompliziert.

Mit diesem Buch erhalten Sie nun erstmals die Möglichkeit, Ihren eigenen Roboter zu bauen und zu programmieren. Alles, was Sie dazu brauchen, ist ein LEGO® MINDSTORMS® NXT und ein Computer. Sie brauchen keine teure Zusatzsoftware und keinerlei Vorkenntnisse im Programmieren. Im Laufe des Buches werden Sie das Programmieren mit der Programmiersprache NXC von Grund auf lernen. Anhand praxisnaher Beispiele werden Sie nach und nach immer mehr Befehle kennen lernen und somit immer weitere Möglichkeiten haben, den NXT zu steuern. Am Ende werden Sie in der Lage sein, einen autonomen Roboter zu programmieren, der intelligent auf seine Umgebung reagiert und die verschiedensten Aufgaben lösen kann. Außerdem werden Sie, sozusagen ganz nebenbei, die Grundregeln und Begriffe des Programmierens kennen lernen, was es Ihnen später leicht ermöglicht, weitere Programmiersprachen zu erlernen.

Um Ihnen das Erlernen von NXC möglichst einfach zu machen, werden alle Befehle praxisnah erklärt. Außerdem finden Sie am Ende jedes Kapitels einige Übungen, die sich auf den Inhalt des Kapitels beziehen. Neben Fragen finden Sie hier auch einige Aufgaben zur Erstellung von Programmen. Im Anhang des Buches finden Sie die Lösung zu allen Übungen, sortiert nach Kapiteln. Bitte bedenken Sie dabei aber, dass es, gerade bei Programmen, oft nicht nur eine Lösung gibt. Daher sind die angegebenen Lösungen als Musterlösungen anzusehen.

Außerdem finden Sie am Ende jedes Kapitels auch eine Übersicht der in diesem Kapitel neu eingeführten Begriffe und Befehle in einer Tabelle zusammengefasst. Bevor Sie mit dem nächsten Kapitel weitermachen, haben Sie so noch einmal die Möglichkeit, sich zu vergewissern, dass Sie alle Befehle und Begriffe verstanden haben und kennen, dies ist insbesondere wichtig, da die einzelnen Kapitel aufeinander aufbauen.

Um Ihnen das Programmieren, auch nachdem Sie das Buch gelesen haben, zu erleichtern, finden Sie außerdem am Ende ein Stichwortverzeichnis und eine Tabelle mit allen Befehlen, die im Rahmen dieses Buches behandelt werden.

Alle vollständigen Programme, die innerhalb dieses Buches beschrieben sind und nach folgender Form nummeriert sind:

Programm 1.1

finden Sie auch im Internet zum Download unter `www.it-fachportal.de/5070`.

Falls Sie Fragen, Anregungen, Lob oder Kritik zum Buch haben, oder auch Fragen zu Themen des Buches oder zu weiterführenden Themen, können Sie gerne mit mir in Kontakt treten. Kontakt können Sie entweder über meine Webseite, `www.daniel-braun.com`, oder per E-Mail, an `info@daniel-braun.com`, aufnehmen.

Zum Schluss möchte ich noch gerne drei Menschen danken: Ich möchte Cora Jacobi und Markus Meyer danken, die mich überhaupt erst auf die Idee gebracht haben, dieses Buch zu schreiben. Außerdem gilt mein besonderer Dank Karl-Heinz Barzen, der maßgeblich daran beteiligt war, dass das Buch möglichst einfach und übersichtlich bleibt, und dafür sehr viel Zeit investiert hat.

Viel Spaß beim Lesen und viel Erfolg beim Programmieren!

Daniel Braun

Über den Autor

Daniel Braun beschäftigt sich schon seit langem mit den Themen Künstliche Intelligenz und Robotik. Er nahm als aktiver Teilnehmer und als Coach bereits an zahlreichen Programmier- und Konstruktionswettbewerben teil, unter anderem fünf mal bei der First Lego League, dem offiziellen Wettbewerb der Firma LEGO® für die MINDSTORMS®-Systeme. Im Jahr 2005 trat er zusammen mit dem späteren Weltmeister im Roboter-Fußball bei den German Open des RoboCups an.

Außerdem ist er mitverantwortlich für das »Pleopatra«-Projekt des Deutschen Forschungszentrums für Künstliche Intelligenz (DFKI), das sich mit der intelligenten Mensch-Maschine-Kommunikation bei Robotern beschäftigt.

Neben der Robotik interessiert er sich als Chefredakteur eines der ältesten deutschen Online-Magazine zum Thema Gaming für alle Themen rund um den Computer, insbesondere Spiele.

Kapitel 1

NXT und NXC

1.1 Der NXT

Der NXT ist das neueste Mitglied der LEGO-Mindstorms-Familie. Wie sein direkter Vorgänger, der RCX, ist er ein »intelligenter Baustein« zum Bauen und Programmieren von Robotern, basierend auf einem Mikrocontroller.

Standardmäßig wird der NXT mit der NXT-G-Programmierumgebung ausgeliefert, einer grafischen Oberfläche zur Erstellung von Programmen.

An den NXT können über drei Ausgänge Motoren angeschlossen werden. Im Gegensatz zu den älteren RCX-Motoren haben die neuen Motoren einen Rotationssensor eingebaut.

Außerdem verfügt der NXT über vier Eingänge für Sensoren. Es gibt sowohl von LEGO als auch von Drittherstellern eine Vielzahl an verschiedenen Sensoren. Zu den gebräuchlichsten gehören der Lichtsensor und der Tastsensor.

Abb. 1.1: Der NXT (Quelle: LEGO GmbH)

Während der Vorgänger nur über eine langsame Infrarot-Schnittstelle zum Kommunizieren mit dem Computer verfügte, steht dem NXT ein USB-Anschluss und drahtlose Verbindung per Bluetooth zur Verfügung.

Die technischen Daten des NXT im Überblick:

- 32 Bit ATMEL-ARM-Prozessor
- ATmega48-Koprozessor mit 8 Bit

- Bluetooth
- USB-2.0-Anschluss
- 3 Sensoreneingänge + Highspeed-Port
- 3 Motorenausgänge
- LC-Display mit 100 x 64 Pixel
- 8-Bit-Soundausgabe
- Open-Source-Firmware

Wer mit all diesen Begriffen nichts anfangen kann, muss sich keine Sorgen machen, zum Programmieren des NXT sind keine Kenntnisse der Hardware nötig.

Wer sich jedoch etwas auskennt, wird feststellen, dass im NXT einiges an Power steckt, und wird sich auch denken können, dass längst nicht alle Reserven mit der grafischen Programmiersprache NXT-G mobilisiert werden können. Mit diesem Buch und der entsprechenden Programmiersprache wird es Ihnen aber bald möglich sein, die versteckten Reserven des NXT zu nutzen. Die Programmiersprache, die wir dazu verwenden, heißt NXC.

1.2 NXC

NXC ist eine noch sehr junge Programmiersprache, sie entstand erst 2007, kurz nach der Veröffentlichung des NXT. Ihr Erfinder John Hansons hat außerdem die BricxCC-Entwicklungsumgebung und den direkten Vorgänger der Sprache, NQC, eine Programmiersprache für den RCX, entwickelt. NXC wurde extra für den NXT entwickelt und ist somit optimal auf die Hardware abgestimmt.

1.2.1 Not eXactly C

Die Abkürzung NXC steht für Not eXactly C, was auf Deutsch so viel heißt wie nicht genau C. Der Name beschreibt auch schon eine der wichtigsten Eigenschaften von NXC, denn die Sprache ist vom Aufbau her der Programmiersprache C sehr ähnlich, gleichzeitig aber wesentlich einfacher.

Die Ähnlichkeit zu C hat sowohl für Profis als auch für Neueinsteiger in der Welt des Programmierens große Vorteile. Wer schon Programmiersprachen wie C, C++, Java, PHP oder ähnliche kennt, wird sich schnell im Quellcode von NXC zurechtfinden, umgekehrt haben es Anfänger leicht, von NXC auf eine dieser Sprachen umzusteigen.

Inzwischen gibt es auch weitere Sprachen zum Programmieren des NXT, der Vorteil an NXC ist jedoch, dass keine spezielle Firmware benötigt wird und man somit NXC-Programme und normale NXT-G-Programme, also Programme, die mit der LEGO-Software erstellt wurden, parallel verwenden kann.

1.2.2 Compiler

Wie in fast allen Programmiersprachen, müssen auch NXC-Programme kompiliert (oft auch: compiliert) werden, bevor sie ausgeführt werden können. Dazu wird ein so genannter Compiler (selten auch: Kompiler) benötigt. Ein Compiler ist eine Art Übersetzer, er übersetzt den eingegebenen Code in eine Sprache, die der NXT versteht. Da diese Sprache komplizierter ist als die Programmiersprache, programmiert man in NXC und kompiliert die Programme anschließend.

Der Compiler für NXC ist für alle Windows-Betriebssysteme ab Windows 95, Linux, Mac OS X und FreeBSD erhältlich. Der Compiler ist unter der Mozilla Public License 1.1 (MPL 1.1) veröffentlicht und so genannte Open-Source-Software. Das bedeutet, dass das Programm und der Quellcode des Programms für jeden frei verfügbar sind und beliebig verändert werden dürfen (unter Beachtung der Lizenzbestimmungen).

1.2.3 Zusammenfassung

Wiederholung

Begriff	Bedeutung
BricxCC	Grafische Oberfläche zum Programmieren mit NXC
Not eXactly C (NXC)	Programmiersprache zum Erstellen von Programmen für den NXT
Compiler/Kompiler	Programm, das ein Programm in Maschinensprache übersetzt
Kompilieren	Das Übersetzen von Code in Maschinensprache
Open Source	Programme, die für jeden kostenlos und frei zur Verfügung stehen

Hinweis

Die aktuellste Version des Compilers ist immer auf der offiziellen Website verfügbar: `http://bricxcc.sourceforge.net/nbc/`. Bei Verwendung des BricxCC (siehe nächstes Kapitel) muss der Compiler allerdings nicht extra heruntergeladen werden, da er im Download integriert ist.

Kapitel 2

BricxCC

BricxCC (Bricx Command Center) ist eine so genannte IDE, also eine (integrierte) Entwicklungsumgebung (vom englischen *integrated development environment*). Im Gegensatz zum Compiler wird eine IDE nicht zwangsläufig benötigt, um Programme zu erstellen, sondern bietet hauptsächlich Komfortfunktionen, um das Programmieren zu erleichtern.

Über das reine Programmieren hinaus verfügt BricxCC auch über weitere praktische Funktionen, auf die in diesem Kapitel einzeln eingegangen wird. Neben der Programmierung mit NXC für den NXT unterstützt BricxCC auch verschiedene andere LEGO-Roboter und deren Programmiersprachen, zum Beispiel NQC für den RCX (den Vorgänger des NXT) und das Spybotics-System.

BricxCC ist bisher die einzige IDE für die Programmierung in NXC und steht aktuell in der Version 3.3 zur Verfügung und ist mit allen Windows-Versionen ab 95 kompatibel. Das Programm ist (wie der Compiler) Open Source und steht ebenfalls unter der Mozilla Public License 1.1 (MPL 1.1).

Hinweis

Die aktuellste Version von BricxCC finden Sie im Internet auf der Projektseite, unter `http://sourceforge.net/projects/bricxcc`. Im Download ist auch ein Compiler enthalten, Sie müssen diesen also nicht getrennt downloaden und installieren.

2.1 Installation

Nachdem Sie die circa sieben Megabyte große Datei von der Projektseite heruntergeladen haben, öffnet sich das Setup durch einen Doppelklick auf die Datei `bricxcc_setup_XXXXXX.exe`, wobei »X« für die Versionsnummer steht. Die erste Meldung ist die »Standardmeldung« vor jeder Installation und empfiehlt Ihnen, alle Programme zu schließen, bevor Sie die Installation beginnen (was jedoch nicht nötig ist). Um weiterzukommen, müssen Sie auf NEXT (engl. weiter/nächstes) klicken. Auf der nächsten Seite werden Sie aufgefordert, die Mozilla Public License 1.1 zu akzeptieren, hierzu klicken Sie auf YES (Ja). Nehmen Sie die Lizenz nicht an, so wird die Installation beendet. Den Text der MPL finden Sie bei der Installation oder auch auf `http://www.mozilla.org/MPL/MPL-1.1.html`.

Die nächste Seite fordert Sie dazu auf, Ihren (oder einen) Namen (engl. *name*) und, optional, auch eine Firma (engl. *company*) anzugeben. Welche Angaben Sie hier machen ist unbedeutend, Sie können allerdings erst mit NEXT (weiter) fortfahren, wenn Sie eine Eingabe im Feld NAME gemacht haben. Im nächsten Dialogfenster kann der Installationsordner gewählt werden. Standardmäßig wird BricxCC in `C:\Programme\BricxCC` installiert, mit einem Klick auf BROWSE (durchsuchen) können Sie jedoch auch einen anderen Ordner wählen. Haben Sie Ihre Wahl getroffen, bestätigen Sie diese mit NEXT. Auf der nächsten Seite können Sie auswählen, auf welche Art Sie BricxCC installieren wollen, TYPICAL (typisch), COMPACT (kompakt) oder CUSTOM (individuell). Da BricxCC insgesamt nur wenig Platz verbraucht, sollten Sie die Option TYPICAL wählen. Bei der individuellen Installation kann zwar zum Beispiel der Punkt SPYBOT HEADERS, also Dateien für einen anderen LEGO-Roboter, deaktiviert werden, da diese Dateien allerdings nur 25 KB belegen, braucht man sich diese Mühe nicht zu machen und sollte einfach alle Einstellungen belassen. Nach der erneuten Bestätigung mit NEXT können Sie den Namen für den Startmenüeintrag wählen (PROGRAM FOLDER), den Sie ebenfalls wieder mit NEXT bestätigen.

Danach werden alle Einstellungen noch einmal angezeigt und durch den Klick auf NEXT beginnt nun die Installation, die im Normalfall in wenigen Sekunden abgeschlossen ist, danach ist BricxCC voll einsatzbereit, ein Neustart ist nicht nötig.

2.2 Oberfläche

Direkt nach dem ersten Start wird folgende Meldung ausgegeben, die wir an dieser Stelle noch hinten anstellen wollen und deshalb mit CANCEL (abbrechen) wegklicken.

Abb. 2.1: Find Brick

Schon an dieser Stelle fällt auf, dass BricxCC bisher leider nur in Englisch verfügbar ist. Mit dieser Einführung kann das Programm jedoch auch ohne jegliche Englischkenntnisse bedient werden.

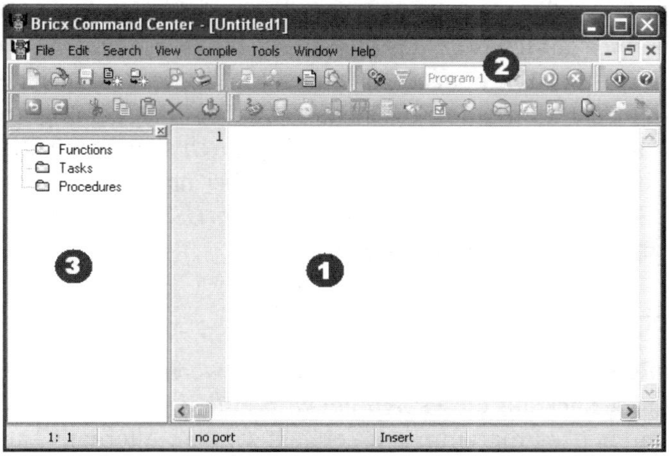

Abb. 2.2: BricxCC-Oberfläche

Wie auf Abbildung 2.2 deutlich wird, ist die Oberfläche von BricxCC in drei große Bereiche unterteilt. In der Mitte (1) befindet sich das eigentliche Editor-Fenster, in dem später programmiert wird. Am oberen Bildschirmrand (2) befinden sich drei verschiedene Menüleisten, über die die verschiedenen Funktionen der IDE gesteuert werden können. Am linken Rand (3) ist das dritte und letzte Element, eine Seitenleiste, die FUNCTIONS (Funktionen), SUBROUTINES (Subroutinen / Unterprogramme) und TASKS (Aufgabe, Auftrag) auflistet und bei Klick darauf zur jeweiligen Stelle im Code springt.

Von den unbekannten Begriffen sollte man sich nicht abschrecken lassen, die Seitenleiste ist zum jetzigen Zeitpunkt noch uninteressant, im späteren Verlauf dieses Buches (ab Kapitel 10) werden alle Begriffe ausführlich erklärt.

Die beiden anderen Bereiche werden nacheinander in diesem Kapitel betrachtet, denn sie bieten Zugriff auf die Grundfunktionen von BricxCC und bilden sozusagen das Handwerkszeug zum Erstellen von Programmen.

2.3 Menüleiste

Der Rundgang über die Oberfläche beginnt mit der Menüleiste oder englisch Toolbar.

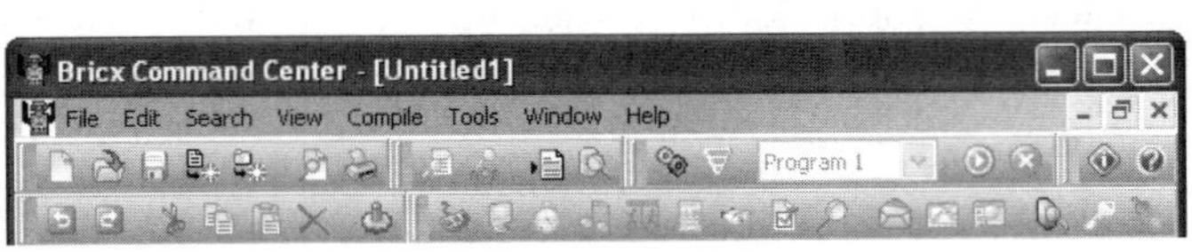

Abb. 2.3: Menüleiste

Hier fallen als Erstes die 40 Icons auf, die teilweise farbig sind und teilweise grau. Immer wenn eines der Icons grau ist, heißt das, dass diese Funktion zurzeit nicht genutzt werden kann. Ein einfaches Beispiel hierfür ist das Speichern von Programmen. Wenn kein Programm geöffnet ist, kann auch keins gespeichert werden, das Icon bleibt also grau. Die Icons werden durch senkrechte Striche in sechs Gruppen unterteilt. Die Unterteilung erfolgt dabei nach den Themenbereichen Datei (engl. *File*), Suche (*Search*), Compiler, Hilfe (*Help*), Bearbeiten (*Edit*) und Tools (engl. für Instrumente, Werkzeuge).

2.3.1 Datei

Ganz links in der oberen Spalte befindet sich ein weißes Blatt mit der Aufschrift NEW FILE. Durch Klick auf dieses Symbol wird eine leere Seite im Editor-Fenster erzeugt und ein neues Programm kann erstellt werden. Alternativ kann man auch die Tastenkombination `Strg`+`N` verwenden, anstatt auf das Icon zu klicken.

Direkt daneben befindet sich ein Ordner mit einem grünen Pfeil. Das Icon trägt die Aufschrift OPEN FILE (Datei öffnen). Mit dieser Schaltfläche können gespeicherte Programme wieder geöffnet werden.

Die Speicherfunktion (SAVE FILE) wird durch eine Diskette symbolisiert. Hierbei muss man jedoch beachten, dass, wenn mehrere Programme geöffnet sind, nur das gespeichert wird, das sich zurzeit im Vordergrund befindet. Außerdem ist es wichtig, im Speichern-Dialogfenster als Dateityp immer NXC-FILES (*.NXC) auszuwählen, da die Programme sonst nicht kompiliert werden können. Generell können Programme nur kompiliert werden, nachdem sie abgespeichert worden sind, und auch sonst sollte man die Speicherfunktion regelmäßig nutzen, um Datenverlust und somit vielem Ärger vorzubeugen. Besonders schnell und einfach kann über die Tastenkombination `Strg`+`S` gespeichert werden.

An vierter Stelle befindet sich das Icon für Datei schließen (CLOSE FILE). Ein Klick darauf schließt das Fenster, das sich zurzeit im Vordergrund befindet. Hierfür kann auch die Tastenkombination `Strg`+`F4` verwendet werden, nicht zu verwechseln mit `Alt`+`F4`, die BricxCC komplett schließen würde.

Das Icon daneben (CLOSE ALL FILES) schließt nicht nur das Fenster im Vordergrund, sondern alle zurzeit geöffneten Fenster.

Die beiden letzten Icons PREVIEW und PRINT sind für die Druckvorschau beziehungsweise das Drucken zuständig und aus anderen Windows-Programmen bekannt. Gedruckt werden kann außerdem über die Tastenkombination `Strg`+`P`.

2.3.2 Suche

Die nächste Gruppe von Icons beschäftigt sich mit dem Thema Suchen. Dementsprechend heißt die erste Schaltfläche auch SEARCH, zu Deutsch Suche. Beim Klick darauf öffnet sich das in Abbildung 2.4 gezeigte Fenster:

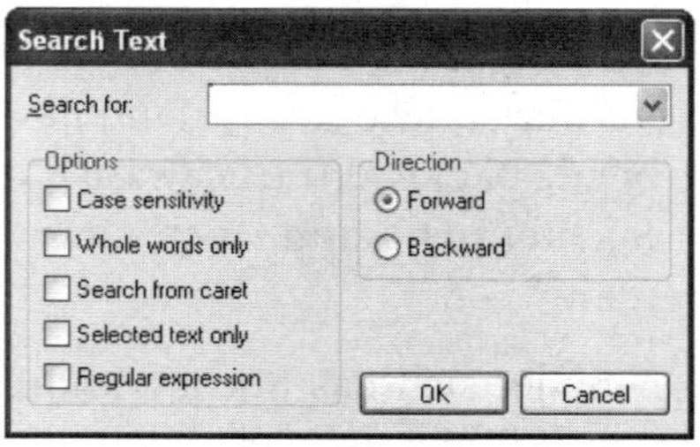

Abb. 2.4: Such-Dialogfenster

Im Feld hinter SEARCH FOR wird der Text eingegeben, nach dem gesucht werden soll. Zur Suche selbst stehen einige Optionen zur Verfügung:

- CASE SENSITIVITY: Bei der Suche wird Groß- und Kleinschreibung berücksichtigt.
- WHOLE WORDS ONLY: Der eingegebene Text wird nur als eigenständiges Wort gesucht, nicht als Teil eines Wortes.
- SEARCH FROM CARET: Die Suche beginnt bei der aktuellen Position des Cursors.
- SELECTED TEXT ONLY: Es wird nur innerhalb eines markierten Textes gesucht.
- REGULAR EXPRESSION“: Suchen mit Hilfe regulärer Ausdrücke. Das Suchen mit regulären Ausdrücken ist ein mehr oder weniger komplizierter Teil der Informatik. Für die BricxCC-Suche reicht es jedoch zu wissen, dass man mit dieser Funktion nach ähnlichen Texten suchen kann. So bewirkt zum Beispiel die Eingabe `a.b`, dass alle Wörter mit drei Buchstaben gesucht werden, deren erster Buchstabe ein a ist und deren letzter ein b ist. Ein Punkt sagt der IDE also, dass an dieser Stelle jedes beliebige Zeichen stehen kann. Neben dem Punkt gibt es noch andere Zeichen mit verschiedenen Funktionen, hier eine kurze Übersicht:

.	Ein beliebiges Zeichen
[abc]	Eines der Zeichen der Klammer
[a-z], [0-6]	Ein Buchstabe zwischen a und z, bzw. eine Zahl zwischen 0 und 6, allgemein: Ein Zeichen zwischen Start- und Endzeichen

Tabelle 2.1: Reguläre Ausdrücke

.	Ein beliebiges Zeichen
[ˆz]	Alle Zeichen außer dem angegebenen
[A-Z3-5]	Ein Buchstabe zwischen A und Z oder eine Zahl zwischen 3 und 5

Tabelle 2.1: Reguläre Ausdrücke (Forts.)

Außerdem kann die Suchrichtung unter DIRECTION (englisch für Richtung) eingestellt werden. FORWARD (vorwärts), also am Anfang des Dokuments beginnend und nach unten weitergehend, BACKWARD (rückwärts), also am Ende des Dokuments beginnend. Das Suchfenster kann auch über die Tastenkombination Strg+F aufgerufen werden.

Direkt neben der Suche befindet sich das Suchen-und-Ersetzen-Icon (FIND AND REPLACE). Das Fenster, das sich öffnet, ist gleich dem der Suche, jedoch befindet sich unter dem Feld SEARCH FOR zusätzlich noch ein Feld: REPLACE WITH. Das Suchfeld funktioniert exakt wie bei der vorherigen Suche, nur werden die gefundenen Stellen hier durch den Text aus dem Feld REPLACE WITH ersetzt. Das ist besonders dann praktisch, wenn ein Text geändert werden muss, der mehrmals im Programm vorkommt. Das Dialogfenster lässt sich auch über die Tastenkombination Strg+R aufrufen.

Das vorletzte Icon dieser Gruppe trägt den Namen GO TO LINE NUMBER, was auf Deutsch so viel heißt wie »Gehe zu Zeilennummer ...«. Bei Klick auf das Icon, oder über die Tastenkombination Strg+G, öffnet sich ein Fenster, in dem eine Zahl eingegeben werden kann. Durch Bestätigen mit der OK-Schaltfläche springt das Editor-Fenster in die Zeile, deren Nummer eingegeben wurde. Diese Funktion ist besonders bei sehr großen Programmen sinnvoll, da diese mehrere hundert bis tausend Zeilen haben können und das Finden der richtigen Zeile sonst recht lange dauern könnte.

Das letzte Icon dieser Gruppe kann vorerst unbeachtet bleiben, da es zunächst uninteressant ist, in Kapitel 6 wird die Funktion des Icons erläutert werden.

2.3.3 Compiler

Die nächste Gruppe beschäftigt sich mit dem Kompilieren und Übertragen von Programmen.

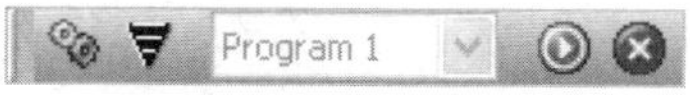

Abb. 2.5: Compiler-Icons

Die beiden Zahnräder ganz links dienen dazu, Programme zu kompilieren. Kompilierte Programme müssen aber noch vom Computer auf den NXT übertragen werden, bevor sie vom Roboter ausgeführt werden können. Dazu dient das blaue Dreieck neben den Zahnrädern. Das funktioniert natürlich nur, wenn der NXT mit dem Computer verbunden ist (wie Computer und NXT miteinander verbunden werden, folgt später in diesem Kapitel). Wichtig ist dabei, dass die richtige Reihenfolge eingehalten wird. Bevor ein Programm übertragen werden kann, muss es kompiliert werden, bevor es kompiliert werden kann, muss es jedoch gespeichert werden. Da diese beiden Funktionen recht oft gebraucht werden, ist es sinnvoll, sich die Tastenkombinationen zu merken, [F5] für Kompilieren und [F6] für Übertragen.

Das graue Feld neben den beiden Icons ist für die Programmierung mit dem NXT ohne Funktion. Die vorherigen Generationen von LEGO-Robotern unterstützten nur eine fest vorgegebene Anzahl von Programmen und deshalb musste vor dem Übertragen festgelegt werden, auf welchem Speicherplatz das Programm gespeichert werden soll. Da auf dem NXT beliebig viele Programme gespeichert werden können, ist diese Funktion komplett weggefallen.

Als letzte Icons dieser Gruppe befinden sich rechts neben dem grauen Feld noch ein Start- und ein Stopp-Button. Mit diesen kann das letzte vom Computer auf den NXT übertragene Programm gestartet und gestoppt werden, ohne die Tasten am NXT drücken zu müssen. Die Funktionen können auch über [F7] (Start) und [F8] (Stopp) aufgerufen werden.

2.3.4 Hilfe

In der obersten Reihe befinden sich am rechten Rand ein blaues Icon mit einem Ausrufezeichen und ein Schild mit einem Fragezeichen.

Bei Klick auf das Ausrufezeichen öffnet sich ein Fenster, das Informationen über die Software anzeigt. Neben den Namen der Entwickler findet man hier auch die Nummer der verwendeten Version. Da die Software immer noch sehr aktiv weiterentwickelt wird, sollte man darauf achten, immer die aktuellste Version zu verwenden.

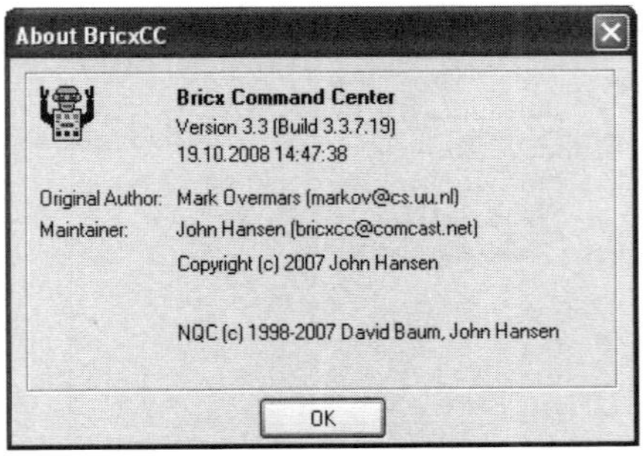

Abb. 2.6: Versionshinweis

Ein Klick auf das Fragezeichen öffnet die Hilfe des Bricx Command Center, hier findet man einige Informationen und Hilfestellungen zur IDE sowie eine kurze Übersicht über NXC- und NQC-Befehle, allerdings leider nur in Englisch und auch meist ohne, beziehungsweise nur mit einer sehr knappen Erklärung.

2.3.5 Bearbeiten

In der zweiten Reihe ganz links befinden sich die Icons zum Bearbeiten des Quellcodes.

Abb. 2.7: Bearbeiten-Icons

Die ersten sechs Icons sind Funktionen, die man auch in jeder Textverarbeitung findet. Ganz links befindet sich der Rückgängig-, (Tastenkombination: `Strg`+`Z`) daneben der Wiederherstellen-Button (`Strg`+`Shift`+`Z`). Daneben finden sich die Icons für Ausschneiden, Kopieren, Einfügen und Löschen (mit den bekannten Tastenkombinationen: `Strg`+`X`, `Strg`+`C`, `Strg`+`V`, `Strg`+`Entf`). Etwas aus der Reihe fällt jedoch das gelbe Zahnrad am rechten Rand dieser Gruppe, das im Gegensatz zu den anderen Icons in anderen Programmen nicht üblich ist und sich auch nicht auf das Bearbeiten des Quellcodes bezieht. Wie der Name EDIT PREFERENCES verrät, geht es hier um die Einstellungen des Programms (engl. *edit* = bearbeiten, *Preferences* = Einstellungen).

Die meisten dieser Einstellungen sollte man aber (besonders als Anfänger) unangetastet lassen, da die Standard-Einstellungen fast alle optimal sind. Deshalb an dieser Stelle nur ein paar Hinweise für einzelne Einstellungsmöglichkeiten:

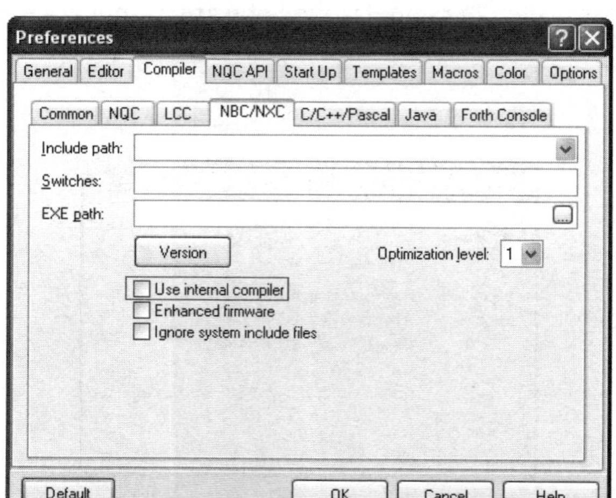

Abb. 2.8: OPTIONEN|COMPILER|NBC/NXC

Unter dem Reiter COMPILER|NBC/NXC befindet sich ein Kontrollkästchen USE INTERNAL COMPILER, wie auf Abbildung 2.8 markiert. Das bedeutet nichts anderes, als dass nicht mehr ein externes Programm zum Kompilieren verwendet wird, sondern BricxCC selbst die Programme kompiliert. Das Aktivieren dieser Funktion führt zu einer deutlichen Beschleunigung des Kompilierens. Sollte die Aktivierung dieser Option zu Problemen führen, sollte sie einfach wieder deaktiviert werden.

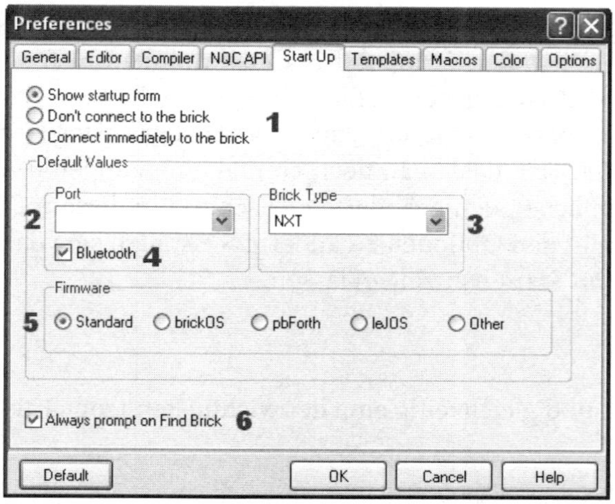

Abb. 2.9: Optionen – Starteinstellungen

Als Nächstes betrachten wir den Reiter START UP, also die Starteinstellungen, etwas genauer. Direkt am Anfang des Abschnitts *Oberfläche* wurde schon einmal ein Fenster mit dem Titel FIND BRICK erwähnt, das beim Starten angezeigt wird, die Erläuterung wurde allerdings noch zurückgestellt. Für die Einstellungen genau dieses Fensters ist der START UP-Reiter verantwortlich. Das Fenster dient dazu, den NXT mit dem Computer zu verbinden (wie genau das funktioniert, wird später in diesem Kapitel erklärt). In diesem Fenster kann ausgewählt werden, an welchem Anschluss der Roboter angeschlossen ist und um welches LEGO-System es sich handelt. Unter Punkt 1, auf Abbildung 2.9, kann eingestellt werden, ob das Formular zum Auswählen bei jedem Start angezeigt werden soll (SHOW STARTUP FORM), ob am Anfang nicht automatisch versucht werden soll, den Computer mit einem Roboter zu verbinden (DON'T CONNECT TO THE BRICK), oder ob ohne Anzeigen des Formulars automatisch eine Verbindung hergestellt werden soll (CONNECT IMMEDIATELY TO THE BRICK).

Damit ein Roboter automatisch verbunden werden kann, müssen die entsprechenden Einstellungen eingegeben werden (Punkte 2–5). Da NXC nur auf den NXT-Modellen funktioniert, kann unter Punkt 3 auf jeden Fall NXT gewählt werden. Zum Anschluss an den Computer stehen zwei Möglichkeiten zur Verfügung, entweder per Bluetooth oder USB. Möchte man den NXT per Bluetooth verbinden, muss bei Punkt 4 ein Haken gesetzt werden. Nun muss man unabhängig davon, ob man USB oder Bluetooth gewählt hat, den entsprechenden Port unter Punkt 2 wählen. Wer auf Nummer sicher gehen will, wählt dort AUTOMATIC, dann werden automatisch alle Anschlüsse abgesucht. Schneller geht es jedoch, wenn man den Port direkt auswählt, hierzu muss man einfach den entsprechenden Port auswählen. Wenn man diesen nicht kennt, kann man ihn entweder durch Probieren herausfinden oder belässt die Einstellung einfach auf AUTOMATIC.

Als Letztes kann man unter Punkt 6 auswählen, ob das Auswahlfenster angezeigt werden soll, wenn man den Computer manuell mit dem NXT verbindet, oder ob automatisch mit den eingegebenen Einstellungen verbunden werden soll. Dieses Feld lässt man am besten markiert, damit das Dialogfenster jedes Mal angezeigt wird. Denn für den Fall, dass man doch einmal einen anderen Anschluss benutzen will, ist es einfacher, den geänderten Anschluss in diesem Dialogfenster auszuwählen, als ihn in den Optionen zu ändern. Sie sollten sich das Fenster also am besten immer beim Starten anzeigen lassen.

2.3.6 Tools

Die letzte, größte und gleichzeitig eine der wichtigsten Icon-Gruppen ist TOOLS.

Abb. 2.10: FIND BRICK-Icon

Da alle Elemente nur verwendet werden können, wenn der NXT mit dem PC verbunden ist, ist es an dieser Stelle sinnvoll, sich zuerst einmal anzuschauen, wie man NXT und PC verbindet. Hierzu gibt es das FIND BRICK-Icon, das Sie in Abbildung 2.10 sehen.

Bei Klick auf dieses Icon öffnet sich das bereits vom Start bekannte Fenster, das Sie in Abbildung 2.1 finden. Wie im OPTIONS-Menü muss hier unter BRICK TYPE (Robotertyp) NXT ausgewählt werden. Bei der Programmierung mit NXC wird die originale Firmware verwendet, also kann die Einstellung hier auf STANDARD bleiben. Wird der NXT per USB-Anschluss an den PC angeschlossen, sollte man der Einfachheit halber bei PORT (Anschluss) AUTOMATIC (automatisch) wählen, so wird der NXT erkannt, egal an welchem USB-Port er angeschlossen wird.

Bei Verbindung über Bluetooth muss über das Betriebssystem erst eine Verbindung zum NXT hergestellt werden und dieser Verbindung dann ein ausgehender COM-Port zugeteilt werden. Wie genau das funktioniert, ist je nach System verschieden. Ist dieser Port erst einmal eingerichtet, kann im Menü unter PORT einfach der entsprechende COM-Anschluss ausgewählt werden und schon sollten NXT und PC verbunden sein.

Da nun eine Verbindung besteht, können auch die anderen Tools verwendet werden. An dieser Stelle werden die Funktionen von einigen Tools erläutert, alle anderen folgen im späteren Verlauf des Buches an passender Stelle.

Das zweite Icon von links trägt den Namen DIAGNOSTICS (Diagnose). Bei Klick darauf öffnet sich ein Fenster, das einiges über den aktuellen Status des NXT verrät.

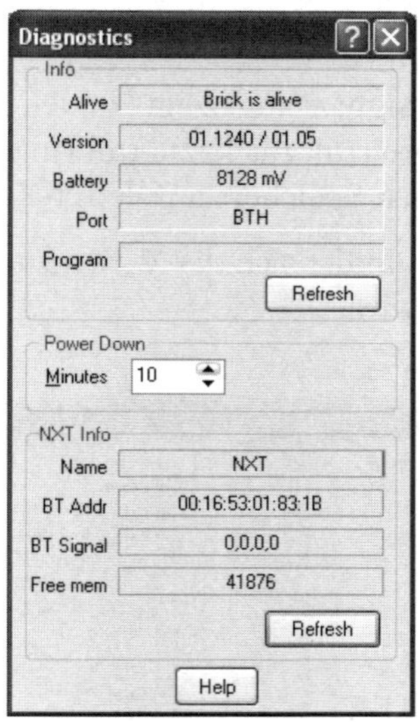

Abb. 2.11: Diagnose-Tool

Das erste Feld gibt den aktuellen Status des NXT an, also ob dieser mit dem PC verbunden und angeschaltet ist. Dieses Feld ist allerdings nicht sonderlich sinnvoll, da das Diagnose-Tool nur bei korrekt verbundenem NXT gestartet werden kann und selbst wenn der NXT getrennt wird, während das Diagnose-Tool läuft, zeigt es trotzdem oft (gerade bei Bluetooth) an, es würde eine Verbindung bestehen. Das Feld VERSION darunter zeigt die Firmware-Version des NXT an. Wie man die Firmware aktualisiert, wird zu einem späteren Zeitpunkt erklärt, da man sich daran nur mit etwas Erfahrung wagen sollte, weil durch ein Firmware-Update unter Umständen die Garantie verloren gehen kann. Der Batteriestatus, der darunter angezeigt wird, ist besonders bei Wettbewerben oder ähnlichen Veranstaltungen interessant, da hier abgeschätzt werden kann, wann ein Batteriewechsel nötig ist. Im Feld PORT wird angegeben, über welche Schnittstelle NXT und Computer aktuell verbunden sind.

Unter PROGRAM wird das Programm angezeigt, das aktuell auf dem NXT ausgeführt wird. Wird gerade kein Programm ausgeführt, bleibt die Zeile einfach leer. Der Button REFRESH (aktualisieren) darunter dient dazu, die Anzeige zu aktualisieren, da sich diese nicht automatisch aktualisiert.

Bei der Option POWER DOWN (ausschalten) kann (in Minuten) eingegeben werden, nach welcher Zeit sich der NXT automatisch abschaltet. Der NXT beginnt, diese Zeit immer nach dem letzten Tastendruck zu zählen, der NXT kann sich also auch selbst abschalten, während ein Programm läuft.

Als letzte Gruppe gibt NXT INFO Informationen zur Bluetooth-Verbindung. Unter NAME findet sich der am NXT eingestellte Bluetooth-Name und unter BT ADDR, also Bluetooth-Adresse, die MAC-Adresse des NXT. Unter BT SIGNAL werden vom NXT eingehende Bluetooth-Signale angezeigt (zu den Signalen mehr in Kapitel 20 *Kommunikation zwischen Robotern*). Als letzte Informationen gibt FREE MEM (freier Speicher) die Größe des freien Speichers auf dem NXT in Byte an (1 Byte = 8 Bit).

Direkt neben diesem Icon befindet sich das WATCHING THE BRICK-Icon, das durch eine Stoppuhr symbolisiert wird.

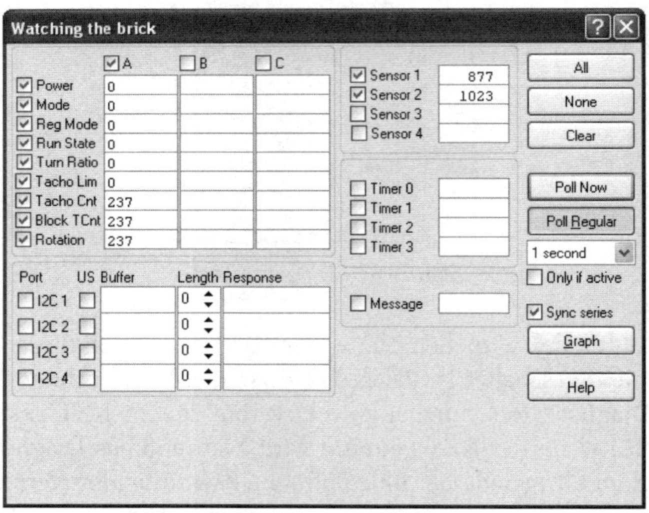

Abb. 2.12: WATCHING THE BRICK

Dieses Tool dient dazu, zu überprüfen, ob während der Laufzeit eines Programms alles wie geplant funktioniert und zum Beispiel die Sensorwerte wie erwartet ausfallen. Da die verschiedenen Begriffe zum jetzigen Zeitpunkt noch nicht bekannt sind und die einzelnen Funktionen auch erst dann interessant werden, wenn man Programme erstellt, die mit diesen Angaben arbeiten, wird an dieser Stelle nur die generelle Funktion erklärt, so dass die einzelnen Felder, sobald die entsprechenden Begriffe das erste Mal auftauchen, selbsterklärend sind, da man von den entsprechenden Programmierbefehlen darauf schließen kann, wie die Felder funktionieren.

Das WATCHING THE BRICK-Tool kennt zwei Arten, Werte zu überwachen, entweder manuell zu einem bestimmten Zeitpunkt oder automatisch in kleinen Zeitintervallen. Dabei werden jeweils nur die ausgewählten Werte angezeigt. Einen Wert kann man auswählen, indem man das Kontrollkästchen vor seinem Namen aktiviert. Möchte man alle Werte ausgeben, reicht ein Klick auf den Button ALL (alle), umgekehrt hebt NONE (keine) jede Auswahl auf. Der Button CLEAR (löschen) dient dazu, alle Werte aus den Textfeldern zu löschen. Manuell kann man die Daten anzeigen lassen, indem man auf den Button POLL NOW (jetzt abfragen) klickt. Möchte man die Daten in kleinen Zeitintervallen erfassen, so klickt man auf den Button POLL REGULAR (regelmäßig abfragen) und wählt in der Box darunter das gewünschte Intervall aus, in dem die Werte abgerufen werden sollen. Aktiviert man nun noch ONLY IF ACTIVE, was auf Deutsch so viel heißt wie »Nur wenn aktiv«, dann werden die Werte nur erfasst, wenn der Motor, beziehungsweise Sensor, auch aktiv, also eingeschaltet ist.

Im allgemeinen Überblick über das Tool ist als Letztes noch der Button GRAPH interessant. Wie der Name schon erahnen lässt, kann man hier die eingegangenen Werte grafisch darstellen. Diese Funktion ist natürlich besonders in Verbindung mit der regelmäßigen Aktualisierung sinnvoll, da so eine aussagekräftige Kurve entsteht. Die grafische Darstellung könnte dann in etwa so wie in Abbildung 2.13 aussehen.

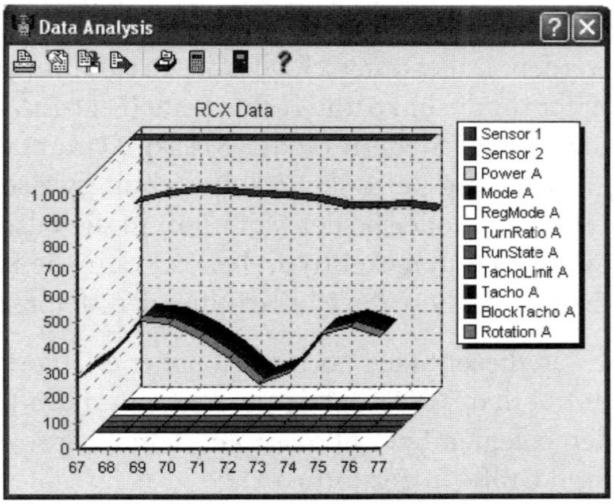

Abb. 2.13: Grafische Darstellung

Da das Noten-Icon erst im Kapitel *Töne* betrachtet wird, ist das nächste Tool der BRICK JOYSTICK. Wie man es von einem Joystick erwartet, dient dieses Tool dazu, den Roboter direkt zu steuern, also eine Fernsteuerung per PC. Während diese Funktion bei Anschluss per USB-Kabel eher sinnlos ist, da der Roboter an der »kurzen Leine« gehalten wird, macht das Ganze mit Bluetooth schon mehr Sinn.

Abb. 2.14: Fernsteuerung

Ganz oben befinden sich die Pfeiltasten zum Steuern, ganz unten ein Schieber SPEED zum Einstellen der Geschwindigkeit. Unter DRIVE MODE kann die Antriebsart unterschieden werden. Dabei unterscheidet das Programm zwischen den Optionen: jeweils ein Motor für die linke und rechte Seite (LEFT-RIGHT) oder ein Motor zum Antrieb und einer zum Steuern (DRIVE-STEER). Darunter kann ausgewählt werden, an welchem Ausgang der linke (*left*) beziehungsweise der rechte (*right*) angeschlossen ist. Sollte ein (oder beide) Motor(en) in die falsche Richtung (also vorwärts statt rückwärts oder umgekehrt) drehen, so kann die Funktion REVERSED (engl. umgekehrt) helfen, da diese die Laufrichtung der Motoren umkehrt.

Nach zwei Icons, die an dieser Stelle noch nicht näher erläutert werden, und einigen Icons, die nicht mit dem NXT funktionieren, kommt das Icon MEMORY MAP. Dieses Tool zeigt den belegten Speicherplatz auf dem NXT sowie die gespeicherten Dateien und deren Größe in Textform an.

Die beiden letzten Icons auf der rechten Seite bieten die Möglichkeit, den NXT auszuschalten (TURN BRICK OFF) oder die Verbindung zu ihm zu unterbrechen (CLOSE COMMUNICATION).

2.4 Editor-Fenster

Das Editor-Fenster funktioniert im Prinzip wie jede normale Textverarbeitung, bietet aber zusätzlich einige Sonderfunktionen. So wird zum Beispiel links neben dem Text immer die Zeilennummer angezeigt, dass das sehr praktisch ist, wird man bereits im ersten kleinen Programm merken.

Außerdem werden bestimmte Begriffe farblich markiert, gibt man zum Beispiel den Begriff »Off« ein, so wird dieser automatisch blau. Dieses so genannte *syntax highlighting*, oder auch Syntaxhervorhebung, dient dazu, den Programmcode besser lesbar zu machen.

Außerdem werden Zeilen bei einem Druck auf die [⭾]-Taste eingerückt, das heißt nach rechts verschoben. Da die Zeilen so immer gleich weit eingerückt werden, ist das wesentlich praktischer, als immer wieder die Leertaste zu drücken.

2.5 Wiederholung

2.5.1 Tastenkombinationen

Tastenkombination	Funktion
[Strg]+[N]	Neue Datei erstellen
[Strg]+[S]	Datei speichern
[Strg]+[F4]	Aktuell geöffnetes Programm schließen
[Strg]+[P]	Datei drucken
[Strg]+[F]	Suchen
[Strg]+[R]	Suchen und ersetzen
[Strg]+[G]	Gehe zu Zeilennummer ...
[F5]	Programm kompilieren
[F6]	Programm übertragen
[F7]	Übertragenes Programm starten
[F8]	Übertragenes Programm stoppen
[Strg]+[Z]	Letzte Änderung rückgängig machen
[Strg]+[Shift]+[Z]	Letzte Änderung wiederherstellen
[Strg]+[X]	Markierten Text ausschneiden
[Strg]+[C]	Markierten Text kopieren
[Strg]+[V]	Text einfügen
[Strg]+[Entf]	Markierten Text entfernen
[⭾]	Zeile einrücken

Tabelle 2.2: Tastenkombinationen BricxCC

Das war die Einführung in die Oberfläche der IDE. Bevor Sie mit dem nächsten Teil, der Programmierung, weitermachen, sollten Sie sich sicher sein, dass Sie alle Abschnitte dieses Kapitels verstanden haben und anwenden können, denn diese Funktionen bieten die Grundlage zum Programmieren.

Kapitel 3

Das erste Programm

Erstellen Sie eine neue Datei in BricxCC mit folgendem Inhalt, und speichern Sie sie unter dem Namen `buchprojekt.nxc`.

```
#include "NXCDefs.h"

task main()
{
 OnFwd(OUT_AC, 75);
 Wait(2000);
 OnRev(OUT_AC, 60);
 Wait(4000);
 Off(OUT_AC);
}
```

Programm 3.1

3.1 Die ersten Befehle

Schon ist das erste Programm fertig! Dieses (noch recht simple) Programm befiehlt dem Roboter, zuerst für zwei Sekunden vorwärts zu fahren, dann für vier Sekunden rückwärts zu fahren und schließlich stehen zu bleiben. Die einzelnen Befehle lauten dabei:

```
#include "NXCDefs.h"
```

Dieser Befehl bindet eine Datei in das Programm ein, die unbedingt benötigt wird, um ein Programm auf dem NXT auszuführen. Warum das so ist und was in dieser Datei steht, soll uns an dieser Stelle nicht weiter interessieren, wichtig ist aber, dass diese Zeile am Anfang eines jeden Programms stehen muss.

Die Aufgabe, oder Hauptaufgabe (engl. *task* = Aufgabe, *main* = Haupt), die der Roboter später erledigen soll, steht zwischen den zwei geschweiften Klammern `{ }`. Jedes Programm muss einen Main-Task haben, der von einer `{` geöffnet und von einer `}` geschlossen werden muss. Dabei stehen die einzelnen Befehle zwischen den geschweiften Klammern und werden jeweils durch ein Semikolon »`;`« am Ende der Zeile voneinander getrennt.

```
OnFwd(OUT_AC, 75);
```

Die erste Anweisung sagt dem Roboter, dass er geradeaus fahren soll. Dazu müssen die Motoren angeschaltet werden (`OnFwd()`) und die Bewegungsrichtung muss angegeben werden (`OnFwd()` Fwd = engl. *forward* = vorwärts), daher heißt der Befehl zum Vorwärtsfahren `OnFwd()`.

In der Klammer werden nun die so genannten Parameter angegeben. Im Fall des Befehls für Geradeausfahren sind das die Angaben über Motoren und Geschwindigkeit, also `OnFwd(Motoren, Geschwindigkeit)`. Parameter übergeben einer Anweisung Werte, die deren Ausführung beeinflussen, im konkreten Fall zum Beispiel die Geschwindigkeit. Die Geschwindigkeit wird mit einer Zahl zwischen 0 (Minimum) und 100 (Maximum) angegeben (in unserem Fall 75). Die Motoren, die bewegt werden sollen, werden über die Ausgänge angegeben, an denen sie angeschlossen sind. Hier eine Tabelle mit Beispielen:

Programmcode	Angesprochene Motoren
OUT_A	Motor an Ausgang A
OUT_B	Motor an Ausgang B
OUT_AC	Motoren an den Ausgängen A und C
OUT_BC	Motoren an den Ausgängen B und C
OUT_ABC	Motoren an den Ausgängen A, B und C

Tabelle 3.1: Motoren

Im Beispielprogramm fahren die Motoren A und C also mit ¾ der maximalen Geschwindigkeit. Der Befehl wird durch ein `;` beendet. Allerdings muss der Motor auch wissen, wie lange er fahren soll, dafür sorgt der nächste Befehl.

```
Wait(2000);
```

Der Befehl `Wait()` sorgt dafür, dass der Roboter eine »Pause« macht, das heißt, er führt laufende Befehle (zum Beispiel Geradeausfahren) weiter aus, fährt aber noch nicht mit dem nächsten Befehl fort. Dem Befehl wird als Parameter die Wartezeit übergeben, also `Wait(Wartezeit)`. Die Wartezeit wird dabei in Tausendstel (1/1000) Sekunden angegeben, 2000 bedeutet also zwei Sekunden warten.

```
OnRev(OUT_AC, 60);
```

Diese Anweisung funktioniert genau wie `OnFwd()`, bringt den Roboter jedoch dazu, rückwärts zu fahren (Rev ˜ umgekehrt). Nachdem der Roboter also zwei Sekunden vorwärts gefahren ist, beginnt er nun, mit 60% der maximalen Geschwindigkeit rückwärts zu fahren.

```
Wait(4000);
```

Der Roboter fährt also für vier Sekunden rückwärts.

```
Off(OUT_AC);
```

An dieser Stelle werden die Motoren nun gestoppt. Da wir zum Anschalten den Befehl `OnFwd()` bzw. `OnRev()` nutzen, benutzen wir zum Abschalten logischerweise `Off()` (aus). Auch hier werden als Parameter die Motoren angegeben, also `Off(Motoren)`. Wie jede Anweisung wird auch diese mit einem `;` abgeschlossen.

Kompiliert und überträgt man dieses Programm nun, wie in Kapitel 2 beschrieben, so führt der Roboter das erste selbst erstellte Programm aus.

3.2 Fehler finden und beheben

Wird das erste Programm nicht wie erwartet kompiliert, so liegt das daran, dass im Programmcode ein Fehler ist. Während es bei einem kleinen Programm wie diesem noch recht schnell geht, den Fehler zu suchen, würde das bei größeren Programmen sehr lange dauern. Um das zu vermeiden, gibt der Compiler Fehler, die er gefunden hat, am unteren Bildschirmrand an.

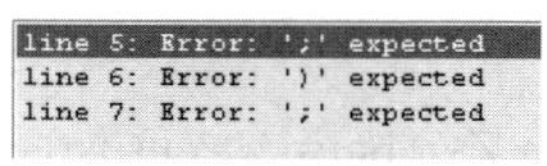

Abb. 3.1: Compiler-Fehlermeldung

An dieser Stelle wird auch deutlich, warum die Zeilennummern am Rand angezeigt werden, denn der Compiler gibt immer an, in welcher Zeile sich der Fehler befindet. Dabei muss man allerdings vorsichtig sein, fehlt zum Beispiel am Ende von Zeile 4 ein Semikolon, so wird der Compiler die Meldung `line 5: Error: ';' expected` ausgeben, denn das Semikolon fehlt zwar am Ende der 4. Zeile, doch das fällt dem Compiler erst auf, wenn er versucht, den Code in Zeile 5 zu kompilieren.

3.3 Programmierstil

Unter Programmierstil versteht man im Allgemeinen die Formatierung des Quelltextes. Das Programm aus diesem Kapitel könnte auch so aussehen:

```
#include "NXCDefs.h" task main(){OnFwd(OUT_AC, 75);Wait(2000);
OnRev(OUT_AC, 60);Wait(4000);Off(OUT_AC);}
```

Dieses Programm würde genauso funktionieren wie die andere Version und würde auch beim Kompilieren keinen Fehler verursachen. Allerdings wird schon beim ersten Blick deutlich, dass diese Art, das Programm zu schreiben, sehr unübersichtlich ist, was leicht zu Fehlern führt.

Um das zu vermeiden, gibt es einige Regeln beim Programmieren. Einige dieser Regeln sind allgemein anerkannt, andere umstritten oder werden unterschiedlich umgesetzt. Letztendlich muss jeder Programmierer seinen eigenen Stil finden, mit dem er am besten zurechtkommt.

Einige allgemeingültige Regeln:

- Jede Anweisung steht in einer eigenen Zeile (dabei ist es aber zum Beispiel umstritten, ob bei `task main()` die geschweifte Klammer in derselben Zeile stehen sollte oder in der nächsten)
- Die Anweisungen zwischen geschweiften Klammern werden gleich weit eingerückt (dabei ist umstritten, wie weit die Zeilen eingerückt werden sollen und ob sie per [Tab]-Taste oder [Leertaste] eingerückt werden)

Im Laufe des Buches werden noch weitere dieser Regeln genannt.

3.4 Zusammenfassung

3.4.1 Übungen

- In welcher Einheit wird die Zeit beim `Wait()`-Befehl angegeben? (1/x s)
- Wie lautet der Befehl für Vorwärtsfahren?
- Welche Namen tragen die drei Motorenausgänge?
- Welche Fehler hat dieser Programmausschnitt:

```
OnRev(OUT_AC 30);
Off(OUT_AC)
OnFwd(OUT_AC,60);
```

3.4.2 Wiederholung

Begriff	Bedeutung
Parameter	Werte, die zum Beispiel an einen Befehl übergeben werden
Main-Task	Hauptteil innerhalb eines Programms
Programmierstil	Art, den Programmcode zu strukturieren

Befehl	Parameter	Funktion
`#include "NXCDefs.h"`		Der Befehl steht am Anfang jedes Programms.
`task main(){}`		Der Main-Task markiert die Hauptaufgabe, die der Roboter ausführen soll.
`OnFwd(ausgaenge,geschw);`	`ausgaenge`: OUT_A, OUT_B, OUT_C, OUT_AB, OUT_BC, OUT_ABC ... `geschw`: Zahl zwischen 0 und 100	Bringt die Motoren am angegebenen Ausgang zum Vorwärtsdrehen, mit der angegebenen Geschwindigkeit
`Wait(zeit);`	`zeit`: Zahl	Das Programm wird für Zeit/1000 Sekunden pausiert, laufende Befehle werden weiter ausgeführt.
`OnRev(ausgaenge,geschw);`	Wie `OnFwd()`	Wie `OnFwd()`, allerdings drehen die Motoren rückwärts.
`Off(ausgaenge)`	`ausgaenge`: OUT_A, OUT_B, OUT_C, OUT_AB, OUT_BC, OUT_ABC, ...	Hält die Motoren an den angegebenen Ausgängen an

Kapitel 4

Schleifen und Verzweigungen

Spätestens, wenn Sensoren zum Einsatz kommen, benötigt man so genannte Schleifen und Verzweigungen. Im Folgenden betrachten wir zwei Typen von Schleifen, die `repeat`-Schleife und die `while`-Schleife. Später werden wir noch einige weitere Schleifen betrachten.

4.1 repeat-Schleife

Erstellen Sie ein neues Programm und speichern Sie es unter dem Namen `repeat.nxc`.

```
#include "NXCDefs.h"

task main()
{
 repeat(2)
 {
  OnFwd(OUT_AC, 75);
  Wait(2000);
 }
 Off(OUT_AC);
}
```

Programm 4.1

Führt man dieses Programm nun auf dem Roboter aus, so wird er für vier Sekunden geradeaus fahren, um genau zu sein, für 2 x 2 Sekunden. Die `repeat`-Schleife macht also nichts anderes, als dem Roboter zu sagen, dass er die Anweisungen zwischen den geschweiften Klammern mehrfach ausführen soll und zwar genau so oft, wie in der Klammer angegeben wird. Die allgemeine Syntax (Syntax bezeichnet vereinfacht ausgedrückt, wie ein Befehl korrekt geschrieben wird) ist also:

```
repeat(Anzahl der Wiederholungen)
{
 Anweisung 1;
```

```
 Anweisung 2;
 Anweisung n;
}
```

Dabei nennt man die Zeile `repeat(n)` *Schleifenkopf*. Es fällt auf, dass hinter dem Schleifenkopf **kein** Semikolon folgt.

Der untere Teil der Schleife, der die Anweisungen enthält, wird auch *Schleifenrumpf* genannt.

Übrigens nennt man das Programmieren mit Schleifen auch *iterative Programmierung*.

4.2 while-Schleife

Erstellen Sie nun ein zweites Programm mit dem Namen `while.nxc`.

```
#include "NXCDefs.h"

task main()
{
 while(true)
 {
  OnFwd(OUT_AC, 75);
  Wait(2000);
 }
 Off(OUT_AC);
}
```

Programm 4.2

Wie man sieht, unterscheiden sich `while`- und `repeat`-Schleife nur in ihrem Kopf voneinander, der Rumpf wird gleich gebildet. Im Gegensatz zur `repeat`-Schleife gibt man bei der `while`-Schleife jedoch nicht die Anzahl der Wiederholungen an, sondern eine Bedingung, die wahr oder falsch sein kann. Während diese Bedingung erfüllt ist (engl. *while* = während), werden die Anweisungen zwischen den geschweiften Klammern ausgeführt. Im oben gezeigten Programm ist die Bedingung also immer wahr (engl. *true* = wahr, richtig).

Das hört sich im ersten Moment zwar etwas kompliziert an, ist aber eigentlich ganz einfach. Die Schleife wird ausgeführt, solange die Bedingung in den Klammern wahr ist. Da das hier immer der Fall ist, entsteht eine Endlosschleife, der Roboter fährt also, bis er von Hand angehalten wird. Im Kapitel *Variablen und Konstanten* wird noch genau auf das Thema Bedingungen eingegangen, erst dadurch wird diese Schleife richtig sinnvoll.

Die allgemeine Syntax der while-Schleife lautet:

```
while(Bedingung)
{
 Anweisung 1;
 Anweisung 2
 Anweisung n;
}
```

4.3 if-Verzweigung

Nach den Schleifen widmen wir uns jetzt den Verzweigungen, erstellen Sie hierzu eine neue Datei if.nxc.

```
#include "NXCDefs.h"

task main()
{
 if(true)
 {
  OnFwd(OUT_AC, 75);
  Wait(2000);
 }
 Off(OUT_AC);
}
```

Programm 4.3

Auch die if-Verzweigung gleicht in ihrer Syntax den Schleifen, es gibt jedoch einen entscheidenden Unterschied. Die Anweisungen in einer if-Verzweigung werden nur einmal ausgeführt und zwar nur, falls (engl. *if* = falls) die Bedingung, die in runden Klammern steht, erfüllt ist. Hier können dieselben Argumente wie bei der while-Schleife verwendet werden. Im obigen Beispiel bringt die if-Verzweigung natürlich keinen Vorteil, da die Anweisungen immer ausgeführt werden. Sobald wir allerdings mit Sensoren und Variablen arbeiten, werden Sie schnell merken, wie praktisch if-Verzweigungen sind. Kommen wir nun zu einer erweiterten Form der if-Verzweigung:

```
#include "NXCDefs.h"

task main()
{
 if(false)
```

```
{
 OnFwd(OUT_AC, 75);
 Wait(2000);
}

else
{
 OnRev(OUT_AC, 75);
 Wait(2000);
}
Off(OUT_AC);
}
```

Programm 4.4

Was macht dieses Programm? Ganz einfach, wenn die Bedingung der `if`-Verzweigung erfüllt werden würde, dann würde der Roboter für zwei Sekunden geradeaus fahren. Da die Bedingung aber `false` (engl. *false* = falsch) ist, wird sie niemals erfüllt. Wird die Bedingung einer `if`-Verzweigung nicht erfüllt, springt das Programm automatisch zur `else`-Anweisung (engl. *else* = andernfalls), sofern diese vorhanden ist. Die `if`-Verzweigung ist im späteren Gebrauch, besonders mit Sensoren, sehr wichtig, deshalb ist es wichtig, folgende Syntax zu kennen:

```
if(Bedingung)
{
 Diese Anweisung wird ausgeführt,
 falls die Bedingung erfüllt ist
}

else
{
 Ist die Bedingung nicht erfüllt, wird die
 "sonst-Anweisung" ausgeführt
}
```

4.4 Projekt

Öffnen Sie die im vorherigen Kapitel erstellte Datei `buchprojekt.nxc`. Mit dem Gelernten wird es unser Ziel sein, einen Roboter zu programmieren, der immer mehr Aufgaben erfüllt. Das Hauptziel wird dabei sein, einen Roboter zu programmieren, der einer schwarzen Linie folgt und farbliche Markierungen auf dieser erkennt. Außerdem soll der Roboter in der Lage sein, Hindernissen auf dieser Linie auszuweichen.

Hierzu können Sie auf ein großes Blatt oder auf mehrere aneinandergeklebte kleinere Blätter entweder mit einem dicken, schwarzen Filzstift eine mindestens 2 cm breite Linie machen oder eine Linie mit Isolierband abkleben. Achten Sie dabei darauf, dass Sie einige Kurven einbauen, allerdings müssen alle Knicke kleiner als 90° sein und die Strecke muss am selben Punkt enden, an dem sie auch begonnen hat, so dass eine Art Rennstrecke entsteht.

Da der Roboter der Linie also »unendlich« lange folgen soll, müssen wir das Programm durch eine Endlosschleife erweitern. Bevor wir uns jedoch an solch eine komplizierte Aufgabe wagen, sollte der Roboter zunächst einmal einfach auf dem Boden geradeaus fahren.

Das neue Programm sollte dann so aussehen:

```
#include "NXCDefs.h"

task main()
{
 while(true)
 {
  OnFwd(OUT_AC, 75);
 }
 Off(OUT_AC);
}
```

Programm 4.5

4.5 Zusammenfassung

4.5.1 Übungen

- Wie oft wird Anweisung 1 ausgeführt?

```
repeat(25)
{
 Anweisung 1;
}
```

- Was passiert, wenn der Roboter dieses Programm ausführt?

```
if(true)
{
 OnFwd(OUT_AC, 75);
 Wait(2000);
}
```

```
if(false)
{
 OnRev(OUT_AC, 75);
 Wait(2000);
}

else
{
 OnRev(OUT_AC, 75);
 Wait(2000);
}

Off(OUT_AC);
```

4.5.2 Wiederholung

Begriff	Bedeutung
Schleife	Teil eines Programms, der (mehrmals) wiederholt wird
Endlosschleife	Eine Schleife, deren Bedingung immer erfüllt ist, die also immer wieder ausgeführt wird
Schleifenkopf	Die erste Zeile einer Schleife, in der die Bedingung zur Ausführung festgelegt wird
Schleifenrumpf	Der Teil der Schleife, in dem der Code steht, der ausgeführt werden soll
`while`-Schleife	Eine Schleife, die so lange ausgeführt wird, wie die Bedingung erfüllt ist
`repeat`-Schleife	Eine Schleife, die so oft ausgeführt wird, wie innerhalb des Kopfes angegeben ist
Verzweigung	Unterscheidung zwischen verschiedenen Fällen innerhalb der Ausführung eines Programms
`else`-Fall	Fall einer Verzweigung, der ausgeführt wird, falls keiner der anderen Fälle erfüllt ist
Syntax	Vereinfacht ausgedrückt, die Schreibweise eines Befehls

Befehl	Parameter	Funktion

`repeat(wiederholungen)`
`{`
`  Anweisung 1;`
`  Anweisung 2;`
`  Anweisung n;`
`}`
	`wiederholungen`: Zahl	Die Befehle innerhalb der geschweiften Klammern werden so oft ausgeführt, wie als Parameter angegeben.

`while(bedingung)`
`{`
`  Anweisung 1;`
`  Anweisung 2`
`  Anweisung n;`
`}`
	`bedingung`: wahr oder falsch	Solange die Bedingung wahr ist, wird der Code innerhalb der geschweiften Klammer ausgeführt.

`if(bedingung)`
`{`
`  Anweisung 1;`
`  Anweisung 2`
`  Anweisung n;`
`}`
`else`
`{`
`  Anweisung 1;`
`  Anweisung 2`
`  Anweisung n;`
`}`
	`bedingung`: wahr oder falsch	Ist die Bedingung wahr, werden die Anweisungen in der geschweiften Klammer nach `if` ausgeführt; ist die Bedingung falsch, wird der Code zwischen der geschweiften Klammer unter `else` ausgeführt.
		Eine `if`-Verzweigung kann auch alleine, also ohne `else`-Fall, stehen.

Kapitel 5

Konstanten und Variablen

5.1 Konstanten

Schauen wir uns folgendes Programm an:

```
#include "NXCDefs.h"

task main()
{
 OnFwd(OUT_AC, 70);
 Wait(5000);

 OnFwd(OUT_A, 60);
 Wait(1000);

 OnFwd(OUT_AC, 70);
 Wait(5000);

 Off(OUT_AC);
}
```

Programm 5.1

Was macht dieses Programm? Zuerst fährt der Roboter fünf Sekunden geradeaus mit 70% der maximalen Geschwindigkeit, dann dreht er für eine Sekunde mit 60% (sitzt Motor A auf der linken Seite, dreht der Roboter nach rechts; sitzt er auf der rechten Seite, dann entsprechend umgekehrt) und fährt schließlich wieder mit 70% geradeaus.

Lässt man den Roboter nun ein paarmal fahren, so fällt einem eventuell auf, dass er ruhig etwas schneller fahren könnte. Möchte man nun die Geschwindigkeit ändern, so muss man das bei jedem Befehl einzeln tun, obwohl die Geschwindigkeit beim Vorwärtsfahren immer gleich ist. Bei nur drei Werten, wie in diesem Beispiel, geht das noch recht schnell, aber je mehr Befehle hinzukommen, desto mühsamer wird das Ändern. Um das zu vermeiden, gibt es so genannte Konstanten.

Mit Konstanten würde das Programm so aussehen:

```
#include "NXCDefs.h"

#define GESCHW 70
#define DREHEN 60

task main()
{
 OnFwd(OUT_AC, GESCHW);
 Wait(5000);

 OnFwd(OUT_A, DREHEN);
 Wait(1000);

 OnFwd(OUT_AC, GESCHW);
 Wait(5000);

 Off(OUT_AC);
}
```

Programm 5.2

In diesem Programm haben wir nun zwei Konstanten mit den Namen GESCHW und DREHEN definiert, das heißt, wir haben sie erstellt und ihnen einen Wert zugewiesen.

In unserem Beispiel ist der Konstanten mit dem Namen GESCHW der Wert 70 zugeordnet, das heißt, dass an jeder Stelle im Programm, an der das Wort GESCHW steht, beim Kompilieren die Zahl 70 eingesetzt wird. Möchte man nun die Geschwindigkeit ändern, so muss man dies nur an einer Stelle tun.

Die Definition von Konstanten steht vor dem Main-Task und beginnt immer mit #define, darauf folgt der Name und der zugewiesene Wert. Als Wert kann eine Zahl oder ein Text dienen. Ein Text wird durch Anführungszeichen markiert, Zahlen werden einfach durch ein Leerzeichen getrennt direkt hinter den Namen geschrieben. Die Zeile wird **nicht** durch ein Semikolon beendet.

Der Name einer Konstanten muss mit einem Buchstaben beginnen und darf keine Umlaute enthalten. Einige Sonderzeichen wie zum Beispiel der Grundstrich oder Bindestrich sind erlaubt. Es ist üblich, Namen von Konstanten großzuschreiben, einige Programmierer schreiben nur den ersten Buchstaben groß, andere das ganze Wort. Außerdem sollte man darauf achten, sinnvolle Namen zu wählen und nicht nur Nummern oder einzelne Zeichen, damit man auch nach längerer Zeit noch weiß, welche Konstante was bedeutet.

Die allgemeine Syntax der Definition einer Konstanten sieht so aus:

```
#define Name "Buchstaben"
#define Name2 Zahl
```

Allerdings haben Konstanten auch einen Nachteil, sie können ihren Wert im Verlauf eines Programms nicht ändern, das heißt, ist der Wert erst einmal festgelegt, lässt er sich nicht mehr ändern. Das ist aber teilweise (zum Beispiel bei der Benutzung von Sensoren) nötig.

5.2 Variablen

Für genau diese Fälle, also wenn sich ein Wert während der Ausführung eines Programms ändert, gibt es so genannte Variablen. Aber um zu verstehen, wie man Variablen benutzt, muss zuerst einmal geklärt werden, was Variablen eigentlich sind und wie sie funktionieren.

5.2.1 Deklaration

Aus der Mathematik kennt man Variablen meist als einen Buchstaben, der für eine beliebige Zahl steht. Auch beim Programmieren dienen Variablen als eine Art Platzhalter. Um sich Zahlen zu merken, speichert ein Computer und auch der NXT, Zahlen im so genannten Arbeitsspeicher (auch RAM genannt). Um sich die Funktion des Arbeitsspeichers besser vorstellen zu können, benutzt man das Modell des Schrankes.

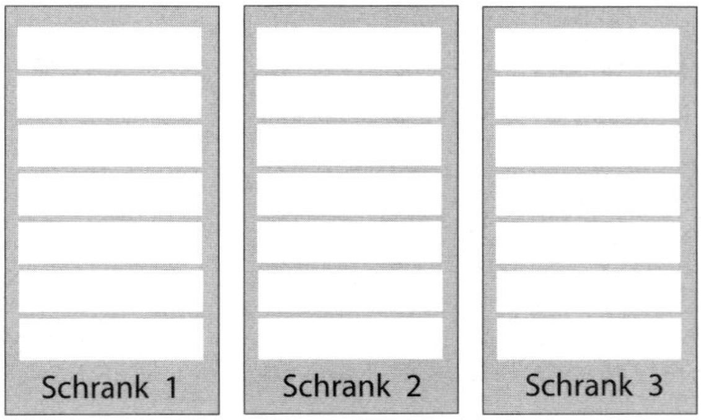

Abb. 5.1: Funktionsweise Variablen (1)

Abbildung 5.1 zeigt ein Modell des Arbeitsspeichers im leeren Zustand, dabei steht jeder Schrank für einen Bereich des Arbeitsspeichers. Will man nun eine Variable erstellen, die zum Beispiel den Wert eines Sensors speichert, so muss man dem NXT zuerst mitteilen, unter welchem Namen die Variable abgelegt werden soll, damit er sie später auch wiederfindet. Nun kann man aber nicht nur Zahlen als Variablen speichern, sondern zum Beispiel auch ganze Wörter. Weil ein Wort aber mehr Platz im RAM belegt als eine Zahl, in unserem Modell zwei Schubladen, muss der NXT wissen, um welche Art von Variablen es sich handelt. Der gesamte Vorgang wird Deklaration genannt. Hat man seine Variable nun also deklariert, tut der NXT nichts anderes, als im Arbeitsspeicher die benötigte Anzahl an Schubladen zu reservieren und den Namen darauf zu schreiben. Nach der Deklaration ist die Schublade also noch leer, aber schon reserviert. Schauen wir uns ein Beispiel an: Speicherung des Wertes eines Lichtsensors in Abbildung 5.2.

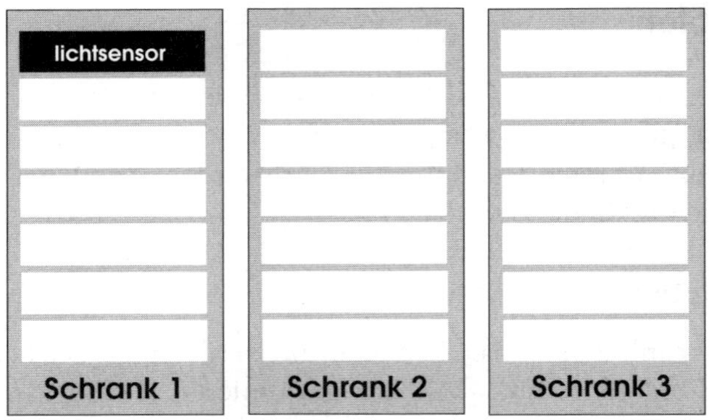

Abb. 5.2: Funktionsweise Variablen (2)

Deklariert wurde nun eine Variable mit dem Namen `lichtsensor`, als Ganzzahl (also eine Zahl ohne Nachkommastellen). In der Programmiersprache sieht die Deklaration so aus:

```
#include "NXCDefs.h"

int lichtsensor;

task main()
{

}
```

Die Deklaration der Variablen steht, wie bei den Konstanten, vor dem Main-Task. Schauen wir uns die Zeile nun genauer an. Im Gegensatz zu den Konstanten wird die Zeile bei Variablen mit einem `;` beendet. Hinter dem Wort `int` steht der Name der Variablen; während man sich bei Konstanten darauf geeinigt hat, (mindestens) den ersten Buchstaben großzuschreiben, schreibt man Variablen am Anfang grundsätzlich klein. Aber was bedeutet das `int` vor dem Namen? Ganz einfach, es gibt den Variablen-Typ an (in unserem Fall eine Ganzzahl), damit der NXT weiß, wie viele Schubladen er reservieren muss und was er in diese Schubladen ablegen darf. Ist die Variable wie in unserem Fall vom Typ Ganzzahl, kann der NXT darin später keine Komma-Zahlen oder Wörter ablegen. `int` ist übrigens die Abkürzung für Integer, das ist Englisch und heißt übersetzt Ganzzahl. Hier eine kleine Übersicht über die verschiedenen Variablen-Typen in NXC:

Name	Deklaration	Zulässige Werte
Integer (Ganzzahl)	`int name;`	Zahlen von ca. -32000 bis +32000
String (Zeichenkette / Wort)	`string name;`	Zeichenkette mit ASCII-Zeichen
Boolean (Wahrheitswert)	`bool name;`	`true` oder `false` (wahr oder falsch)

Tabelle 5.1: Variablen-Typen

Allgemein könnte man die Deklaration einer Variablen also so beschreiben:

```
typ name;
```

Jetzt ist also eine Schublade reserviert, noch ist diese aber leer. Um das zu ändern, muss der Variablen jetzt ein Wert zugewiesen werden.

Hinweis

Im Gegensatz zu vielen anderen Programmiersprachen gibt es in NXC keinen Variablen-Typ zum Darstellen vom Komma-Zahlen (Gleitkommazahlen oder Englisch *Floats*). Muss man aber trotzdem Gleitkommazahlen darstellen, kann man einfach zwei Integer-Variablen anlegen und in eine die Stellen vor dem Komma und in die andere die Nachkommastellen speichern.

5.2.2 Wertzuweisung

Und wie ordnet man einer Variablen einen Wert zu? Ganz einfach: Schublade auf, Wert rein, Schublade wieder zu. Dabei muss man darauf achten, dass der Wert nicht zu groß für die Schublade ist und den zur Schublade passenden Typ hat. Achtung, in jeder Schublade kann immer nur ein Wert liegen, wird ein neuer Wert abgelegt, so wird der alte überschrieben. Setzen wir das Ganze nun im Programm um. Zuerst öffnet man die Schublade; das macht man, indem man den Namen der Schublade eingibt. Dann muss dem NXT gesagt werden, dass jetzt ein neuer Wert in die Schublade gelegt werden soll, das geschieht durch ein =, dahinter wird der Wert angegeben und die Schublade mit einem Semikolon geschlossen.

Umgesetzt in Programmcode sieht die Wertzuweisung dann so aus:

```
#include "NXCDefs.h"

int variable;
string variable2;
int variable3;
bool variable4;

task main()
{
 variable = 11;
 variable2 = "Hallo";
 variable3 = 22;
 variable = variable3;
 variable4 = false;
}
```

Programm 5.3

Dieses Programmbeispiel zeigt gleich drei Besonderheiten:

1. Die Werte von Variablen des Typs String werden in Anführungszeichen angegeben.
2. Als Wert, der zugewiesen werden soll, müssen keine konkreten Zahlen angegeben werden, es können auch andere Variablen (und natürlich auch Konstanten) angegeben werden.
3. Eine Variable kann im Verlauf eines Programms verschiedene Werte annehmen, so ist der Wert von `variable` in der zehnten Zeile des obigen Programms 11, in der dreizehnten 22.

Die Wertzuweisung in allgemeiner Form sieht so aus:

```
name = zahl;
name2 = "string";
```

Mit Zahlen, Variablen und Konstanten kann man aber noch einiges mehr anstellen, man kann zum Beispiel mit ihnen rechnen oder sie untereinander vergleichen, das ist besonders im Zusammenhang mit `if`-Verzweigungen interessant.

5.3 Rechnen mit Variablen, Konstanten und Zahlen

Mit Variablen, Konstanten und Zahlen sind auch Berechnungen möglich, diese funktionieren immer gleich, egal ob man Variablen, Zahlen oder Konstanten benutzt, man muss nur beachten, dass das Ergebnis einer Berechnung nur einer Variablen zugewiesen werden kann, da Konstanten bekanntermaßen ihren Wert nicht ändern können. Zur besseren Verdeutlichung wird in den folgenden Beispielen mit Variablen gerechnet, es wären aber ebenso Konstanten oder Zahlen möglich.

Addition:

```
ergebnis = zahl1 + zahl2;
```

Subtraktion:

```
ergebnis = zahl1 - zahl2;
```

Multiplikation:

```
ergebnis = zahl1 * zahl2;
```

Division:

```
ergebnis = zahl1 / zahl2;
```

Vorsicht

Bei der Division muss bedacht werden, dass NXC nicht mit Kommazahlen umgehen kann! Dementsprechend wird nur der ganzzahlige Anteil des Ergebnisses ausgegeben, 7/3 ergibt zum Beispiel 2.

5.4 Vergleichen von Variablen, Konstanten und Zahlen

Besonders bei Schleifen und Verzweigungen kann es praktisch sein, Variablen untereinander oder mit Konstanten bzw. Zahlen zu vergleichen. Stellen wir uns einmal vor, die Variable `licht` vom Typ Integer beinhaltet den aktuellen Wert eines Lichtsensors, und der Wert der Konstanten `SCHWARZ` sei der Wert für die Farbe Schwarz. Nun soll der Roboter, **falls** er auf eine schwarze Linie trifft, geradeaus fahren, **andernfalls** soll er sich drehen, um die schwarze Linie zu suchen. Sobald in den Überlegungen zu einem Programm das Wort *falls* auftaucht, muss an dieser Stelle mit einer `if`-Verzweigung gearbeitet werden. Es gibt nun mehrere Möglichkeiten, dieses Problem zu lösen, die einfachste wäre diese (nur ein Ausschnitt aus dem dazu benötigten Programm, Variablen-Deklaration etc. fehlen):

```
if (licht == SCHWARZ)
{
 OnFwd(OUT_AC, GESCHW);
```

```
}

else
{
 OnFwd(OUT_A, GESCHW);
}
```

Wie bereits vorher gezeigt, wird beim Ausführen der `if`-Verzweigung zuerst die Bedingung überprüft. Falls der vom Lichtsensor zurückgegebene Wert (`licht`) also gleich dem Schwarzwert ist (SCHWARZ), der Roboter sich also auf der schwarzen Linie befindet, dann ist die Bedingung erfüllt und die `if`-Verzweigung wird ausgeführt. Ansonsten wird der `else`-Abschnitt ausgeführt. Da das =-Zeichen bereits für die Wertzuweisung bei Variablen reserviert ist, benutzt man zum Vergleichen von Zahlen oder Variablen ein Doppelgleich.

Eine weitere Möglichkeit, das Problem zu lösen, würde so aussehen:

```
if (licht > SCHWARZ)
{
 OnFwd(OUT_AC, GESCHW);
}

else
{
 OnFwd(OUT_A, GESCHW);
}
```

In diesem Programm wird geprüft, ob der Wert des Lichtsensors größer (also der Untergrund heller) als SCHWARZ ist. Ist das der Fall (befindet sich der Roboter also auf keiner schwarzen Fläche), dreht er, sonst fährt er geradeaus. Es gibt nun viele weitere Möglichkeiten, das genannte Problem zu lösen, da es noch weitere Vergleiche gibt. Hier eine Tabelle der Vergleichsmöglichkeiten. Die Zeichen zum Vergleichen werden auch Vergleichsoperatoren genannt:

Zeichen	Bedeutung	Beispiel
==	Gleich	1 == 2 falsch 2 == 2 wahr Mit Variablen: a == b
!=	Ungleich	1! = 2 wahr 2! = 2 falsch Mit Variablen: a! = b

Tabelle 5.2: Vergleichsoperatoren

Zeichen	Bedeutung	Beispiel
<	Kleiner	1 < 2 wahr 2 < 2 falsch 3 < 2 falsch Mit Variablen: a < b
<=	Kleiner oder gleich	1 <= 2 wahr 2 <= 2 wahr 3 <= 2 falsch Mit Variablen: a< = b
>	Größer	1 > 2 falsch 2 > 2 falsch 3 > 2 wahr Mit Variablen: a > b
>=	Größer oder gleich	1 >= 2 falsch 2 >= 2 wahr 3 >= 2 wahr Mit Variablen: a >= b

Tabelle 5.2: Vergleichsoperatoren (Forts.)

5.5 Projekt

Jetzt ist es an der Zeit, die Datei `buchprojekt.nxc` um die neu gelernten Dinge zu erweitern. Da wir noch nicht wissen, wie man den Wert eines Lichtsensors ausliest, beschränken wir uns in diesem Kapitel noch darauf, Konstanten für die Geschwindigkeit anzulegen. Mit Konstanten sollte das Programm dann so aussehen:

```
#include "NXCDefs.h"

#define GESCHW 75

task main()
{
 while(true)
 {
  OnFwd(OUT_AC, GESCHW);
 }
 Off(OUT_AC);
}
```

Programm 5.4

5.6 Kommentare

An dieser Stelle ein kleiner Tipp: Die Programme werden langsam, aber sicher immer umfangreicher, um trotzdem den Überblick zu behalten, gibt es so genannte Kommentare. Ein Kommentar ist nichts anderes als ein kleiner Text, der dem Programmierer als Gedächtnisstütze dient. Beim Kompilieren werden Kommentare komplett ignoriert.

```
Anweisung1; //Kommentar
Anweisung2;
Anweisung3;//Kommentar
```

Ein Kommentar beginnt mit // und gilt für die komplette Zeile; alles, was danach kommt, wird also beim Kompilieren nicht berücksichtigt. Es gibt allerdings auch mehrzeilige Kommentare:

```
Anweisung1;
/* Kommentar
Über mehrere
Zeilen
*/
Anweisung2;
```

Ein mehrzeiliger Kommentar startet mit /* und endet mit */.

5.7 Zusammenfassung

5.7.1 Übungen

- Sind folgende Aussagen wahr oder falsch?

  1) 1 < 3

  2) 1 > 3

  3) 1 == 2

  4) 1! = 2

  5) 2 > 2

  6) 2 >= 2

  7) 3 < 3

  8) 3 <= 3

- Welche Werte dürfen in einer Variablen vom Typ Integer gespeichert werden?

5.7.2 Wiederholung

Begriff	Bedeutung
Konstante	Gespeicherter Wert, der sich während der Laufzeit eines Programms nicht verändern kann
Variable	Gespeicherter Wert, der während der Laufzeit des Programms geändert werden kann
Arbeitsspeicher/RAM	Zwischenspeicher für von Programmen aktuell verwendete Daten
Definition	Festlegung einer Konstanten
Deklaration	Festlegung einer Variablen
Integer	Ganzzahl
String	Zeichenkette
Boolean	Wahrheitswert (wahr oder falsch)
Vergleichsoperator	Zeichen zum Vergleich von zwei Werten
Kommentar	Text innerhalb eines Programms, der nicht beim Kompilieren berücksichtigt wird und dem Programmierer zur Orientierung dient

Befehl	Parameter	Funktion
`#define Name "Text"` `#define Name2 Zahl`	`Name`, `Name2`: Name der Konstanten `Text` bzw. `Zahl`: Wert der Konstanten	In einer Konstanten kann ein Wert (egal ob Text oder Zahl) gespeichert werden und innerhalb des Programms über den Namen der Konstanten abgerufen werden. Der Wert einer Konstanten ist während der Laufzeit nicht veränderbar.
`typ name;`	`typ`: `int` für Ganzzahl, `string` für Text, `bool` für wahr oder falsch `name`: Name der Variable	Mit dem Befehl können Variablen deklariert werden, in Variablen können, je nach Typ, verschiedene Werte gespeichert werden und wie bei einer Konstanten über den Namen aufgerufen werden. Im Gegensatz zu Konstanten kann der Wert einer Variablen während der Laufzeit geändert werden.

Befehl	Parameter	Funktion
`name = wert;`	`name`: Name der Variablen, der ein Wert zugewiesen werden soll `wert`: vom selben Typ wie die Variable	Der Variablen wird der angegebene Wert zugewiesen.

`ergebnis = zahl + zahl;`
`ergebnis = zahl - zahl;`
`ergebnis = zahl * zahl;`
`ergebnis = zahl / zahl;`
	`ergebnis`, `zahl`: Integer	Addition/Subtraktion/Multiplikation/Division von zwei (oder mehr) Zahlen und Zuweisung des Ergebnisses in eine Variable. (Bei der Division wird nur der ganzzahlige Anteil berechnet)

`var1 == var 2`
`var1 != var 2`
`var1 < var 2`
`var1 <= var 2`
`var1 > var 2`
`var1 >= var 2`
	`var1`, `var2`: Variablen vom gleichen Typ	Prüft, ob `var1` gleich/ungleich/kleiner/kleiner oder gleich/größer/größer oder gleich `var2` ist und gibt `true` (wahr) oder `false` (falsch) zurück

`//Text`		Markiert eine einzeilige Anmerkung zum Code, der beim Kompilieren nicht berücksichtigt wird (Kommentar)

`/*`
`Text`
`Text`
`Text`
`*/`
		Markiert einen mehrzeiligen Kommentar

Kapitel 6

Sensoren

Zwar kann der Roboter inzwischen schon einiges, aber was einen Roboter eigentlich ausmacht, nämlich, dass er auf seine Außenwelt reagiert, das kann er noch nicht. Als »Verbindung zur Außenwelt« dienen dem NXT seine verschiedenen Sensoren. Die wichtigsten Sensoren sind dabei der Lichtsensor, der Tastsensor und die in die Motoren eingebauten Rotationssensoren. Außerdem gibt es noch einen Geräuschsensor und einen Ultraschallsensor zum Messen von Entfernungen. Und das sind nur die Sensoren, die zusammen mit dem NXT ausgeliefert werden, daneben gibt es noch viele weitere Sensoren von anderen Herstellern, denen wir uns später auch zuwenden wollen. Am einfachsten funktioniert der Tastsensor, mit dem wir deshalb auch beginnen.

6.1 Tastsensor

Der Druck- oder Tastsensor ist der einfachste Sensor, denn er kennt nur zwei Zustände, gedrückt (1) oder nicht gedrückt (0). Er funktioniert wie ein normaler Taster.

Abb. 6.1: Tastsensor (Quelle: LEGO GmbH)

Doch bevor der Wert (oder in diesem Fall Zustand) eines Sensors abgefragt werden kann, muss dem NXT erst mitgeteilt werden, an welchem Anschluss sich welcher Sensor befindet. Für unser Beispiel gehen wir einmal davon aus, ein Tastsensor wäre an Eingang 1 angeschlossen.

```
#include "NXCDefs.h"

//Deklaration
int tastsensor_zustand;

task main()
{
 SetSensorTouch(IN_1);
 tastsensor_zustand = SENSOR_1;
}
```

Programm 6.1

Das Beispielprogramm liest den Zustand des Tastsensors und schreibt diesen in die Variable `tastsensor_zustand`. Die einzelnen Befehle im Detail:

```
SetSensorTouch(IN_1);
```

Diese Zeile sagt dem NXT, welcher Sensor angeschlossen ist (engl. *touch* = Berührung) und an welchem Port. Der Port wird dabei in Klammern angegeben und kann `IN_1`, `IN_2`, `IN_3` oder `IN_4` sein. Die allgemeine Syntax lautet also:

```
SetSensorTouch(IN_X);
```

Die nächste Zeile weist der Variablen `tastsensor_zustand` nun den Wert des Sensors zu:

```
tastsensor_zustand = SENSOR_1;
```

Ist der Tastsensor erst einmal über den Befehl `SetSensorTouch()` aktiviert, kann sein Wert ganz einfach über den Befehl abgerufen werden:

```
SENSOR_X
```

Vorsicht

Wird der Zustand des Sensors auf diese Weise in eine Variable geschrieben, dann stellt diese Variable nur eine Momentaufnahme dar; sollte sich der Zustand des Sensors nach der Ausführung dieser Zeile ändern, wird der Wert in der Variablen nicht geändert.

Verknüpft man nun das Wissen über Sensoren, Variablen, Konstanten, Motoren und Vergleiche, ist es recht einfach, ein Programm zu erstellen, das dem NXT sagt, dass er fahren soll, bis er auf Widerstand stößt, also bis der Tastsensor gedrückt wird. Versuchen Sie nun einmal, selbst ein solches Programm zu erstellen, und vergleichen Sie es dann mit der Musterlösung. Hier gilt wie fast immer beim Programmieren: Viele Wege führen zum Ziel.

Tipp

Ein kleiner Tipp zum Realisieren des Programms. Was hier eigentlich vorliegt, ist eine so genannte Abbruchbedingung, also brauchen wir eigentlich eine Schleife, die läuft, bis die Abbruchbedingung eintrifft. Da wir eine solche Schleife (noch) nicht kennen, muss man die Logik einfach umdrehen und sagen, solange die Abbruchbedingung nicht erfüllt ist, soll die Schleife laufen. Das Stichwort »solange« steht für eine uns bereits bekannte Schleife.

```
#include "NXCDefs.h"

task main()
{
 // Tastsensor an 1
 SetSensorTouch(IN_1);

 // Solange Sensor nicht gedrückt
 while(SENSOR_1 == 0)
 {
  OnFwd(OUT_AC, 60);
 }

 // Danach
 Off(OUT_AC);
}
```

Programm 6.2

Natürlich kann es sein, dass Ihr Programm etwas anders aussieht, entscheidend ist, dass es funktioniert. Allerdings sollte man darauf achten, den Code so kurz wie möglich zu halten und den NXT nicht unnötig zu belasten durch nicht genutzte Variablen oder unnötige Schleifen. So könnte man zum Beispiel den Wert des Sensors auch in einer Variablen speichern; da er in diesem Programm aber nur einmal auftaucht, ist das eher unnötig und verbraucht Speicher.

Was genau tut dieses Programm? Nun, zuerst wird festgelegt, dass an Port 1 ein Tastsensor angeschlossen ist, danach folgt eine Schleife, die ausgeführt wird, solange der Wert des Sensors 0 ist, er also nichts berührt. In der Schleife wird festgelegt, dass der Roboter in dieser Zeit geradeaus fährt. Trifft der Roboter nun auf Widerstand, ist die Bedingung der Schleife nicht mehr erfüllt und das Programm wird weiter ausgeführt, was in diesem Fall bedeutet, dass der Roboter stehen bleibt.

Hat Ihr Programm funktioniert? Wenn ja, dann herzlichen Glückwunsch; hat Ihr Programm nicht funktioniert, sollten Sie den Kopf nicht hängen lassen, suchen Sie die Fehler und versuchen Sie, sie zu verstehen. Fehler, die Sie jetzt erkennen, werden Sie später nicht mehr machen.

6.2 Lichtsensor

Der Lichtsensor des NXT ermöglicht dem Roboter eine Unterscheidung zwischen hellem und dunklem Untergrund (nicht zu verwechseln mit einem Farbsensor). Bevor wir uns ansehen, wie der Lichtsensor in Programmen verwendet wird, schauen wir uns erst seine Funktionsweise an.

Abb. 6.2: Lichtsensor (Quelle: LEGO GmbH)

6.2.1 Funktionsweise

Der Lichtsensor besteht aus einer roten LED (Leuchtdiode) und einer Fotozelle (es hält sich der weitverbreitete Irrglaube, die LED wäre eine Infrarot-LED, es handelt sich aber tatsächlich um eine simple rote LED). Die LED strahlt den Untergrund an und die Fotozelle misst, wie viel Licht reflektiert wird. Ist die Fläche hell, wird viel Licht reflektiert; ist sie dunkel, wird weniger viel Licht reflektiert. Zwar ist es dadurch theoretisch auch möglich, Farben zu unterscheiden, doch die Unterscheidung geschieht nicht aufgrund der Farbe selbst, sondern aufgrund der Stärke der Lichtreflexion, was dazu führen kann, dass Farben, die ähnlich viel Licht absorbieren, nicht unterschieden werden können. Da die Reflexion nicht an genau einem Punkt gemessen werden kann, sondern nur in einem kleineren Kreis, kann es bei Übergängen, zum Beispiel zwischen Schwarz und Weiß, passieren, dass der Sensor Mittelwerte ausgibt, also zum Beispiel Werte, die eigentlich bei grauem Untergrund erwartet werden. Außerdem müssen die Werte angepasst werden, falls sich die Lichtbedingungen verändern. Zwar soll durch die LED der Einfluss der Umgebungsbeleuchtung verringert werden, ganz verhindern kann die LED Schwankungen jedoch nicht.

Diese Anpassung an die Umgebung wird auch Kalibrierung genannt. Ist der Wert des Sensors 0, wird kein Licht reflektiert, dieser Wert tritt in der Praxis jedoch nicht auf, ebenso der Wert 100, denn hier müssten 100% des ausgesandten Lichtes reflektiert werden, normale Untergründe absorbieren jedoch immer ein Teil des Lichts.

6.2.2 Programmierung

Auch beim Lichtsensor gilt: Zuerst den Eingang festlegen, dann den Wert abrufen und gegebenenfalls weiterverarbeiten.

Das Festlegen des Eingangs funktioniert dabei genau wie beim Tastsensor, lediglich mit dem Stichwort *Light* (= Licht):

```
SetSensorLight(IN_X);
```

Und auch das Auslesen des Wertes funktioniert genau wie beim Tastsensor. Es gibt übrigens noch einen zweiten Befehl zum Abrufen der Werte eines Sensors. Beide Befehle sind absolut gleichwertig und so ist es jedem persönlich überlassen, welchen der beiden Befehle er verwendet; man sollte aber beide kennen, um sich in fremden Programmen zurechtzufinden, egal welcher der beiden Befehle benutzt wird:

```
Sensor(IN_X)
```

Mit dem Lichtsensor kann man sich nun auch an etwas komplexere Programme wagen. Das nächste Programm soll den Roboter so lange geradeaus fahren lassen, bis er auf eine schwarze Linie trifft. Dafür gehen wir davon aus, der Wert für Schwarz sei 40 und der Lichtsensor sei an Eingang 1 angeschlossen.

```
#include "NXCDefs.h"

#define BLACK 40

task main()
{
 // Sensor
 SetSensorLight(IN_1);

 while (Sensor(IN_1) > BLACK)
 {
```

```
    OnFwd(OUT_AC, 60);
  }

  Off(OUT_AC);
}
```

Programm 6.3

Der Roboter fährt so lange geradeaus, bis der Wert des Sensors kleiner als 40 wird, dann hält er an.

Wie eben beschrieben misst der Lichtsensor, wie viel Licht reflektiert wird. Bei einem schwarzen Untergrund wird in diesem Beispiel der Wert 40 zurückgegeben. Bei weißen oder anderen helleren Oberflächen wird also ein Wert größer 40 zurückgegeben, da mehr Licht reflektiert wird, also fährt der Roboter geradeaus. Wird der Wert kleiner oder gleich 40, wird die Schleife beendet und der Roboter bleibt stehen.

Das ist natürlich nur eine von vielen möglichen Lösungen für das gestellte Problem, ebenso hätte man mit einer `repeat`-Schleife oder einer `if`-Verzweigung arbeiten können.

6.3 Ultraschallsensor

Der Ultraschallsensor ist der modernste Sensor, der dem NXT standardmäßig zur Verfügung steht. Mit dem Ultraschallsensor können Entfernungen mehr oder weniger genau gemessen werden.

Abb. 6.3: Ultraschallsensor (Quelle: LEGO GmbH)

6.3.1 Funktionsweise

Der Ultraschallsensor funktioniert ähnlich wie die Orientierung von Fledermäusen. Das eine »Auge« sendet einen Schallimpuls aus, dieser ist für den Menschen nicht hörbar. Trifft dieser Schallimpuls auf einen Gegenstand, wird er reflektiert und zum Sensor zurückgeleitet, das Auftreffen registriert das zweite »Auge«. Aus der Zeit, die seit dem Absenden des Impulses vergangen ist, kann der Sensor nun die zurückgelegte Strecke errechnen und an den NXT weitergeben.

Allerdings funktioniert das nur in einem gewissen Bereich ohne Fehler. Ist der Sensor zu nah oder zu weit von einem Gegenstand entfernt, kann das zu falschen Ergebnissen führen. Der größte bzw. kleinste mögliche Abstand hängt stark vom betrachteten Gegenstand ab. Gerade, glatte Flächen reflektieren den Schall wesentlich besser als unebene oder gewölbte. Daher sollte der Ultraschallsensor sehr bedacht eingesetzt werden, da ein falscher Wert schnell ein ganzes Programm aus der Bahn werfen kann.

Ein weiteres Problem kann die Verwendung mehrerer Ultraschallsensoren sein, da diese sich gegenseitig stören können. Dies gilt zum einen für mehrere Sensoren an einem Roboter, aber auch für andere Roboter in der Nähe, die ebenfalls über einen Ultraschallsensor verfügen.

Übrigens sollte man bei einigen Haustieren vorsichtig sein, denn Katzen zum Beispiel können den Schallimpuls hören und empfinden ihn als sehr unangenehm.

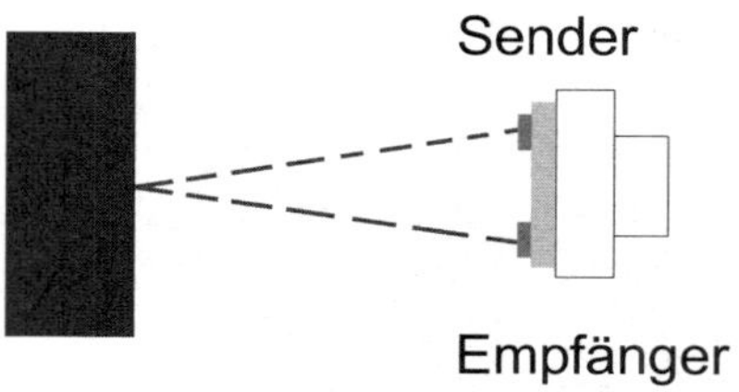

Abb. 6.4: Funktionsweise Ultraschallsensor

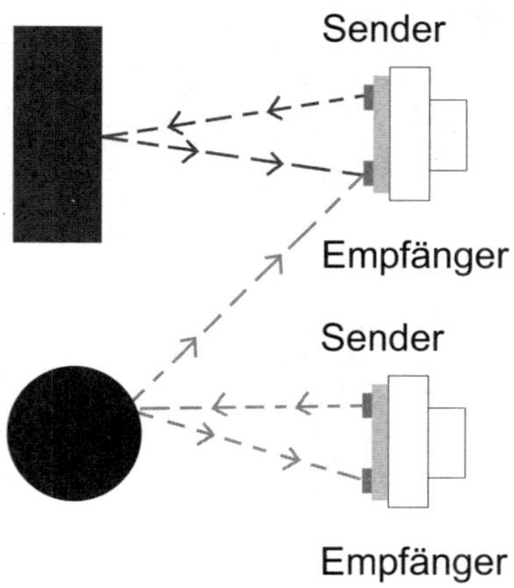

Abb. 6.5: Problem mit mehreren Ultraschallsensoren

6.3.2 Programmierung

Wie bei allen anderen Sensoren muss auch beim Ultraschallsensor erst festgelegt werden, an welchem Eingang er angeschlossen ist. Das funktioniert beim Ultraschallsensor ähnlich wie bei den anderen Sensoren:

```
SetSensorLowspeed(IN_X);
```

Der Abruf des Wertes funktioniert etwas anders als bei den anderen Sensoren, ist aber auch nicht komplizierter:

```
SensorUS(IN_X);
```

Dieser Befehl liefert eine Zahl als Wert zurück, diese Zahl ist der Abstand zum betrachteten Gegenstand in der Einheit Zentimeter (cm).

Mit dem Ultraschallsensor kann man nun ein Programm erstellen, das den Roboter stoppt, bevor er auf einen Gegenstand trifft, und nicht wie beim Tastsensor erst, nachdem er den Gegenstand berührt hat. Als Programm geschrieben könnte das zum Beispiel so aussehen:

```
#include "NXCDefs.h"

#define ENTFERNUNG 5

task main()
{
 // Sensor
 SetSensorLowspeed(IN_1);

 // Solange Entfernung > 5 cm
 while(SensorUS(IN_1) > ENTFERNUNG)
 {
  OnFwd(OUT_AC, 60);
 }

 // Wenn Entfernung < 5 cm
 Off(OUT_AC);
}
```

Programm 6.4

6.4 Geräuschsensor

Der NXT verfügt auch über einen Geräuschsensor (oft auch Soundsensor genannt). Dabei handelt es sich um ein kleines Mikrofon, das Geräusche in der Umgebung wahrnimmt. Der Sensor kann die Lautstärke von Geräuschen messen, kann aber auch verschiedene Tonhöhen und Klangmuster unterscheiden. Wir wollen uns an dieser Stelle allerdings auf die Lautstärke beschränken.

Abb. 6.6: Geräuschsensor (Quelle: LEGO GmbH)

Der Port wird beim Geräuschsensor analog zu den anderen Sensoren festgelegt:

```
SetSensorSound(IN_X);
```

Abgerufen werden kann der Wert des Sensors über die zwei bereits bekannten Befehle (SENSOR_X, Sensor(IN_X)).

Zurückgegeben wird dann ein Wert zwischen 0 und 100, der die Lautstärke der Geräusche in der Umgebung beschreibt.

Hier ein Programmausschnitt aus einem Programm, das auf ein Geräusch der Lautstärke VOL reagiert:

```
SetSensorSound(IN_X);

while(true)
{
 if(SENSOR_X > VOL)
 {
  Anweisung;
 }
}
```

6.5 Rotationssensor

Während die alte Generation von LEGO-Robotern noch über einen externen Rotationssensor verfügte, haben die Motoren des NXT diesen schon direkt integriert. Da die Zählung der Rotationen damit direkt mit dem Motor verbunden ist, sind die Ergebnisse wesentlich genauer als vorher, außerdem müssen nicht zusätzlich Rotationssensoren eingebaut werden und die oft knappen Sensor-Eingänge werden nicht durch diese belegt.

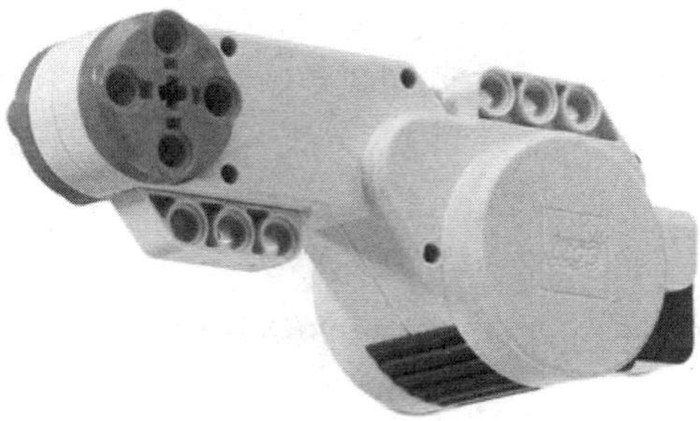

Abb. 6.7: Motor mit eingebautem Rotationssensor (Quelle: LEGO GmbH)

Die Zeile, die festlegt, an welchem Port der Sensor angeschlossen ist, entfällt beim Rotationssensor, da er an einem Motorenausgang angeschlossen ist und dieser beim Abrufen des Wertes angegeben werden muss. Der Befehl zum Abrufen des Wertes lautet:

```
x = MotorRotationCount(OUT_X);
```

Dieser Befehl gibt die Anzahl der kompletten Umdrehungen des Motors zurück. Dreht sich der Motor rückwärts, so kann der Wert auch negativ werden, da der Wert pro Umdrehung rückwärts um eins kleiner wird, vorwärts um eins größer. Beim Starten eines Programms wird der Wert immer wieder auf null gesetzt; möchte man den Wert, während ein Programm läuft, auf null zurücksetzen, hilft dieser Befehl:

```
ResetRotationCount(OUT_X);
```

Das war ein erster Überblick über die Sensoren, später folgt eine noch ausführlichere Betrachtung, für den Moment sind das aber mehr als genug Informationen, die wir nun in unserem Projekt nutzen wollen.

6.6 Projekt

Nun soll das Projekt so erweitert werden, dass der Roboter einer schwarzen Linie, auf der er steht, folgt und gegebenenfalls Hindernissen ausweicht. In Abschnitt 6.2.2 haben wir bereits eine Möglichkeit gesehen, eine Linie zu erkennen und an ihr stehen zubleiben. Nun wollen wir betrachten, wie man einer Linie folgen kann. Dazu gibt es verschiedene Möglichkeiten, als besonders praxistauglich hat sich dabei herausgestellt, am Rand der Linie im Zickzack-Kurs zu fahren, da so auch Kurven mit größeren Winkeln kein Problem darstellen.

Das ist nun schon eine recht komplexe Aufgabe, trotzdem sollten Sie versuchen, die Aufgabe selbst zu programmieren, und sich erst dann die Musterlösung anschauen.

```
#include "NXCDefs.h"

#define GESCHW 75
#define SCHWARZ 40

int lichtwert;

task main()
{
 SetSensorLight(IN_1);

 while(true)
 {
  lichtwert=Sensor(IN_1);
  if(lichtwert > SCHWARZ)
  {
   Off(OUT_C);
   OnFwd(OUT_A, GESCHW);
  }
  else
  {
   Off(OUT_A);
   OnFwd(OUT_C, GESCHW);
  }
 }

}
```

Programm 6.5

Auch hierbei handelt es sich nicht um die einzige Lösung, es gibt Tausende andere Arten, das gestellte Problem zu lösen, diese ist aber einfach und effektiv.

Nun möchten wir es noch schaffen, dass der Roboter Hindernissen auf der Linie ausweicht. Wir fangen an dieser Stelle erst einmal klein an und versuchen uns daran, den Roboter an einem Hindernis zu stoppen. Aus den weiter vorne genannten Gründen verzichten wir hier auf den Ultraschallsensor und versuchen unser Glück mit dem Tastsensor.

Die Überlegung, wie man diese Bedingung nun noch zusätzlich in das Programm einbaut, führt zu einem Problem, denn im Prinzip haben wir jetzt zwei Bedingungen, zum einen den Wert des Lichtsensors, zum anderen den Wert des Tastsensors. Die verschiedenen Fälle kann man so in Worte fassen: Ist `lichtwert` größer als `SCHWARZ` und der Tastsensor nicht gedrückt, drehe mit Motor A, ist `lichtwert` kleiner oder gleich `SCHWARZ` und der Tastsensor nicht gedrückt, drehe mit Motor B, ist der Tastsensor gedrückt, halte an. Und plötzlich haben wir nicht nur zwei Bedingungen, sondern auch drei Fälle, bisher kannten wir nur Probleme mit zwei Fällen, den `if`- und den `else`-Fall.

Beide Probleme lassen sich natürlich auch durch komplizierte Programme umgehen, wir wollen uns an dieser Stelle aber die einfache Lösung anschauen.

Zuerst die Lösung für das Problem der drei Fälle:

```
if(Bedingung)
{
 Anweisung;
}

else if(Bedingung2)
{
 Anweisung2;
}

else if(Bedingung3)
{
 Anweisung3;
}
```

Zusätzlich zu dem `if`-Fall gibt es nun auch zwei `else if`-Fälle, die funktionieren im Prinzip wie der `if`-Fall, trotzdem hätte eine Konstruktion mit drei `if`-Fällen nicht dasselbe Ergebnis. Bei drei `if`-Fällen würden die Bedingungen nacheinander geprüft, es könnte also durchaus sein, dass alle drei Fälle ausgeführt werden. Bei einer Struktur aus einem `if`-Fall und beliebig vielen `else if`-Fällen wird dagegen gleichzeitig geprüft, zuerst wird der erste Fall geprüft, trifft dieser zu, wird nur dieser ausgeführt und die restlichen Bedingungen erst gar nicht getestet, trifft sie nicht zu, wird der nächste Fall getestet und immer so weiter. Auf diese Weise können wir also recht einfach drei Fälle unterscheiden.

In unserem Beispiel haben zwei der drei Fälle aber gleich zwei Bedingungen. Es gibt in NXC drei verschiedene Arten, auf die Bedingungen verknüpft werden können:

Programmcode	Bedeutung	Beispiel
&&	1 und 2 erfüllt (auch AND genannt)	true && false = false true && true = true false && false = false
||	1 oder 2, oder beide erfüllt (auch OR genannt)	true || false = true true || true = true false || false = false
^	Entweder 1 oder 2, nicht beide (auch XOR genannt)	true ^ false = true true ^ true = false false ^ false = false

Tabelle 6.1: Verknüpfung von Bedingungen

Nun haben wir alles, was wir brauchen, um die Datei `buchprojekt.nxc` so zu erweitern, dass der Roboter nur fährt, bis er gegen einen Gegenstand stößt. Versuchen Sie, die Lösung selbst zu finden, und vergleichen Sie sie erst dann mit der Musterlösung:

```
#include "NXCDefs.h"

#define GESCHW 75
#define SCHWARZ 40

int lichtwert;

task main()
{
 SetSensorLight(IN_1);
 SetSensorTouch(IN_2);

 while(true)
 {
  lichtwert=Sensor(IN_1);
  if(lichtwert > SCHWARZ && SENSOR_2 == 0)
  {
```

```
    Off(OUT_C);
    OnFwd(OUT_A, GESCHW);
   }
   else if(lichtwert <= SCHWARZ && SENSOR_2 == 0)
   {
    Off(OUT_A);
    OnFwd(OUT_C, GESCHW);
   }
   else if(SENSOR_2 == 1)
   {
    Off(OUT_AC);
   }
  }

}
```

Programm 6.6

6.7 Zusammenfassung

6.7.1 Übungen

```
#include "NXCDefs.h"

#define ENTFERNUNG 5

task main()
{
 // Sensor
 SetSensorLight(IN_1);
 SetSensorLowspeed(IN_2);
 SetSensorSound(IN_3);

 while(SensorUS(IN_2) > ENTFERNUNG)
 {
  OnFwd(OUT_AC, 60);
 }

 Off(OUT_AC);
}
```

- An welchem Sensor-Eingang ist der Ultraschallsensor angeschlossen?

- Wie nahe fährt der Roboter höchstens an einen Gegenstand heran?
- Was tut er dann?

6.7.2 Wiederholung

Begriff	Bedeutung
Tastsensor	Sensor, der auf Berührungen reagiert
Lichtsensor	Sensor, der die Reflexion des Lichtes misst
Ultraschallsensor	Sensor, der mit Hilfe von Ultraschall Entfernungen messen kann
Geräuschsensor	Sensor zur Messung von Geräuschen
Rotationssensor	Sensor zum Messen der Rotationen eines Motors (im Motor eingebaut)
Kalibrierung	Ausrichtung eines Sensors
Schallimpuls	Aussenden eines für Menschen nicht hörbaren Geräusches
`else if`-Fall	Weiterer `if`-Fall
AND	Vergleichsoperator für »und«
OR	Vergleichsoperator für »oder«
XOR	Vergleichsoperator für »entweder oder«

Befehl	Parameter	Funktion
`SetSensorTouch(IN_X);`	`IN_X`: `IN_1`, `IN_2`, `IN_3` oder `IN_4`	Gibt dem NXT an, dass am angegebenen Eingang ein Tastsensor angeschlossen ist
`x = SENSOR_X;`	x: Integer `SENSOR_X`: `SENSOR_1`, `SENSOR_2`, `SENSOR_3` oder `SENSOR_4`	Gibt den Wert eines Sensor zurück (zum Beispiel Tastsensor, Soundsensor usw.)
`SetSensorLight(IN_X);`	`IN_X`: `IN_1`, `IN_2`, `IN_3` oder `IN_4`	Gibt dem NXT an, dass am angegebenen Eingang ein Lichtsensor angeschlossen ist
`x = Sensor(IN_X);`	x: Integer `IN_X`: `IN_1`, `IN_2`, `IN_3` oder `IN_4`	Gibt den Wert eines Sensors zurück (zum Beispiel Lichtsensor, Soundsensor usw.)

Befehl	Parameter	Funktion
`SetSensorLowspeed(IN_X);`	IN_X: IN_1, IN_2, IN_3 oder IN_4	Gibt dem NXT an, dass am angegebenen Eingang ein Ultraschallsensor angeschlossen ist
`x = SensorUS(IN_X);`	x: Integer IN_X: IN_1, IN_2, IN_3 oder IN_4	Gibt den Abstand des Ultraschallsensors (in cm) zurück
`SetSensorSound(IN_X);`	IN_X: IN_1, IN_2, IN_3 oder IN_4	Gibt dem NXT an, dass am angegebenen Eingang ein Geräuschsensor angeschlossen ist
`x = MotorRotationCount(OUT_X);`	x: Integer OUT_X: OUT_A, OUT_B oder OUT_C	Gibt die Zahl der Rotationen des angegebenen Motors zurück, die seit Beginn des Programms getätigt wurden
`ResetRotationCount(OUT_X);`	OUT_X: OUT_A, OUT_B oder OUT_C	Setzt den Rotationszähler des angegebenen Motors auf 0 zurück

Kapitel 7

Display

7.1 Technische Daten

Das Display des NXT ist ein so genanntes Punktmatrix-Display, das heißt, das Display kann nicht nur Zahlen oder Buchstaben anzeigen, sondern besteht aus vielen kleinen Punkten, die zusammen natürlich auch Buchstaben oder Zahlen ergeben können. Diese kleinen Punkte nennt man auch Pixel.

Die Auflösung des Displays beträgt 100 × 64 Pixel, eine Zeile besteht also aus 100 Pixeln und es gibt insgesamt 64 Zeilen. Je größer die Auflösung, desto feiner können Rundungen oder Ähnliches auf dem Display dargestellt werden.

7.2 Verwendung

Zuerst muss man sich die Frage stellen, wofür man das Display in einem Programm verwenden will und ob es für das Programm überhaupt benötigt wird. Es gibt verschiedene Gründe für den Einsatz des Displays. Der erste und der offensichtlichste ist, das Display als eine Art Schnittstelle zum Menschen zu nutzen, also dort zum Beispiel Anweisungen an diesen oder Ergebnisse des ausgeführten Programms mitzuteilen. Das kann zum Beispiel sinnvoll sein, wenn der Roboter etwas zählen soll oder zu einem bestimmten Zeitpunkt des Programms zum Beispiel ein Taster gedrückt werden soll.

Ein weiteres sinnvolles Einsatzgebiet des Displays ist das Debugging. Etwas debuggen bedeutet einfach, das Programm zu testen und etwaige Fehler darin zu finden und zu beseitigen.

Nehmen wir als Beispiel ein Programm, bei dem der Roboter zuerst eine festgelegte Anzahl von Rotationen fahren und dann einer Linie folgen soll. Sollte dieses Programm nun aus irgendeinem Grund nicht richtig funktionieren, kann es recht schwer werden, die Stelle zu finden, an der es noch hakt und genau hierbei kann das Display helfen:

Im ersten Teil des Programms lässt man sich einfach die aktuelle Anzahl an Rotationen anzeigen; bleibt der Roboter früher stehen als gedacht, reicht ein Blick auf das Display, um zu erkennen, ob die angegebene Anzahl an Rotationen eventuell zu gering war.

Im zweiten Teil lässt man sich dann den aktuellen Lichtsensor-Wert auf dem Display anzeigen, vielleicht stimmen die Werte nicht mehr mit dem Licht überein und deshalb folgt der Roboter nicht der Linie. An diesen zwei Beispielen erkennt man schon recht gut, wie viele verschiedene Möglichkeiten man mit dem Display hat. Das Display kann also auch dabei helfen, Fehler in Programmen leichter zu finden und zu beheben.

7.3 Programmierung

7.3.1 Zahlen

Das Display des NXT besteht zwar aus einzelnen Punkten, aber es wäre doch sehr umständlich, wenn man die Zahlen bei der Ausgabe aus einzelnen Punkten zusammensetzen müsste. Zum Glück übernimmt der NXT das und man muss ihm nur die entsprechende Zahl als Integer-Wert übergeben.

Betrachten wir als Beispiel ein Programm, das die Rotationen von Motor A anzeigt, nachdem der Roboter vier Sekunden lang geradeaus gefahren ist:

```
#include "NXCDefs.h"

int rotationen; //Variable zum Abspeichern der Rotationen

task main()
{
 OnFwd(OUT_AC,80);
 Wait(4000);

 rotationen = MotorRotationCount(OUT_A);

 NumOut(0,LCD_LINE1,rotationen);
}
```

Programm 7.1

Die Ausgabe der Zahl auf dem Display benötigt also nur folgende Zeile:

```
NumOut(Startzeichen, Startreihe, Zahl);
```

Dabei gibt `Startzeichen` das (horizontale) Pixel an, an dem die Ausgabe der Zahl beginnt. Der Wert 0 würde hier also bedeuten, dass die erste Ziffer der ausgegebenen Zahl ganz links auf dem Display beginnt.

`Startreihe` gibt den vertikalen Startpunkt an. Hierfür verwendet man üblicherweise `LCD_LINE1`, `LCD_LINE2` usw., wobei `LCD_LINE1` der obersten Reihe entspricht. Wenn man möchte, kann man aber anstatt der Reihe auch das exakte Startpixel angeben, dann muss man aber darauf achten, dass bei untereinanderstehenden Zahlen der Abstand groß genug ist, damit diese nicht überlappen.

`Zahl` ist nun die Zahl, die auf dem Display ausgegeben werden soll, hier können konkrete Zahlen, aber auch Variablen vom Typ Integer stehen. Es können sogar Befehle, die einen Integer-Wert zurückliefern, an dieser Stelle stehen, also zum Beispiel `MotorRotationCount()`.

7.3.2 Buchstaben

Auch Buchstaben muss man natürlich nicht aus einzelnen Pixeln zusammensetzen, hierfür gibt es einen Befehl, der analog zu den Zahlen funktioniert:

```
TextOut(Startzeichen,Startreihe,"Zeichenkette");
```

`Startzeichen` und `Startreihe` funktionieren genau wie bei den Zahlen und auch der Text, der ausgegeben werden soll, kann direkt eingegeben werden, kann eine Variable sein oder ein Befehl mit entsprechendem Rückgabewert. Dabei muss beachtet werden, dass Variablen vom Typ Integer sein müssen und direkt eingegebene Zeichen oder Zeichenketten in Anführungszeichen stehen müssen.

Wer schon einmal eine Programmiersprache gelernt hat, der kennt bestimmt das »Hallo Welt«-Programm. Dieses Programm gibt einfach auf dem Bildschirm »Hallo Welt« aus. Ein »Hallo Welt«-Programm auf dem NXT sieht so aus:

```
#include "NXCDefs.h"

task main()
{
 TextOut(0,LCD_LINE1,"Hallo Welt");
 Wait(8000);
}
```

Programm 7.2

Hinweis

Würde am Ende dieses Programms kein `Wait()` stehen, würde es zwar auch funktionieren, aber da das Programm sofort geschlossen werden würde, könnte man die Ausgabe auf dem Display nicht sehen.

Als Nächstes soll der Roboter nach den acht Sekunden einen zweiten Text eine Zeile tiefer ausgeben. Möchte man, dass der obere Text stehen bleibt, fügt man einfach noch ein `TextOut()` an. Ein Problem bekommt man erst, wenn man den alten Text löschen möchte, bevor man den neuen ausgibt.

Hierzu gibt es folgenden Befehl:

```
ClearScreen();
```

Dieser Befehl wird ohne einen Wert in der Klammer aufgerufen und leert das Display sozusagen, löscht also alles, was momentan angezeigt wird.

Das Programm für das gestellte Problem könnte dann zum Beispiel so aussehen:

```
#include "NXCDefs.h"

string text1;
string text2;

task main()
{
 text1 = "Hallo Welt";
 text2 = "Wie geht es dir?";

 TextOut(0,LCD_LINE1,text1);
 Wait(8000);

ClearScreen(); //Display leeren

 TextOut(0,LCD_LINE2,text2);
 Wait(8000);
}
```

Programm 7.3

7.3.3 Punkte

Wenn man möchte, kann man die 100 × 64 Pixel des Displays natürlich auch einzeln ansprechen. Damit jedes Pixel eindeutig identifizierbar ist, wird es mit zwei Koordinaten angegeben. Hier ein Überblick, wie sich die Koordinaten zusammensetzen:

<table>
<tr><td>(0|64)</td><td>(1|64)</td><td>(2|64)</td><td>(3|64)</td><td>...</td><td>...</td><td>(100|64)</td></tr>
<tr><td>...</td><td></td><td></td><td></td><td></td><td></td><td></td></tr>
<tr><td>...</td><td></td><td></td><td></td><td></td><td></td><td></td></tr>
<tr><td>(0|3)</td><td>(1|3)</td><td>(2|3)</td><td>(3|3)</td><td></td><td>...</td><td>(100|3)</td></tr>
<tr><td>(0|2)</td><td>(1|2)</td><td>(2|2)</td><td>(3|2)</td><td></td><td>...</td><td>(100|2)</td></tr>
<tr><td>(0|1)</td><td>(1|1)</td><td>(2|1)</td><td>(3|1)</td><td></td><td>...</td><td>(100|1)</td></tr>
<tr><td>(0|0)</td><td>(1|0)</td><td>(2|0)</td><td>(2|0)</td><td>...</td><td>...</td><td>(100|0)</td></tr>
</table>

Tabelle 7.1: Display-Koordinaten

Die Zählung beginnt unten links, der Punkt in der unteren linken Ecke hat also die Koordinate (0|0), der einen Pixel weiter rechts die Koordinate (1|0). Entsprechend der Anzahl der Pixel hat der letzte Punkt in der oberen rechten Ecke die Koordinaten (100|64).

Mit den Koordinaten funktioniert die Ausgabe eines einzelnen Punktes (Pixels) denkbar einfach:

```
PointOut(x,y);
```

Wobei x und y die x- (horizontal) und y- (vertikal) Koordinaten vom Typ Integer sind. Möchte man also zum Beispiel in die linke untere Ecke und die rechte obere Ecke einen Punkt zeichnen, würden die entsprechenden Befehle so aussehen:

```
PointOut(0,0);
PointOut(100,64);
```

7.3.4 Rechtecke

Bei geometrischen Figuren wie Rechtecken, Kreisen oder Linien wäre es wie schon bei den Buchstaben und Zahlen recht aufwendig, jedes einzelne Pixel anzugeben. Deshalb gibt es auch hierfür Befehle, die einem einen Großteil der Arbeit abnehmen.

Würde man zum Beispiel ein Rechteck mit den Seitenlängen 10 und 20 Pixel von Hand eingeben, bräuchte man dazu ganze 56 Zeilen Code (2*10 + 2*20 – 4 (Ecken)). Mit dem Befehl zum Zeichnen von Rechtecken braucht man dazu gerade einmal eine Zeile. Wir möchten ein Rechteck mit den Seitenlängen 10 und 20 Pixel zeichnen, dass im Punkt (1|2) startet:

```
RectOut(1,2,10,20);
```

Allgemein sieht der Befehl zum Zeichnen eines Rechtecks so aus:

```
RectOut(x,y,breite,höhe);
```

x und y geben die Koordinaten des Startpunktes an, `breite` die Breite des Rechtecks in Pixel und `höhe` die Höhe in Pixel. Alle Angaben müssen vom Typ Integer sein.

7.3.5 Kreise

Während man Rechtecke zur Not auch mit einzelnen Pixeln recht problemlos, jedoch mit mehr Aufwand, zeichnen könnte, wären für einen Kreis schon größere Berechnungen notwendig. Hinzu kommt, dass aufgrund der eher geringen Auflösung des Displays keine wirklich runden Kreise angezeigt werden können, sondern nur Vielecke, also nur näherungsweise Kreise. Um Kreise trotzdem ohne größeren Aufwand und möglichst genau zeichnen zu können, bringt NXC auch hierfür einen eigenen Befehl mit. Dieser lautet:

```
CircleOut(x,y,radius);
```

`x` und `y` geben auch hier die Koordinaten an, diesmal jedoch die des Kreismittelpunkts. `radius` gibt den Radius des Kreises an, also, wie weit die Punkte jeweils vom Kreismittelpunkt entfernt sind. Mit diesem Befehl lassen sich nun einfach Kreise zeichnen. Ein möglicher Aufruf könnte zum Beispiel so aussehen:

```
CircleOut(30,20,5);
CircleOut(15,15,2);
```

7.3.6 Strecken

Eine Strecke ist die kürzeste Verbindung zwischen zwei Punkten, also nichts anderes als eine Linie von einem zu einem anderen Punkt. Auch hier gilt wieder, dies von Hand zu programmieren, wäre sehr viel Arbeit, da man jedes Pixel einzeln zeichnen müsste. Dank eines praktischen Befehls muss man jedoch nur die Koordinaten des Anfangs- und des Endpunktes angeben und die Verbindung wird ganz automatisch gezeichnet. Der Befehl lautet:

```
LineOut(x1,y1,x2,y2);
```

`x1` und `y1` sind die Koordinaten des einen, `x2` und `y2` die des anderen Punktes. Wie bei allen anderen Befehlen müssen die Koordinaten auch hier vom Typ Integer sein.

7.3.7 .ric-Dateien

Mit der LEGO-Software werden gleichzeitig auch einige Bilder im `.ric`-Format mitgeliefert. Diese können mit einem Befehl ganz einfach angezeigt werden.

Nachdem die Grafiken auf den NXT übertragen wurden, können sie mit folgendem Befehl angezeigt werden:

```
GraphicOut(x,y,datei);
```

Dabei geben x und y wieder die Startkoordinaten an und müssen vom Typ Integer sein. datei ist der Dateiname und muss vom Typ String sein. Gibt man den Dateinamen direkt an, muss darauf geachtet werden, dass dieser in Anführungszeichen geschrieben werden muss, wie bei Strings üblich; gibt man den Dateinamen dagegen indirekt, also als Variable an, so muss dort einfach der Name der entsprechenden Variablen stehen.

.ric-Dateien sind allerdings wesentlich mehr als nur normale Grafiken, sie sind eher wie kleine Programme. Allerdings sind diese Funktionen bei der Programmierung mit NXC nicht unbedingt nötig, da man mit NXC eine wesentlich mächtigere Programmiersprache zur Verfügung hat und die Verwendung des .ric-Formats gerade Anfänger nur unnötig verwirren würde.

Tipp

Mit dem Tool nxtRICedit können .ric -Dateien auch selbst erstellt werden. Das Tool ist kostenlos unter folgender Adresse erhältlich: http://ric.dreier-privat.de.

7.4 Zusammenfassung

7.4.1 Übungen

- Welche Koordinate hat der linke untere Punkt des Displays?
- Mit welchem dieser Befehle kann man einen Kreis zeichnen?
  - PointOut
  - RectOut
  - CircleOut
- Welches Problem tritt beim Zeichnen eines Kreises auf?
- Die Auflösung des Displays beträgt 100 x 64 Pixel, wie viele Pixel hat es insgesamt?
- Welche Angaben sind nötig, um eine Linie von einem zu einem anderen Punkt zu zeichnen?
- Wie würde der Befehl lauten, um eine Grafik-Datei mit dem Namen bild1.ric auf dem Display am oberen rechten Rand anzuzeigen?

7.4.2 Wiederholung

Begriff	Bedeutung
Punktmatrix-Display	Display, das aus einzelnen Pixeln besteht
Pixel	Kleinste Einheit zum Anzeigen von Grafiken
Auflösung	Zahl der Pixel eines Displays
Koordinate	Position eines Punktes (zum Beispiel eines Pixels)
Strecke	Kürzeste Verbindung zwischen zwei Punkten

Befehl	Parameter	Funktion
`NumOut(Startzeichen, Startreihe, Zahl);`	`Startzeichen`, `Zahl`: Integer `Startreihe`: Integer oder `LCD_LINE1`, `LCD_LINE2` usw.	Gibt die angegebene Zahl auf dem Display an der angegebenen Position aus
`TextOut(Startzeichen, Startreihe, Zeichenkette);`	STARTZEICHEN: Integer `Startreihe`: Integer oder `LCD_LINE1`, `LCD_LINE2` usw. Zeichenkette: String	Gibt den angegebenen String auf dem Display an der angegebenen Position aus
`ClearScreen();`		Löscht die gesamte Anzeige des Displays
`PointOut(x, y);`	x: Integer zwischen 0 und 100 y: Integer zwischen 0 und 64	Zeichnet einen Punkt mit den angegebenen Koordinaten auf dem Display
`RectOut(x, y, breite, höhe);`	x: Integer zwischen 0 und 100 y: Integer zwischen 0 und 64 `breite`, `höhe`: Integer	Zeichnet ein Rechteck vom angegebenen Punkt aus mit der angegebenen Höhe und Breite
`CircleOut(x, y, radius);`	x: Integer zwischen 0 und 100 y: Integer zwischen 0 und 64 `radius`: Integer	Zeichnet einen Kreis um den angegebenen Punkt mit angegebenem Radius
`LineOut(x1, y1, x2, y2);`	`x1`, `x2`: Integer zwischen 0 und 100 `y1`, `y2`: Integer zwischen 0 und 64	Zeichnet eine Linie zwischen den beiden angegebenen Punkten
`GraphicOut(x, y, datei);`	x: Integer zwischen 0 und 100 y: Integer zwischen 0 und 64 `datei`: String, Name einer Grafik-Datei	Gibt die angegebene Grafik-Datei vom angegebenen Punkt aus an

Kapitel 8

Buttons

Unter dem Display verfügt der NXT noch über vier so genannte Buttons (engl. *button* = Knopf, Druckknopf), den orange Enter-Button, den dunkelgrauen Escape-Button und die beiden hellgrauen Pfeilbuttons.

Diese Buttons dienen normalerweise zur Navigation in den Menüs, können mit NXC aber auch auf verschiedenste Arten in Programme eingebaut werden. Um die Buttons dabei unterscheiden zu können, hat jeder Button einen eigenen Namen, der sich aus »BTN« für Button und seiner Nummer zusammensetzt. Außerdem verfügt jeder Button noch über einen zweiten Namen, dieser setzt sich aus »BTN« und seiner Funktion zusammen:

Button	Name 1	Name 2
Escape-Button (dunkelgrau)	BTN1	BTNEXIT
Pfeil rechts (hellgrau)	BTN2	BTNRIGHT
Pfeil links (hellgrau)	BTN3	BTNLEFT
Enter-Button (orange)	BTN4	BTNCENTER

Tabelle 8.1: Button-Namen

8.1 Betätigungen zählen

Mit diesen eindeutigen Zuweisungen kann man jetzt zum Beispiel abfragen, wie oft ein Button gedrückt wurde:

```
#include "NXCDefs.h"

int button_zaehler;

task main()
{
 while(true)
 {
  button_zaehler = ButtonCount(BTN2,false);
```

```
  NumOut(0,LCD_LINE1,button_zaehler);
 }
}
```

Programm 8.1

Dieses Programm gibt auf dem Display aus, wie oft die Pfeil-rechts-Taste gedrückt wurde. Die allgemeine Syntax lautet:

```
ButtonCount(BTN, zurücksetzen);
```

Dabei gibt `BTN` den Button mit einem der Namen aus der Tabelle (siehe Tabelle 8.1) an und mit `zurücksetzen` kann dieser Wert wieder auf null gesetzt werden. Hier sind `true` (für Zurücksetzen) und `false` (für nicht Zurücksetzen) zulässig.

Es gibt auch noch einen zweiten Befehl zum Zählen, dieser lautet:

```
ButtonPressCount(BTN);
```

Der Unterschied zum anderen Befehl ist, dass hier nicht nur gezählt wird, wie oft die Taste innerhalb des aktuellen Programmdurchlaufes gedrückt wurde, sondern auch, wie oft die Taste seit Anschalten des NXT überhaupt gedrückt wurde, also auch im Menü oder in anderen Programmen. Außerdem fällt auf, dass der Parameter zum Zurücksetzen fehlt.

Wenn man möchte, kann man den Wert, den `ButtonPressCount()` liefert, auch künstlich ändern, wenn man ihn zum Beispiel beim Start eines Programms auf eine bestimmte Zahl setzen will, hierzu dient der Befehl:

```
SetButtonPressCount(BTN, wert);
```

Wobei `BTN` wieder einer der Button-Namen sein muss und `wert` die Zahl, auf die der Zähler gesetzt werden soll.

NXC bietet auch einen eigenen Befehl, um abzufragen, wie oft ein Button lange gedrückt wurde. Ein Druck auf einen Button gilt in NXC als lang, wenn der Button mindestens drei Sekunden gedrückt wird. Der Befehl hierzu lautet:

```
ButtonLongPressCount(BTN);
```

Analog zu `ButtonPressCount()` gibt es auch hier einen Befehl, der den Zähler auf einen beliebigen Wert setzen kann, dieser lautet:

```
SetButtonLongPressCount(BTN, wert);
```

Alle bisherigen Befehle zählen, wie oft ein Button gedrückt wurde. NXC bietet aber auch noch die Möglichkeit zu zählen, wie oft ein Button losgelassen wurde.

Nun wird man sich fragen, wozu das gut sein soll, tatsächlich werden die Werte, wie oft ein Button gedrückt wurde und wie oft er losgelassen wurde, in der Praxis meist gleich sein (theoretisch könnte ein Programm beendet werden, während ein Button gedrückt ist, dann würden sich die Werte unterscheiden), jedoch kann es entscheidend sein, wann sich ein Wert ändert. Wartet ein Programm zum Beispiel darauf, dass ein Button zum dritten Mal losgelassen wird, kann das wesentlich später sein, als bei einem Programm, das darauf wartet, dass ein Button zum dritten Mal gedrückt wird, je nachdem wie lang der Button gedrückt gehalten wird.

Da die Befehle genauso funktionieren, wie die für das Drücken des Buttons, hier nur eine kurze Übersicht:

```
ButtonReleaseCount(BTN);
SetButtonReleaseCount(BTN, wert);

ButtonLongReleaseCount(BTN);
SetButtonLongReleaseCount(BTN,wert);

ButtonShortReleaseCount(BTN);
SetButtonShortReleaseCount(BTN,wert);
```

Wirklich neu ist hier nur der `ButtonShortRelaseCount()`-Befehl, dieser funktioniert genau wie der `ButtonLongReleaseCount()`, nur zählt er eben die Betätigungen des Buttons, die kürzer als drei Sekunden sind.

8.2 Status

Viel häufiger als das Zählen der Betätigungen wird in der Praxis aber interessant sein, ob ein Button gerade gedrückt wird oder nicht. Fordert ein Programm den Nutzer zum Beispiel dazu auf, eine Taste zu drücken, interessiert es nur wenig, wie oft die Taste insgesamt schon gedrückt wurde, viel interessanter ist, zu welchem Zeitpunkt die Taste gedrückt wird, und genau dafür dient das Abfragen des Tastenstatus.

Auch hierfür bietet NXC gleich mehrere mögliche Befehle, der einfachste davon ist dieser:

```
ButtonState(BTN);
```

Dieser Befehl liefert einen Integer-Wert zurück; ist die Taste nicht gedrückt, ist das Ergebnis 0, wird sie gedrückt, ist es -128.

Praktisch denselben Zweck erfüllt auch dieser Befehl:

```
ButtonPressed(BTN, zurücksetzen);
```

Hier ist der zurückgegebene Wert bei gedrücktem Button allerdings 1, bei nicht gedrücktem 0. Außerdem bietet dieser Befehl auch noch die Möglichkeit, den Zähler, der für die Anzahl der Betätigungen zuständig ist, zurückzusetzen.

8.3 Betätigungen und Status

Möchte man nun die Zahl der Betätigungen und den Status eines Buttons aufrufen, könnte man das natürlich mit zwei Befehlen tun. Da der Programmierer an sich aber eher ein faules Wesen ist, bringt NXC auch hierfür den passenden Befehl mit, um das Ganze noch weiter zu vereinfachen:

```
ReadButtonEx(BTN, zurücksetzen, status, anzahl_betätigungen);
```

Doch an diesem Befehl ist noch etwas besonders, außer dass er zwei Werte gleichzeitig ausgeben kann. Bisher haben alle Befehle einen Wert zurückgegeben und mussten einer Variablen als Wert zugewiesen oder direkt mit dem `NumOut()`-Befehl ausgegeben werden. Dieser Befehl funktioniert etwas anders als der vorherige. Als Parameter `zurücksetzen` übergibt man noch ganz normal entweder `true` oder `false`, an die beiden anderen Stellen schreibt man jedoch eine Variable, dieser Variablen wird dann automatisch der Ergebniswert zugewiesen, man hat sich also gespart, den Wert einer Variablen zuzuweisen, da dies automatisch geschieht. Man muss natürlich darauf achten, dass die Variablen vom Typ Integer sind und dass nicht die gleiche Variable verwendet wird, da sonst nur ein Wert gespeichert würde und der andere überschrieben würde.

8.4 Projekt

Nun wird es Zeit, das neu gewonnene Wissen über die Buttons und das Display in unser Projekt `buchprojekt.nxc` einfließen zu lassen. Wie bereits bei den Sensoren erwähnt, können die Werte, die der Lichtsensor liefert, trotz LED je nach Umgebungslicht unterschiedlich sein. Normalerweise muss, um den Schwarzwert zu ändern, dieser Wert im Programm angepasst und das Programm neu kompiliert und übertragen werden. Um das zu verhindern, erweitern wir das Projekt jetzt um eine Kalibrierung am Anfang des Programms.

Das soll so funktionieren, dass man nach Start des Programms aufgefordert wird, den Roboter auf die schwarze Linie zu stellen und den orange Knopf zu drücken. Das Programm soll dann den Sensorwert für Schwarz speichern und der schwarzen Linie, wie schon vorher programmiert, folgen.

Das ist grob beschrieben die Problemstellung, nun sollten Sie versuchen, das Programm entsprechend zu erweitern und Ihre Lösung danach mit der Musterlösung vergleichen. Auch hier gilt wieder, viele Wege führen zum Ziel, entscheidend ist, dass die Lösung funktioniert und möglichst simpel ist.

```
#include "NXCDefs.h"

#define GESCHW 75

int lichtwert;
int schwarz;

task main()
{
 SetSensorLight(IN_1);
 SetSensorTouch(IN_2);

 while(ButtonState(BTN4) == 0)
 {
  TextOut(0,LCD_LINE1, "Bitte auf");
  TextOut(0,LCD_LINE2, "Schwarz stellen");
  TextOut(0,LCD_LINE3, "und orange");
  TextOut(0,LCD_LINE4, "Knopf druecken");
 }
 ClearScreen();

 schwarz = Sensor(IN_1);

 while(true)
 {
  lichtwert=Sensor(IN_1);
  if(lichtwert > schwarz && SENSOR_2 == 0)
  {
   Off(OUT_C);
   OnFwd(OUT_A, GESCHW);
  }
  else if(lichtwert <= schwarz && SENSOR_2 == 0)
  {
   Off(OUT_A);
   OnFwd(OUT_C, GESCHW);
  }
  else if(SENSOR_2 == 1)
  {
   Off(OUT_AC);
  }
 }

}
```

Programm 8.2

Außer dem neu hinzugekommenen Code ist es wichtig, dass der Wert für Schwarz nun nicht mehr in einer Konstanten gespeichert werden kann, sondern in einer Variablen gespeichert werden muss, da der Wert sonst nicht während der Laufzeit des Programms verändert werden könnte.

Als Nächstes werden wir uns nun der schon am Anfang gestellten Aufgabe zuwenden, farbliche Markierungen auf der Linie zu erkennen. Um die Erkennung sinnvoll zu gestalten, sollte der Roboter jedoch auch nach außen mitteilen, dass er eine Markierung gefunden hat. Diese Ausgabe könnte zwar theoretisch über das Display geschehen, jedoch müsste man immer genau auf das Display des Roboters schauen, während dieser der Linie folgt. Um das zu vermeiden, werden wir uns im nächsten Kapitel ansehen, wie der NXT Töne von sich geben kann.

8.5 Zusammenfassung

8.5.1 Übungen

- Wie lautet der zweite Name für `BTN1`?
- Wie lautet der einfachste Befehl, um anzuzeigen, wie oft ein Button gedrückt wurde?
- Es gibt zwei unterschiedliche Zeitpunkte, zu denen die Betätigung eines Buttons erfasst werden kann, welche sind das?
- Wozu dient der `ReadButtonEx()`-Befehl?

8.5.2 Wiederholung

Begriff	Bedeutung
Button	Tasten auf dem NXT

Befehl	Parameter	Funktion
`ButtonCount(BTN, zurücksetzen);`	BTN: BTN1, BTN2, BTN3, BTN4, BTNEXIT, BTNRIGHT, BTNLEFT, BTNCENTER `zurücksetzen`: Boolean	Gibt an, wie oft der angegebene Button seit Start des Programms bzw. seit dem letzten Zurücksetzen betätigt wurde

Befehl	Parameter	Funktion
`ButtonPressCount(BTN);`	BTN: BTN1, BTN2, BTN3, BTN4, BTNEXIT, BTNRIGHT, BTNLEFT, BTNCENTER	Gibt an, wie oft der angegebene Button seit Einschalten des NXT gedrückt wurde
`SetButtonPressCount(BTN, wert);`	BTN: BTN1, BTN2, BTN3, BTN4, BTNEXIT, BTNRIGHT, BTNLEFT, BTNCENTER `wert`: Integer	Setzt den Zähler für die Button-Betätigungen des angegebenen Buttons auf den angegebenen Wert
`ButtonLongPressCount(BTN);`	BTN: BTN1, BTN2, BTN3, BTN4, BTNEXIT, BTNRIGHT, BTNLEFT, BTNCENTER	Gibt an, wie oft der angegebene Button seit Einschalten des NXT mindestens drei Sekunden gedrückt wurde
`SetButtonLongPressCount(BTN, wert);`	BTN: BTN1, BTN2, BTN3, BTN4, BTNEXIT, BTNRIGHT, BTNLEFT, BTNCENTER `wert`: Integer	Setzt den Zähler für die Button-Betätigungen, die mindstens Sekunden dauerten, des angegebenen Buttons auf den angegebenen Wert
`ButtonReleaseCount(BTN);`	BTN: BTN1, BTN2, BTN3, BTN4, BTNEXIT, BTNRIGHT, BTNLEFT, BTNCENTER	Gibt an, wie oft der angegebene Button seit Einschalten des NXT losgelassen wurde
`SetButtonReleaseCount(BTN, wert);`	BTN: BTN1, BTN2, BTN3, BTN4, BTNEXIT, BTNRIGHT, BTNLEFT, BTNCENTER `wert`: Integer	Setzt den Zähler, der zählt, wie oft der Button losgelassen wurde, des angegebenen Buttons auf den angegebenen Wert

Befehl	Parameter	Funktion
`ButtonLongReleaseCount(BTN);`	`BTN`: BTN1, BTN2, BTN3, BTN4, BTNEXIT, BTNRIGHT, BTNLEFT, BTNCENTER	Gibt an, wie oft der angegebene Button seit Einschalten des NXT losgelassen wurde, nachdem er mindestens drei Sekunden gedrückt wurde
`SetButtonLongReleaseCount(BTN,wert);`	BTN: BTN1, BTN2, BTN3, BTN4, BTNEXIT, BTNRIGHT, BTNLEFT, BTNCENTER `wert`: Integer	Setzt den Zähler, der zählt, wie oft der Button losgelassen wurde, nachdem er mindestens drei Sekunden gedrückt wurde, des angegebenen Buttons auf den angegebenen Wert
`ButtonShortReleaseCount(BTN);`	`BTN`: BTN1, BTN2, BTN3, BTN4, BTNEXIT, BTNRIGHT, BTNLEFT, BTNCENTER	Gibt an, wie oft der angegebene Button seit Einschalten des NXT losgelassen wurde, nachdem er weniger als drei Sekunden gedrückt wurde
`SetButtonShortReleaseCount(BTN,wert);`	`BTN`: BTN1, BTN2, BTN3, BTN4, BTNEXIT, BTNRIGHT, BTNLEFT, BTNCENTER `wert`: Integer	Setzt den Zähler, der zählt, wie oft der Button losgelassen wurde, nachdem er weniger als drei Sekunden gedrückt wurde, des angegebenen Buttons auf den angegebenen Wert

Kapitel 9

Musik

Über den eingebauten Lautsprecher kann der NXT Musik oder einzelne Töne wiedergeben, und hat so eine weitere Möglichkeit, mit dem Benutzer zu kommunizieren. Natürlich kann die Musikwiedergabe aber auch einfach zum Spaß benutzt werden und ein musikspielender Roboter ist ein echter Publikumsmagnet.

9.1 Töne spielen

Nehmen wir als einfaches Beispiel folgendes Programm: Der Roboter soll bis zu einer schwarzen Linie fahren und dann anhalten und einen Ton spielen.

```
#include "NXCDefs.h"

#define BLACK 40 // Wert für Schwarz

task main()
{
 SetSensorLight(IN_1);

 while(Sensor(IN_1) > BLACK)//solange nicht schwarz
 {
  OnFwd(OUT_AC, 60);
 }

 Off(OUT_AC);

 PlayTone(262,400); Wait(400);
}
```

Programm 9.1

Der Befehl `PlayTone()` ist an dieser Stelle neu. Wie der Name (engl. *play* = spielen, *tone* = Ton) schon verrät, ist dieser Befehl dafür zuständig, dass ein Ton gespielt wird. Dem Befehl werden die folgenden beiden Parameter vom Typ Integer übergeben:

```
PlayTone(frequenz,länge);
```

Der Parameter `frequenz` bestimmt die Tonhöhe (oder eben Frequenz) des Tones, der gespielt werden soll, die Einheit ist dabei Hertz. Die wohl bekannteste Frequenz ist die des Kammer- oder Einstimmtons A, seine Frequenz beträgt 440 Hz.

Hier eine kurze Übersicht über alle Ganz- und Halbtöne innerhalb des Frequenzbereiches des NXT:

	3	4	5	6	7	8	9
H	247	494	988	1976	3951	7902	
A#	233	466	932	1865	3729	7458	
A	220	440	880	1760	3520	7040	14080
G#		415	831	1661	3322	6644	13288
G		392	784	1568	3136	6272	12544
F#		370	740	1480	2960	5920	11840
F		349	698	1397	2794	5588	11176
E		330	659	1319	2637	5274	10548
D#		311	622	1245	2489	4978	9956
D		294	587	1175	2349	4699	9398
C#		277	554	1109	2217	4435	8870
C		262	523	1047	2093	4186	8372

Tabelle 9.1: Ton-Frequenzen

Der zweite Parameter (`länge`) bestimmt, wie lange der Ton gespielt werden soll. Die Einheit ist dabei, wie beim Befehl `Wait()`, 1/1000 Sekunden.

Das Beispielprogramm spielt also bei Erreichen der Linie für 0,7 Sekunden den Ton C4.

An dieser Stelle könnte die Frage aufkommen, warum nach dem Ton ein `Wait()` stehen muss, obwohl man die Länge als Parameter angibt. Nun, der Parameter gibt zwar an, wie lange der Ton gespielt werden soll, aber das Programm würde ohne `Wait()` an dieser Stelle nicht angehalten, sondern würde einfach weiterlaufen. In unserem Fall würde das dazu führen, dass das Programm einfach beendet wird und der Roboter verstummt. Und auch bei mehreren Tönen hintereinander würde es problematisch, denn der NXT kann immer nur einen Ton spielen und würde daher den vorherigen unterbrechen.

Übrigens ist es weder ein Fehler noch Zufall, dass der `Wait()`-Befehl im Beispielprogramm direkt hinter dem `PlayTone()`-Befehl steht. Unter NXC-Programmierern hat es sich eingebürgert, die Dauer direkt hinter den Ton zu schreiben, da beides eng zusammengehört und man so bei mehreren Tönen hintereinander besser den Überblick behält. Wie bei fast allen Fragen des Programmierstils ist auch diese Entscheidung eine Geschmacksfrage und letztendlich jedem selbst überlassen.

Es gibt noch einen zweiten Befehl zum Spielen eines Tones, er unterscheidet sich lediglich in der Anzahl der Parameter:

```
PlayToneEx(frequenz, länge, lautstärke, wiederholung);
```

`frequenz` und `länge` sind wie beim Befehl `PlayTone()`, neu sind `lautstärke` und `wiederholung`. Als `lautstärke` wird ein Parameter vom Typ Integer übergeben, der die Lautstärke des zu spielenden Tons angibt. Beim Befehl `PlayTone()` wird hier einfach die im Menü eingestellte Grundlautstärke des NXT verwendet. Gültige Werte sind die Zahlen zwischen 0 (sehr leise) und 4 (sehr laut).

Der für `wiederholung` übergebene Parameter muss vom Typ Boolean sein (kann also die Werte wahr oder falsch, `true` oder `false` haben). Im Normalfall wird `false` übergeben, dann wird der Ton einmal gespielt, wird jedoch `true` übergeben, so wird der Ton immer wieder wiederholt, also in einer Endlosschleife gespielt.

Auch wenn die Funktion auf den ersten Blick nicht besonders sinnvoll erscheint, gibt es tatsächlich einige Einsatzmöglichkeiten. Soll ein Roboter zum Beispiel fahren, bis er gegen einen Gegenstand stößt, und dann anhalten und einen Ton wiedergeben, dann weiß man vorher nicht, wie lange es dauert, bis der Roboter gefunden wird und aufhören soll, also spielt man den Ton einfach so lange, bis der Roboter ausgeschaltet wird.

9.2 wav-Dateien abspielen

Der NXT kann auch Audiodateien wiedergeben, allerdings nur im rso-Format, einem speziell für den NXT entworfenen Dateiformat. Hat man Dateien im rso-Format, so können diese, nachdem sie auf den NXT übertragen wurden, einfach mit folgendem Befehl wiedergegeben werden:

```
PlayFile(dateiname, lautstärke, wiederholung);
```

Als Parameter `dateiname` wird ein String übergeben, der den Namen der Datei enthält, die abgespielt werden soll, also zum Beispiel `musik.rso`. `lautstärke` und `wiederholung` funktionieren exakt wie beim `PlayToneEx()`-Befehl.

Problematisch wird es nur, an rso-Dateien heranzukommen, doch BricxCC bietet hierfür zum Glück eine einfache Lösung, die IDE bringt nämlich ein Tool mit, um wav-Dateien in das rso-Format umzuwandeln. Das Programm befindet sich im Menü TOOLS und trägt den Namen SOUND CONVERSION, was so viel bedeutet wie Sound-Umwandlung.

Abb. 9.1: Konvertierung von wav-Dateien

Um eine (oder mehrere) Dateien umzuwandeln, müssen die Dateien, die umgewandelt werden sollen, zuerst über die Schaltfläche SELECT FILES (Dateien auswählen) ausgewählt werden. Umgewandelt werden können allerdings nur Dateien bis zu einer Größe von 64 Kbyte.

Bevor die Datei endgültig konvertiert wird, stehen noch verschiedene Optionen zur Verfügung, die die Qualität und damit auch die Größe der ausgegebenen Datei beeinflussen.

Die Option COMPRESSED, also komprimiert, kann die Dateigröße im besten Fall sogar halbieren, man sollte einfach testen, ob die Qualität der Datei noch ausreicht, wenn sie komprimiert ist. Generell ist die Qualität der Musikwiedergabe eher bescheiden, da der NXT nur über einen sehr kleinen Lautsprecher verfügt.

Hinter der Zahl unter RATE steckt die so genannte Abtastfrequenz. Die Abtastfrequenz gibt an, in welchem Zeitintervall ein Audiosignal abgetastet, also gemessen wird. Je häufiger das ist, desto besser wird die Qualität der ausgegebenen Datei, umso größer wird sie jedoch auch. Das optimale Verhältnis zwischen Qualität und Dateigröße sollte man einfach ausprobieren. Wenn die Datei nicht zu groß wird, ist der voreingestellte Wert (also 8000) allerdings recht gut geeignet.

Unter RESAMPLE können auch noch verschiedene Methoden zum Resampling, also zur Umwandlung der Datei gewählt werden. Da das Umwandeln von Audiodateien eine Wissenschaft für sich ist, soll an dieser Stelle der Hinweis reichen, dass kein Resampling (also NONE) die beste Qualität bietet, gefolgt von SINC 96% mit der zweitbesten Qualität. Die beiden unteren Einstellungen, ZOH und LINEAR, sollte man im Normalfall nicht benutzen, da die Qualität der Ergebnisse doch sehr zu wünschen übrig lässt.

Ein Klick auf CONVERT führt dann zur endgültigen Umwandlung der Datei. Die umgewandelte Datei wird in dem im oberen Feld angegebenen Ordner gespeichert.

Bevor die Datei mit dem NXT abgespielt werden kann, muss sie allerdings zuerst auf ihn übertragen werden. Hierzu dient das Tool NEXT EXPLORER, das sich im TOOLS-Menü befindet.

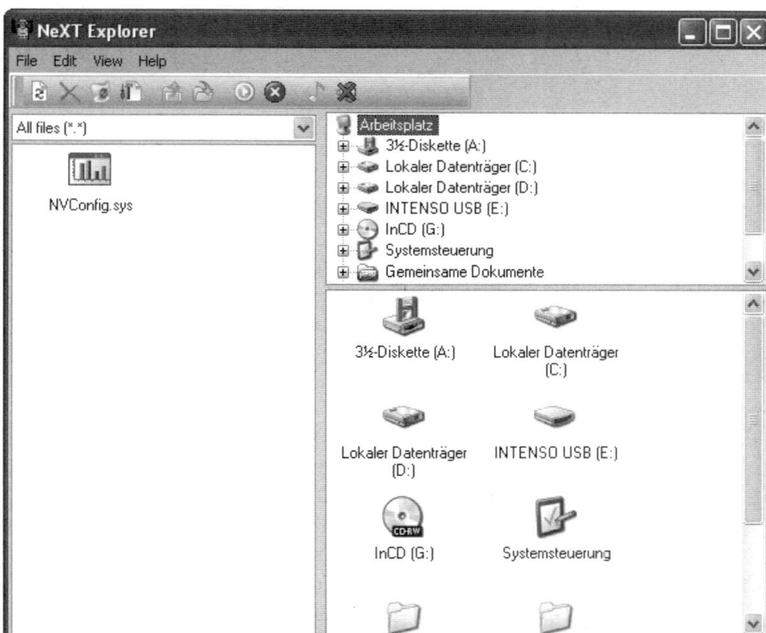

Abb. 9.2: NeXT Explorer

Um eine Datei auf den NXT zu übertragen, muss sie einfach auf der rechten Seite ausgewählt werden und bei gedrückter Maustaste auf die linke Seite hinübergezogen werden. Dabei muss man natürlich darauf achten, dass der Speicherplatz noch ausreicht. Dateien können vom NXT gelöscht werden, indem man sie auf der linken Seite markiert und dann auf das rote Kreuz oben im Fenster klickt.

Vorsicht

Bei einem Klick auf den Papierkorb werden alle Dateien, die auf dem NXT gespeichert sind, unwiderruflich gelöscht!

9.3 Midi-Dateien abspielen

BricxCC verfügt außerdem über ein Tool namens MIDI CONVERSION, das es ermöglicht, Midi-Dateien auf dem NXT wiederzugeben. Da bei Midi-Dateien Informationen über Tonlänge und Tonhöhe gespeichert werden, können sie als NXC-Programmcode mithilfe des `PlayTone()`-Befehls dargestellt werden.

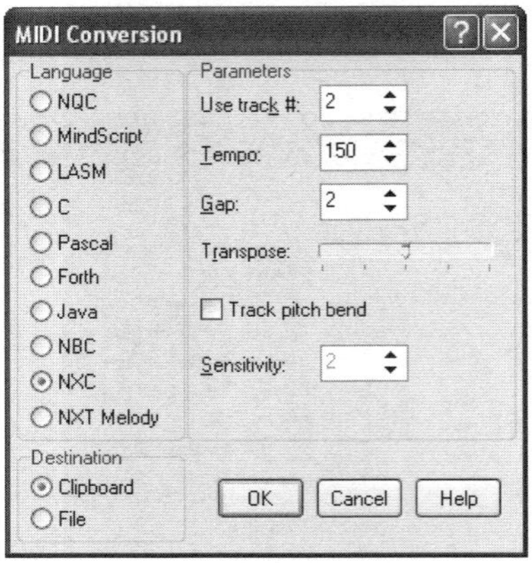

Abb. 9.3: Midis konvertieren

Sie finden das Programm im Menü TOOLS. Unter LANGUAGE (engl. Sprache) wird ausgewählt, in welche Programmiersprache die Midi-Datei übersetzt werden soll, hier muss natürlich unbedingt NXC ausgewählt werden, da die Datei sonst später nicht korrekt wiedergegeben werden kann.

Darunter findet sich die Option DESTINATION, also Ziel. Hier wird angegeben, was nach der Umwandlung geschehen soll, das Ergebnis kann entweder in einer neuen Datei gespeichert werden (FILE) oder in die Zwischenablage kopiert werden (CLIPBOARD), dann kann der fertige Code später per [Strg]+[V] in das Editor-Fenster eingefügt werden.

Da Midi-Dateien fast immer mehrstimmig sind, der NXT aber, wie bereits erwähnt, nur einen Ton gleichzeitig spielen kann, wird unter USE TRACK # ausgewählt, welche der Midi-Spuren umgewandelt werden soll. Da Midi-Dateien nach Instrumenten aufgeteilt sind, sollte also das Instrument ausgewählt werden, das die Melodie spielt, die man gerne konvertieren möchte. Welche Spur das ist, kann man leicht mit Midi-Editoren herausfinden, mit denen man sich jede Spur einzeln anhören kann.

Der Parameter TEMPO ist für die Geschwindigkeit der Wiedergabe zuständig. Die übergebene Zahl entspricht dabei den aus der Musik bekannten Angaben, 150 wäre also ein recht schnelles Tempo, während 60 zum Beispiel eher langsam wäre. Ein gutes Durchschnittstempo ist zum Beispiel 80.

Die Option TRANSPOSE kann unter Umständen recht nützlich sein, denn sie verschiebt alle Töne um Oktaven nach oben oder unten, in der Musik nennt man das auch Transponieren. Das kann zum Beispiel hilfreich sein, wenn die Töne außerhalb der Frequenz des NXT liegen. Zum normalen Umwandeln von Midi-Dateien sind diese Optionen mehr als ausreichend, im Normalfall wird man wohl sowieso nur die Felder SPUR und TEMPO benötigen.

Klickt man nun auf OK, öffnet sich ein Dialogfenster, in dem man die Midi-Datei auswählen kann, die umgewandelt werden soll.

9.4 Brick Piano

Eine weitere Möglichkeit, den NXT dazu zu bringen, Musik wiederzugeben, ist das BRICK PIANO. Es befindet sich im Menü TOOLS oder einfach in der Toolbar über dem Editor-Fenster (dargestellt durch zwei Noten).

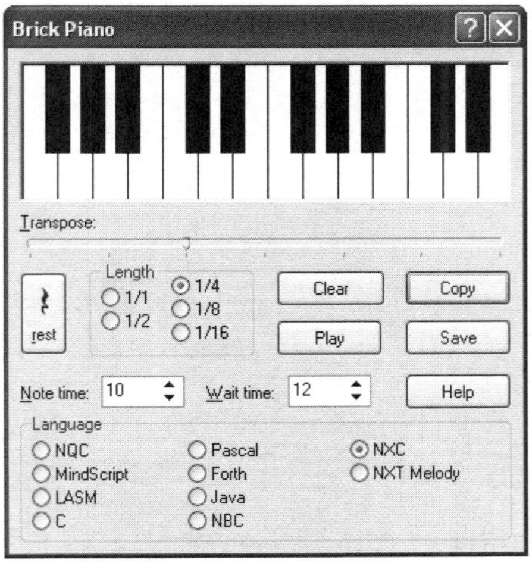

Abb. 9.4: Brick Piano

Die einzelnen Töne werden einfach über die Klaviatur eingegeben, dabei ist die Zeit zwischen den Tönen und wie lang die einzelnen Tasten gedrückt werden, egal, denn das alles wird mit den Buttons und Feldern unter der Klaviatur gesteuert.

Wie schon bei der Umwandlung der Midi-Dateien gibt TRANSPOSE auch hier wieder die Oktave der Töne an. Unter LENGTH wird die Länge des Tones angegeben; wie in der Musik üblich, wird zwischen ganzen, halben, viertel, achtel und sechzehntel Noten unterschieden. Der Button REST dient zum Einfügen einer Pause. Das Feld NOTE TIME gibt die Länge einer ganzen Note an, während das Feld WAIT TIME den Abstand zwischen zwei Tönen angibt. Im Feld LANGUAGE muss als Programmiersprache wieder NXC gewählt werden.

Der Button PLAY gibt alles bisher Aufgenommene wieder, während der Button CLEAR die bisherigen Aufnahmen löscht. COPY kopiert den Quellcode der Aufnahme in die Zwischenablage, SAVE speichert ihn als eigene Datei.

9.5 Projekt

Wie bereits vorher erwähnt, wird es nun unser Ziel, farbige Markierungen auf der Linie zu erkennen, und, wenn sie erkannt wurden, einen Ton zu spielen. Die beiden Farben geben wir als Konstante FARBE1 und FARBE2 an, den Wert wählen Sie je nachdem, welche Farben Sie auf Ihrer Teststrecke anbringen. Wer möchte, kann die Kalibrierung auch noch um die beiden Farben erweitern.

Wie immer sollten Sie versuchen, auch dieses Programm allein zu erstellen, und Ihr Ergebnis mit der Musterlösung vergleichen.

```
#include "NXCDefs.h"

#define GESCHW 75
#define FARBE1 20
#define FARBE2 30

int lichtwert;
int schwarz;

task main()
{
 SetSensorLight(IN_1);
 SetSensorTouch(IN_2);

 while(ButtonState(BTN4) == 0)
 {
  TextOut(0,LCD_LINE1, "Bitte auf");
  TextOut(0,LCD_LINE2, "Schwarz stellen");
  TextOut(0,LCD_LINE3, "und orange");
  TextOut(0,LCD_LINE4, "Knopf druecken");
```

```
}
ClearScreen();

schwarz = Sensor(IN_1);

while(true)
{
 lichtwert=Sensor(IN_1);

 if (lichtwert == FARBE1 || lichtwert == FARBE2)
 {
  PlayTone(440,200);
  OnFwd(OUT_AC, GESCHW);
 }
 else if(lichtwert > schwarz && SENSOR_2 == 0)
 {
  Off(OUT_C);
  OnFwd(OUT_A, GESCHW);
 }
 else if(lichtwert <= schwarz && SENSOR_2 == 0)
 {
  Off(OUT_A);
  OnFwd(OUT_C, GESCHW);
 }
 else if(SENSOR_2 == 1)
 {
  Off(OUT_AC);
 }
}
}
```

Programm 9.2

Wichtig ist, dass der `if`-Fall, der prüft, ob der Roboter auf einer Markierung steht, vor den beiden anderen Fällen steht. Würde er am Schluss stehen, so würde er nie ausgeführt, da die vorherige Bedingung (Untergrund nicht schwarz) erfüllt wäre und ausgeführt würde. Das ist allerdings noch keine ganz optimale Lösung, wir werden das Programm später noch weiter verbessern.

Zuerst wollen wir uns aber darum kümmern, dass das Programm übersichtlich bleibt. Bei der immer weiter wachsenden Länge wird das Programm, trotz Einrückung, immer unübersichtlicher, deshalb werden wir uns im nächsten Kapitel anschauen, wie man Programme in einzelne Aufgaben unterteilt.

9.6 Zusammenfassung

9.6.1 Übungen

- Wie muss der Befehl lauten, wenn der NXT zwei Sekunden lang ein A spielen soll (schauen Sie die Frequenz ruhig in Tabelle 9.1 nach)?
- Welches Audioformat kann der NXT wiedergeben?
- Welche Werte sind für den Parameter `lautstärke` des `PlayToneEx()`-Befehls gültig?
- Welche anderen Parameter hat der Befehl?
- Worauf muss bei zwei hintereinander gespielten Tönen geachtet werden?

9.6.2 Wiederholung

Begriff	Bedeutung
Frequenz	Tonhöhe
rso-Format	Dateiformat zum Speichern von Musikdateien für den NXT
wav-Format	Dateiformat zum Speichern von Musikdateien für den PC

Befehl	Parameter	Funktion
`PlayTone(frequenz, länge);`	`frequenz`: Integer nach Tabelle 9.1 `länge`: Integer in 1/1000 Sekunden	Spielt den Ton mit der angegebenen Frequenz für die angegebene Dauer
`PlayToneEx(frequenz, länge, lautstärke, wiederholung);`	`frequenz`: Integer nach Tabelle 9.1 `länge`: Integer in 1/1000 Sekunden `lautstärke`: Integer zwischen 0 (sehr leise) und 4 (sehr laut) `wiederholung`: Boolean	Wie `PlayTone()`, aber zusätzlich mit der Möglichkeit, die Lautstärke festzulegen und eine Wiederholung einzustellen
`PlayFile(dateiname, lautstärke, wiederholung);`	`dateiname`: String (Name einer Sound-Datei) `lautstärke`: Integer zwischen 0 (sehr leise) und 4 (sehr laut) `wiederholung`: Boolean	Spielt die rso-Datei mit dem angegebenen Dateinamen in der angegebenen Lautstärke ab, außerdem Wiederholung einstellbar

Kapitel 10

Subroutinen und Makros

10.1 Subroutinen

Wie wir bereits im vorherigen Kapitel festgestellt haben, wird unser Projekt langsam recht groß und damit leider auch immer unübersichtlicher. Gerade die Kalibrierungsfunktion am Anfang hat nur wenig mit dem restlichen Programm zu tun und sollte daher abgegrenzt werden. Um das zu ermöglichen, erstellen wir für die Kalibrierung eine Subroutine, also ein Unterprogramm. Dieses Unterprogramm kann dann innerhalb unseres Hauptprogramms von jeder beliebigen Stelle aufgerufen werden. Die Syntax für eine solche Subroutine sieht so aus:

```
#include "NXCDefs.h"

sub name()
{
 // Hier Anweisungen
}

task main()
{
 //Anweisungen
 name(); //Aufruf der Subroutine
 //Anweisungen
}
```

Programm 10.1

Es fällt sofort auf, dass die Struktur von Subroutinen denen des Main-Tasks ähnelt. Anstatt des Schlüsselwortes `task` beginnen sie jedoch mit `sub` für Subroutine. Danach folgt ein frei wählbarer Name, dabei ist wichtig, dass jeder Name nur einmal auftaucht und keine Sonderzeichen, außer dem Grundstrich, enthält. Wie bei Variablen hat man sich auch bei Subroutinen darauf verständigt, den ersten Buchstaben des Namens kleinzuschreiben. Danach folgen, ebenfalls wie beim Main-Task, zwei Klammern. Umrahmt werden die Anweisungen der Subroutine, wie beim Main-Task, von geschweiften Klammern. Wichtig ist, dass die Subroutine vor dem Main-Task steht.

Würde ein Unterprogramm nur so im Code stehen ohne einen Aufruf, würde es nie ausgeführt, denn im Gegensatz zum Main-Task, der beim Starten ausgeführt wird, werden Unterprogramme nur dann ausgeführt, wenn sie explizit aufgerufen werden. Der Aufruf ist dabei denkbar simpel und geschieht einfach über den Namen mit angehängten Klammern. Subroutinen können jedoch nicht nur vom Main-Task aus aufgerufen werden, sondern sie können auch selbst andere Subroutinen aufrufen. Im Gegensatz zu vielen anderen Programmiersprachen ist eine Rekursion, also ein Selbstaufruf eines Unterprogramms, nicht möglich.

Hinweis

Anstatt des Schlüsselwortes `sub` kann man auch `void` benutzen, beides hat den gleichen Effekt. In diesem Buch wird das Schlüsselwort `sub` benutzt, da es, aufgrund der Verwandtschaft zum Wort Subroutine, einprägsamer ist.

Versuchen Sie sich nun einmal daran, den Code, der für die Kalibrierung des Sensors zuständig ist, in ein eigenes Unterprogramm mit dem Namen `kalibrierung` zu kopieren, vergessen Sie dabei aber nicht den Aufruf im Main-Task!

```
#include "NXCDefs.h"

#define GESCHW 75
#define FARBE1 20
#define FARBE2 30

int lichtwert;
int schwarz;

sub kalibrierung()
{
 while(ButtonState(BTN4) == 0)
 {
  TextOut(0,LCD_LINE1, "Bitte auf");
  TextOut(0,LCD_LINE2, "Schwarz stellen");
  TextOut(0,LCD_LINE3, "und orange");
  TextOut(0,LCD_LINE4, "Knopf druecken");
 }
 ClearScreen();

 schwarz = Sensor(IN_1);
}

task main()
```

```
{
 SetSensorLight(IN_1);
 SetSensorTouch(IN_2);

 kalibrierung(); // Aufruf der Kalibrierung

 while(true)
 {
  lichtwert=Sensor(IN_1);

  if (lichtwert == FARBE1 || lichtwert == FARBE2)
  {
   PlayTone(440,200);
   OnFwd(OUT_AC, GESCHW);
  }
  else if(lichtwert > schwarz && SENSOR_2 == 0)
  {
   Off(OUT_C);
   OnFwd(OUT_A, GESCHW);
  }
  else if(lichtwert <= schwarz && SENSOR_2 == 0)
  {
   Off(OUT_A);
   OnFwd(OUT_C, GESCHW);
  }
  else if(SENSOR_2 == 1)
  {
   Off(OUT_AC);
  }
 }
}
```

Programm 10.2

Das macht unser Programm schon ein ganzes Stück übersichtlicher. Allerdings können Subroutinen noch viel mehr. Falls Sie sich schon gefragt haben, wozu die Klammern hinter dem Namen dienen, dann kommt hier die Antwort. Als Beispiel dient ein Programm, das drei verschiedene Texte hintereinander für jeweils vier Sekunden auf dem Display anzeigen soll. Bisher hätten wir das Programm so realisiert:

```
#include "NXCDefs.h"

task main()
```

```
{
 TextOut(0,LCD_LINE1,"Text 1");
 Wait(4000);
 ClearScreen();

 TextOut(0,LCD_LINE1,"Text 2");
 Wait(4000);
 ClearScreen();

 TextOut(0,LCD_LINE1,"Text 3");
 Wait(4000);
 ClearScreen();
}
```

Programm 10.3

Sofort fällt auf, dass man gleich zwei Zeilen dreimal hintereinander genau gleich schreiben muss und sich die andere Zeile nur wenig ändert. Genau hier kommen die Klammern der Unterprogramme ins Spiel, denn über die ist es möglich, Werte an ein Unterprogramm zu übergeben. Es funktioniert wie folgt:

```
sub name(typ name, typ name2, typ name3)
{
 Anweisung;
}

task main()
{
 name(wert, wert, wert); //Aufruf
}
```

Beim Erstellen des Unterprogramms muss festgelegt werden, wie viele Werte später übergeben werden sollen und von welchem Typ (also zum Beispiel Integer oder String) sie sind. Mehrere Werte werden durch ein Komma voneinander getrennt. Die übergebenen Werte werden dann in einer Variablen gespeichert und können ganz normal über ihren Namen aufgerufen werden. Beim Aufruf des Unterprogramms müssen die entsprechenden Werte dann nur in Klammern hinter dem Namen stehen. Es können Werte direkt eingegeben werden, aber natürlich auch Konstanten oder Variablen, wichtig ist nur, dass der Wert vom erwarteten Typ ist. Mit einer Subroutine lässt sich das Programm also verkürzen:

```
#include "NXCDefs.h"

sub display_anzeige(string text)
```

```
{
 TextOut(0,LCD_LINE1,text);
 Wait(4000);
 ClearScreen();
}

task main()
{
 display_anzeige("Text 1");
 display_anzeige("Text 2");
 display_anzeige("Text 3");
}
```

Programm 10.4

Möchte man nun zum Beispiel die Anzeigezeit ändern, muss man das nicht bei jedem Eintrag einzeln machen, sondern muss nur eine zentrale Änderung vornehmen. Möchte man die Texte unterschiedlich lange anzeigen, so erstellt man einfach noch einen weiteren Parameter, der an das Unterprogramm übergeben wird. Eine wichtige Anmerkung: Die in den Klammern stehenden Variablen gelten nur im jeweiligen Unterprogramm, das heißt, sie können nur innerhalb dieses Unterprogramms benutzt werden und nicht innerhalb anderer Programme oder innerhalb des Main-Tasks. Warum das so ist, wird zu einem späteren Zeitpunkt deutlich, wenn wir uns Variablen noch etwas genauer anschauen.

Bisher haben wir uns nur eine Möglichkeit angesehen, Subroutinen aufzurufen, nämlich indem wir in die Klammern, hinter den Namen der Subroutine, beim Aufruf einen Wert oder den Namen einer Variablen eingegeben haben, deren Wert dann an eine neue Variable innerhalb der Subroutine übergeben wurde. Diesen Aufruf, bei dem der Wert in eine neue Variable kopiert wird, nennt man in der Fachsprache »call by value«. Das bedeutet nichts anderes, als das beim Aufruf (engl. *call*) eine Kopie des Wertes (engl. *value*) der ursprüngliche Variablen übergeben wird. Es gibt jedoch auch noch eine zweite Möglichkeit, Subroutinen aufzurufen, diese nennt sich »call by reference«. Bei dieser Art des Aufrufs wird keine Kopie des Wertes übergeben, sondern ein Verweis (engl. *reference*) auf die beim Aufruf angegebene Variable. Zur Verdeutlichung ein Beispielprogramm, das mit Hilfe einer Subroutine über einen »call by reference«-Aufruf zu einer gegebenen Zahl 42 addieren soll:

```
int ergebnis;

sub addiere(int &zahl)
{
 zahl = zahl + 42;
}
```

```
task main()
{
 addiere(ergebnis); //Aufruf
}
```

Durch das Ampersand (&) wird angegeben, dass der Aufruf »by reference« geschehen soll. Dabei ist zu beachten, dass dadurch beim Aufruf natürlich nur noch Variablen angegeben werden dürfen und keine Konstanten oder direkte Werteingaben mehr, da die Änderung des Wertes sonst nicht gespeichert werden könnte. Außerdem muss man auf die Benennung der Variablen achten. Zwar wird beim Aufruf die Variable `ergebnis` übergeben und Änderungen werden auch in dieser Variablen gespeichert, im Unterprogramm wird jedoch trotzdem der festgelegte Name verwendet, da dieser im Unterprogramm sozusagen stellvertretend für die übergebene Variable steht.

Wenn wir nun überlegen, wie wir dieses Programm mit Hilfe eines »by value«-Aufrufes realisieren können, sollte ein Problem sofort ins Auge springen. Da die in den Klammern angegebenen Variablen nur innerhalb des Unterprogramms gelten, ist es uns noch nicht möglich, Ergebnisse aus dem Unterprogramm an den Main-Task zu übergeben. Zum Glück ist das aber recht einfach, man muss dazu nur das Schlüsselwort `sub` durch den gewünschten Typ des Rückgabewertes ersetzen. Möchte man also ein Unterprogramm schreiben, das einen String zurückliefert, müsste der Kopf des Unterprogramms so aussehen:

```
string name(typ name)
```

Bei anderen Rückgabetypen muss das erste Wort entsprechend angepasst werden.

Innerhalb der Subroutine kann dann mit dem Befehl `return` festgelegt werden, was als Ergebniswert zurückgeliefert werden soll. Möchte man zum Beispiel »Hallo« zurückliefern, würde der entsprechende Code so aussehen:

```
return "Hallo";
```

Den Rückgabewert in einer Variablen speichern kann man dann im Main-Task wie gewohnt mit folgendem Befehl:

```
variable = name(wert);
```

Nun haben Sie alles an der Hand, was Sie zum Programmieren mit Subroutinen brauchen, und das ist einiges. Deshalb sollten Sie sich etwas Zeit nehmen, alles einmal selbst auszuprobieren. Nur einen Hinweis möchte ich Ihnen noch mit auf den Weg geben: In einem Programm dürfen nicht mehr als 256 Tasks und Subroutinen sein. Zwar wird wohl kaum jemand diese Anzahl tatsächlich einmal brauchen, trotzdem sollte man eine Alternative kennen, die man unbegrenzt oft verwenden kann. Erstellt man einfach wie gewohnt eine Subroutine und setzt davor ein `inline`, also zum Beispiel `inline string name(typ name)`, dann kann man beliebig viele Subroutinen erstellen, allerdings sorgt der Befehl dafür, dass der Code bei jedem Aufruf kopiert wird und nicht wie bei normalen Subroutinen einmal zentral gespeichert und aufgerufen wird. Das sorgt dafür, dass mehr Speicher verbraucht wird, daher sollte man im Normalfall von der Benutzung dieser Möglichkeit absehen.

10.2 Makros

Für längere Programmabschnitte sind Unterprogramme eine praktische Lösung; hat man jedoch nur eine Zeile Code, die mehrmals verwendet wird, ist es ein ziemlich unnötiger Aufwand, dafür ein eigenes Unterprogramm zu erstellen, trotzdem wäre es manchmal (zum Beispiel beim Spielen von Noten) praktisch, wenn man auch kürzere Anweisungen, die gleich oder ähnlich sind, zusammenfassen könnte. Und, Sie ahnen es wohl schon, auch hierfür bietet NXC eine passende Lösung, so genannte Makros. Das Erstellen eines Makros funktioniert ähnlich wie die Definition einer Konstanten:

```
#define name Anweisung;
```

Am Anfang steht `#define`, darauf folgt der Name des Makros (üblicherweise kleingeschrieben) und darauf die Anweisung. Dabei ist zu beachten, dass das Semikolon nicht das Ende des Makros markiert, sondern zur jeweiligen Anweisung gehört. Das Makro selbst wird nicht durch ein Semikolon beendet, sondern wird durch das Ende der Zeile beendet, deshalb stehen Makros üblicherweise in einer Zeile. Wenn man möchte, kann man aber auch mehrzeilige Makros erstellen:

```
#define name Anweisung1; Anweisung2; \
        Anweisung3; \
        Anweisung4;
```

Ein Backslash (\) verlängert ein Makro um jeweils die nächste Zeile.

Aufgerufen wird ein Makro einfach durch den Namen, gefolgt von einem Semikolon. Etwas Musik:

```
#include "NXCDefs.h"

#define ton PlayTone(440,1000); Wait(1000);
```

```
task main()
{
 ton;
 ton;
 ton;
}
```

Programm 10.5

Man kann sich also viel Tipparbeit mit Makros sparen, da man aber im seltensten Fall immer nur die gleichen Töne spielt, gibt es auch bei Makros die Möglichkeit, Parameter zu übergeben. Das geschieht einfach so:

```
#define name(parameter1) OnFwd(OUT_AC,parameter1);
```

Im Gegensatz zu Unterprogrammen muss bei Makros nicht der Typ des Parameters angegeben werden, da es sich um keinen echten Parameter handelt, sondern einfach nur um einen Platzhalter, der ersetzt wird. Der Aufruf funktioniert jedoch genau wie bei einem Unterprogramm. Unser kleines Musikprogramm kann also ganz einfach auf verschiedene Töne umgebaut werden:

```
#include "NXCDefs.h"

#define ton(frequenz) PlayTone(frequenz,1000); Wait(1000);

task main()
{
 ton(440);
 ton(400);
 ton(480);
}
```

Programm 10.6

Nun wollen wir das Gelernte in unserem Projekt nutzen. Eine sehr gute Einsatzmöglichkeit ist die Displayausgabe am Anfang des Programms, hier stehen vier fast gleiche Zeilen. Am Anfang steht die Entscheidung, welche der erlernten Techniken man einsetzen möchte. Sie haben die Wahl zwischen Subroutinen (mit verschiedenen Aufrufarten, mit oder ohne Rückgabewert ...) oder Makros. Klar dürfte auf jeden Fall sein, dass Parameter übergeben werden müssen, da die Zeile des Displays und der auszugebende Text bei den vier Aufrufen unterschiedlich ist. Da es sich jeweils um nur eine Zeile handelt, wäre es recht unsinnig, diese durch eine Subroutine zu ersetzen, die selbst vier Zeilen benötigt. Also fällt die Wahl auf ein

Makro mit zwei Parametern, `zeile` und `text`. Ändern Sie das Programm entsprechend ab und vergleichen Sie Ihre Lösung.

```
#include "NXCDefs.h"

#define GESCHW 75
#define FARBE1 20
#define FARBE2 30

#define textausgabe(zeile,text) TextOut(0,zeile,text);

int lichtwert;
int schwarz;

sub kalibrierung()
{
 while(ButtonState(BTN4) == 0)
 {
  textausgabe(LCD_LINE1,"Bitte auf");
  textausgabe(LCD_LINE2,"Schwarz stellen");
  textausgabe(LCD_LINE3,"und orange");
  textausgabe(LCD_LINE4,"Knopf druecken");
 }
 ClearScreen();

 schwarz = Sensor(IN_1);
}

task main()
{
 SetSensorLight(IN_1);
 SetSensorTouch(IN_2);

 kalibrierung(); // Aufruf der Kalibrierung

 while(true)
 {
  lichtwert=Sensor(IN_1);

  if (lichtwert == FARBE1 || lichtwert == FARBE2)
  {
   PlayTone(440,200);
   OnFwd(OUT_AC, GESCHW);
  }
```

```
  else if(lichtwert > schwarz && SENSOR_2 == 0)
  {
   Off(OUT_C);
   OnFwd(OUT_A, GESCHW);
  }
  else if(lichtwert <= schwarz && SENSOR_2 == 0)
  {
   Off(OUT_A);
   OnFwd(OUT_C, GESCHW);
  }
  else if(SENSOR_2 == 1)
  {
   Off(OUT_AC);
  }
 }
}
```

Programm 10.7

Über den Befehl `#undef name` können Makros auch während der Laufzeit eines Programms wieder gelöscht werden, das ist zum Beispiel dann sinnvoll, wenn einem Makro ein anderer Code zugewiesen werden soll (dann muss das alte Makro unbedingt zuerst gelöscht werden, da Makros nicht einfach überschrieben werden können) oder das Schlüsselwort anders verwendet werden soll.

10.3 Subroutinen in BricxCC

Nun endlich können wir auch verstehen, wofür die Leiste am linken Bildschirmrand in BricxCC gut ist.

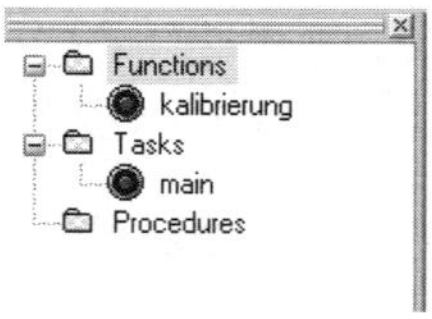

Abb. 10.1: Code Explorer

Der so genannte *Code Explorer* soll, besonders in großen Programmen, helfen, die Übersicht im Quellcode zu behalten, deshalb werden hier alle Tasks und Subroutinen innerhalb des Programms angezeigt und mit einem Klick auf den Namen kommt man an die entsprechende Stelle im Code. Dabei unterteilt der Code Explorer die Subroutinen in FUNCTIONS und PROCEDURES, zu Deutsch Funktionen und Prozeduren. In anderen Programmiersprachen ist diese Unterscheidung ebenfalls üblich, teilweise sogar noch stärker als in NXC, zum Beispiel durch verschiedene Syntax der beiden Subroutinen-Typen.

Als Prozedur bezeichnet man eine Subroutine, die keinen Rückgabewert hat, also in NXC eine Subroutine, die über das Schlüsselwort `sub` erstellt wird. Subroutinen, die einen Wert zurückliefern, die also in NXC zum Beispiel durch `int name` aufgerufen werden, bezeichnet man dagegen als Funktion.

10.4 Zusammenfassung

10.4.1 Übungen

- Was bedeutet »call by reference« bzw. »call by value«?
- Was muss am Code verändert werden, damit eine Variable »by reference« an eine Subroutine übergeben wird?
- Welchen Fehler hat folgender Programmausschnitt?

```
...
sub test(int &zahl)
{
 zahl = zahl+1;
}

task main()
{
 ...
 test(33);
 ...
}
```

- Erstellen Sie ein Makro mit dem Namen `makro`, dem eine Variable vom Typ Integer und eine vom Typ String übergeben werden kann, das eine Anweisung mit dem Namen `Anweisung1` ausführt (nur erstellen, nicht aufrufen)!

10.4.2 Wiederholung

Begriff	Bedeutung
Subroutine	Ein Abschnitt innerhalb eines Programms, der an jeder Stelle des Programms aufgerufen werden und ausgeführt werden kann
Unterprogramm	Anderes Wort für Subroutine
Rekursion	Eine Subroutine, beziehungsweise Unterprogramm, das sich selbst aufruft. In NXC ist ein solcher Selbstaufruf nicht möglich.

Begriff	Bedeutung
call by value	Aufruf einer Subroutine durch Übergabe des Wertes einer Variablen
call by reference	Aufruf einer Subroutine durch Übergabe eines Verweises auf eine Variable. Mögliche Änderungen werden sofort in die Variable geschrieben.
Makro	Zusammenfassung für kürzere Abfolgen von Befehlen, Definition funktioniert ähnlich wie bei Konstanten.

Befehl	Parameter	Funktion

`sub name()`
`{`
` Anweisung;`
`}`
	`name`: Name der Subroutine (keine Variablen zulässig)	Erstellt eine Subroutine mit dem angegebenen Namen

`void name()`
`{`
` Anweisung;`
`}`
	`name`: Name der Subroutine (keine Variablen zulässig)	Siehe `sub`

`name();`	`name`: Name einer Subroutine (keine Variablen zulässig)	Ruft die Subroutine mit dem angegebenen Namen auf

`sub name(typ varname)`
`{`
` Anweisung;`
`}`
	`name`: Name einer Subroutine (keine Variablen zulässig)
	`typ`: Typ der Variablen
	`varname`: Name der Variablen
		Erstellt eine Subroutine mit Parametern

`name(wert);`	`name`: Name einer Subroutine (keine Variablen zulässig) `wert`: Zum Parameter passender Wert	Ruft eine Subroutine mit Parametern auf

`sub name(typ &varname)`
`{`
` Anweisung;`
`}`
	`name`: Name einer Subroutine (keine Variablen zulässig)
	`typ`: Typ der Variablen
	`varname`: Name der Variablen
		Erstellt eine Subroutine mit Parametern, die »by reference« übergeben werden

`typ name()`
`{`
` Anweisung;`
`}`
	`typ`: Variablentyp
	`name`: Name der Subroutine
		Erstellt eine Subroutine mit Rückgabewert vom angegebenen Typ

Befehl	Parameter	Funktion

`typ name()`
`{`
` return var;`
`}`
	`typ`: Variablentyp
	`name`: Name der Subroutine
	`var`: Variable oder Wert vom selben Typ wie `typ`
		Legt den Rückgabewert einer Subroutine fest

`x = name();`	X: Variable vom selben Typ wie die Subroutine	Weist einer Variablen den Rückgabewert der Subroutine zu
`#define name Anweisung;`		Definiert ein einzeiliges Makro mit dem angegebenen Namen

`#define name`
`Anweisung1;\`
`Anweisung2;\`
`Anweisung3;`
		Definiert ein mehrzeiliges Makro mit dem angegebenen Namen

`name;`		Ruft das Makro mit dem angegebenen Namen auf
`#define name(parameter)\` `Anweisung(parameter);`		Erstellt ein Makro mit einem (oder mehreren) Parametern
`name(wert);`		Ruft das Makro mit dem angegebenen Namen auf und übergibt die angegebenen Parameter

Kapitel 11

Variablen für Fortgeschrittene

Eigentlich dürften Sie mit Variablen inzwischen recht vertraut sein, schließlich benötigt man sie in fast jedem Programm. Aber Siewissen lange noch nicht alles über Variablen, so gibt es zum Beispiel noch einige Typen von Variablen, die wir noch nicht betrachtet haben. Zuerst wollen wir uns aber dem Problem zuwenden, das bei den Subroutinen aufgetreten ist, es gab plötzlich Variablen, die nur innerhalb eines Unterprogramms funktioniert haben.

11.1 Globale und lokale Variablen

Man kann Variablen in globale und lokale unterteilen. Bisher haben wir uns der Einfachheit halber diese Unterscheidung gespart, doch bei der Nutzung von Subroutinen (und später mehreren Tasks) kommt man um die Unterscheidung nicht mehr herum.

11.1.1 Globale Variablen

Die Variablen, die wir bisher verwendet haben, sind so genannte globale Variablen. Sie werden außerhalb eines Tasks oder Unterprogramms deklariert und gelten daher für das ganze Programm (inklusive aller Tasks und Unterprogramme), daher nennt man sie global. Das Praktische an globalen Variablen ist, dass man sie von überall im Programm aus aufrufen kann, das ist aber auch gleichzeitig ein Nachteil, da es so passieren kann, dass ein Unterprogramm eine Änderung an einer Variablen vornimmt, die eigentlich nur für dieses Unterprogramm gelten soll, und so im Main-Task Fehler verursachen kann. Außerdem kann es zu Namenskonflikten kommen, wenn ein Unterprogramm versucht, eine Variable mit einem Namen zu erstellen, der schon an eine globale Variable vergeben ist. Um all diesen Problemen aus dem Weg zu gehen, versucht man im Normalfall, soweit es möglich und sinnvoll ist, lokale Variablen zu nutzen.

11.1.2 Lokale Variablen

Als lokale Variablen bezeichnet man Variablen, wie sie uns zum Beispiel bei Subroutinen untergekommen sind. Wie Sie sich erinnern, galten die Variablen, die in der Klammer angegeben wurden, nur für das jeweilige Unterprogramm, also nur lokal. Lokale Variablen werden genau wie globale Variablen deklariert, allerdings steht die Deklaration innerhalb des Tasks oder der Subroutine, für den die Variable später gelten soll. Außerhalb dieses Tasks (oder dieser Subroutine) kann die Variable weder gelesen noch verändert werden, sie ist sozusagen unsichtbar. Daher ist es auch durchaus möglich, dass es zwei lokale Variablen mit dem gleichen Namen innerhalb eines Programms gibt, nur eben in zwei verschiedenen Tasks (Subroutinen). Betrachtet man nun unser Projekt, so fällt sofort auf, dass man hier nicht eine globale Variable benötigt, da die Variablen jeweils nur in einem Teil des Programms genutzt werden. Deshalb sollten Sie das Programm auf lokale Variablen umstellen. Ein kleiner Tipp noch: Achten Sie darauf, wo Sie die Variable `schwarz` verwenden.

```
#include "NXCDefs.h"

#define GESCHW 75
#define FARBE1 20
#define FARBE2 30

#define textausgabe(zeile,text) TextOut(0,zeile,text);

sub kalibrierung()
{
 while(ButtonState(BTN4) == 0)
 {
  textausgabe(LCD_LINE1,"Bitte auf");
  textausgabe(LCD_LINE2,"Schwarz stellen");
  textausgabe(LCD_LINE3,"und orange");
  textausgabe(LCD_LINE4,"Knopf druecken");
 }
 ClearScreen();
}

task main()
{
 int lichtwert;
 int schwarz;

 schwarz = Sensor(IN_1);

 SetSensorLight(IN_1);
 SetSensorTouch(IN_2);

 kalibrierung(); // Aufruf der Kalibrierung
```

```
while(true)
{
 lichtwert=Sensor(IN_1);

 if (lichtwert == FARBE1 || lichtwert == FARBE2)
 {
  PlayTone(440,200);
  OnFwd(OUT_AC, GESCHW);
 }
 else if(lichtwert > schwarz && SENSOR_2 == 0)
 {
  Off(OUT_C);
  OnFwd(OUT_A, GESCHW);
 }
 else if(lichtwert <= schwarz && SENSOR_2 == 0)
 {
  Off(OUT_A);
  OnFwd(OUT_C, GESCHW);
 }
 else if(SENSOR_2 == 1)
 {
  Off(OUT_AC);
 }
}
}
```

Programm 11.1

Die Wertzuweisung für die Variable `schwarz` muss bei Verwendung von lokalen Variablen natürlich aus der Subroutine in den Main-Task gezogen werden, da die Variable in der Subroutine nicht mehr gilt.

11.2 Arrays

Stellen Sie sich vor, Sie sollten ein Programm schreiben, das alle fünf Sekunden den Wert des Lichtsensors in einer Variablen speichert, dabei sollen die alten Werte nicht einfach überschrieben werden, sondern jeder Wert in einer eigenen Variablen stehen. So ein Programm wäre zum Beispiel interessant, wenn Sie verfolgen wollen, wann sich der Roboter auf einer weißen und wann auf einer schwarzen Fläche befand. Den Wert des Lichtsensors auszulesen und diesen in einer Variablen zu speichern, dürfte kein Problem darstellen. Problematisch ist eher, dass jeder Wert in einer eigenen Variablen abgespeichert werden soll, schließlich weiß man zu Beginn nicht, wie lange der Roboter später fährt. Und selbst wenn man wüsste, dass er zum Beispiel zwei Minuten lang fährt, wäre das trotzdem sehr viel Schreibarbeit, denn in einer Minute würden zwölf Werte gespeichert werden (60/5) und in zwei Minuten dann bereits 24, also müsste man 24 Variablen deklarieren und denen den Wert des Lichtsensors zuweisen. Da wir aber nicht wissen, wie lange der Roboter fährt, und auch keine Lust haben, Hunderte Zeilen Code zu schreiben, bräuchten wir eine Möglichkeit, diese Variablen zusammenzufassen. Genau hierfür gibt es so genannte Arrays oder zu Deutsch Felder. In einem Array können Variablen des gleichen Typs gemeinsam gespeichert werden. Um die einzelnen Einträge zu unterscheiden, nutzt man einen Index zur eindeutigen Identifizierung. Am einfachsten lässt sich die Funktion eines Arrays an einem Beispiel erklären, mit Hilfe von Arrays kann man das gestellte Problem recht einfach lösen:

```
#include "NXCDefs.h"

 int werte[]; //Deklaration des Arrays

sub wert_speichern(int lichtwert, int index)
{
 werte[index]=lichtwert; //Wertzuweisung
}

task main()
{
 int i;
 i = 0;
 SetSensorLight(IN_1);

 while(true)
 {
  wert_speichern(Sensor(IN_1),i);
  i=i+1; // Index um 1 erhöhen
  Wait(5000); //5 Sekunden warten
 }
}
```

Programm 11.2

Wie sofort auffällt, funktioniert die Deklaration eines Arrays fast genau wie die jeder anderen Variablen, nur folgen nach dem Namen noch eckige Klammern, über die später einmal die Elemente des Arrays (als Elemente bezeichnet man die einzelnen Werte, die in einem Array gespeichert werden) abgerufen werden können. Allgemein sieht die Deklaration eines Arrays so aus:

```
typ name[];
```

Soll nun ein Wert gespeichert (oder abgerufen) werden, muss dabei der Index angegeben werden, der Index ist sozusagen die Hausnummer jedes Eintrags, damit man weiß, wo er abgelegt wurde. Als Index zulässig sind nur ganze Zahlen (also Integer). Unser Programm oben speichert also beim ersten Durchlauf den aktuellen Wert des Lichtsensors in die Variable `werte[0]`, danach wird der Index um eins erhöht und es wird fünf Sekunden gewartet. Wird danach noch einmal das Unterprogramm aufgerufen, so wird als Index nicht 0, sondern 1 übergeben und damit wird der nächste Wert in die Variable `werte[1]` gespeichert und immer so weiter.

Allgemein funktioniert der Abruf oder das Speichern eines Wertes in einem Array also so:

```
name[index]
```

Möchte man ein komplettes Array inklusive all seiner Elemente übergeben (zum Beispiel an ein Unterprogramm oder ein anderes Array), so gibt man einfach nur den Namen ohne eckige Klammern an, das geht aber nur, wenn das Ziel, dem das Array zugewiesen werden soll, auch ein Array ist, also zum Beispiel so:

```
int array1[];
int array2[];
array1 = array2;
```

Arrays sind bei vielen Dingen recht praktisch, besonders, weil sie noch viele weitere Möglichkeiten bieten.

11.2.1 Anzahl der Elemente bestimmen

Stellen wir uns vor, wir hätten ein Array vom Typ Integer mit Namen `element`, in dem einige Elemente sind, und möchten nun die Werte aller Elemente auslesen und nacheinander auf dem Bildschirm ausgeben. Für fünf Elemente (wobei 0 das erste Element sei) würde das so aussehen:

```
i = 0;

while(i < 5)
{
 NumOut(0, LCD_LINE1, element[i]);
 i=i+1;
 Wait(2000);
 ClearScreen();
}
```

Dieses Programm bereitet uns also keine Probleme. Allerdings kommt es im praktischen Gebrauch häufig vor, dass die Länge eines Arrays, also wie viele Elemente es enthält, nicht bekannt ist. Mit unseren bisherigen Mitteln kommen wir in einem solchen Fall nicht besonders weit, zum Glück bietet NXC auch hierfür eine passende Lösung. Mit folgendem Befehl kann die Länge eines Arrays ganz einfach bestimmt werden:

```
ArrayLen(name)
```

Wobei `name` natürlich dem Namen des Arrays entspricht, dessen Länge bestimmt werden soll. Der Befehl liefert als Ergebnis einen Integer-Wert zurück. Mit diesem Befehl kann der Programmausschnitt nun für beliebig lange Arrays umgebaut werden:

```
i = 0;

while(i < ArrayLen(element))
{
 NumOut(0, LCD_LINE1, element[i]);
 i=i+1;
 Wait(2000);
 ClearScreen();
}
```

Tipp

Variablen, die wie hier, innerhalb einer Schleife bei jedem Durchlauf erhöht werden, nennt man Laufindex. Um die Erhöhung des Laufindexes nicht immer als `i=i+1;` schreiben zu müssen, gibt es folgenden Befehl, um eine Variable um 1 zu erhöhen: `i++;`. Analog gibt es auch einen Befehl, um eine Variable um 1 zu erniedrigen: `i--;`. Später im Buch werden Sie eine noch elegantere Möglichkeit kennen lernen, um eine Schleife mit einem Laufindex zu programmieren.

11.2.2 Arrays kopieren

Wie man alle Elemente eines Arrays oder ein einzelnes kopiert, haben Sie bereits erfahren. NXC bietet allerdings auch noch die Möglichkeit, einen bestimmten Bereich von Elementen zu kopieren, also zum Beispiel alle Elemente mit dem Index von 5 bis 8. Der Befehl dazu sieht so aus:

```
ArraySubset(ziel,quelle,startindex,anzahl);
```

Der Parameter `ziel` gibt dabei an, in welches Array die Daten kopiert werden sollen, hier muss also der Name eines Arrays (vom passenden Typ zur Quelle) stehen. `quelle` gibt den Namen des Arrays an, aus dem die Daten kopiert werden sollen. `startindex` muss eine Zahl vom Typ Integer sein (oder eine entsprechende Variable oder Konstante). Der Startindex gibt an, ab welchem Element kopiert werden soll. Steht hier zum Beispiel 5, so wird das Element mit dem Index 5 das erste Element sein, das kopiert wird. Zuletzt gibt die Anzahl noch an, wie viele Elemente kopiert werden sollen. Würden wir also ab dem Index 5 vier Elemente kopieren, würden die Elemente 5, 6, 7 und 8 kopiert.

11.2.3 Arrays zusammensetzen

Schauen wir uns folgendes Beispielprogramm an:

```
#include "NXCDefs.h"

task main()
{
 string texte[];
 string hallo[];

 string test1, test2, test3;

 hallo[0] = "Hallo";
 hallo[1] = "Hello";
 hallo[2] = "Salut";

 test1 = "Test";
 test2 = "Test";
 test3 = "Test";
}
```

Programm 11.3

In diesem (zugegeben nicht ganz sinnvollen Programm) gibt es zwei Arrays des Typs String und drei Variablen, ebenfalls des Typs String. Übrigens sehen Sie an dieser Stelle eine verkürzte Schreibweise der Variablendeklaration; anstatt jede der drei String-Variablen in eine eigene Zeile zu schreiben, jeweils mit `string` davor, kann man sie auch gemeinsam in eine Zeile, durch Kommata getrennt, schreiben. Das geht nicht nur mit Strings, sondern auch mit allen anderen Variablen.

Wie Ihnen sicher aufgefallen ist, gibt es in dem Programm noch ein ungenutztes Array und das ist natürlich kein Zufall. Ihre Aufgabe wird es nun sein, ein Programm zu erstellen, das alle anderen Variablen (also die drei Strings und das

Array) in das ungenutzte Array `texte` kopiert. Sie sollten an dieser Stelle erst weiterlesen, wenn Ihr Programm funktioniert.

Fertig? Momentan stehen uns zwei verschiedene Lösungswege zur Verfügung. Die schnellste Lösung wäre, zuerst das komplette Array zu kopieren und dann die einzelnen Strings. Die andere, etwas aufwendigere Lösung, wäre, die einzelnen Elemente und die Strings zu kopieren. Was nicht funktioniert, ist, zuerst die einzelnen Strings zu kopieren und dann das gesamte Array, denn dann würden die Elemente, in denen bereits die Strings gespeichert sind, überschrieben.

Da der Programmierer an sich aber eher ein faules Wesen ist, gibt es auch hier eine Möglichkeit, das Prozedere extrem abzukürzen. Da man sich dabei sozusagen ein Array aus verschiedenen anderen Variablen zusammenbaut, heißt der Befehl hierfür `ArrayBuild()` (engl. *build* = bauen). Mit Parametern sieht der Befehl so aus:

```
ArrayBuild(ziel, quelle1, quelle2, quelle3, ..., quelleN);
```

`ziel` ist dabei das Array, in das die Daten geschrieben werden sollen und `quelle1` bis `quelleN` die Daten, die in das neue Array geschrieben werden sollen. Als Quelle können Variablen ebenso wie direkt eingegebene Werte oder Konstanten dienen, wichtig ist dabei jedoch zu beachten, dass der Typ der Quelle und der des Ziels zusammenpassen (also zum Beispiel Integer und Integer). Als Quelle können auch Arrays oder einzelne Elemente von Arrays angegeben werden. Einzelne Elemente werden mit `name[index]` übergeben, ganze Arrays einfach mit `name`, wie Sie es bereits kennen. Mit Hilfe dieses Befehls kann nun die Zusammenfassung der verschiedenen Variablen zu einem Array in einer Zeile geschehen:

```
#include "NXCDefs.h"

task main()
{
 string texte[];
 string hallo[];

 string test1, test2, test3;

 hallo[0] = "Hallo";
 hallo[1] = "Hello";
 hallo[2] = "Salut";

 test1 = "Test";
 test2 = "Test";
```

```
  test3 = "Test";

  ArrayBuild(texte, hallo, test1, test2, test3); //Zusammenfassen
}
```

Programm 11.4

11.2.4 Mehrdimensionale Arrays

In unserem Projekt könnten wir Arrays gut dazu benutzen, um zu markieren, wann eine farbige Markierung gefunden wurde. Den Ort gibt man am besten mit den Rotationen an, außerdem wäre es schön anzugeben, welche der beiden Farben gefunden wurde. Um das sinnvoll umsetzen zu können, würde die Speicherung dann ungefähr so aussehen: `positionMarkierungen[rotationen]=farbe;`. Allerdings könnte man so nur die Rotationen eines Motors angeben. Möchte man aber zum Beispiel über die Rotationen die Stelle wiederfinden, an der die farbige Markierung gefunden wurde, so braucht man natürlich die Rotationen beider Motoren. Man müsste beim Aufruf des Arrays also nicht wie bisher nur einen, sondern zwei Werte unterscheiden. Solche Arrays nennt man mehrdimensionale Arrays, wenn sie mehr als einen Wert besitzen und zweidimensionales Arrays, wenn sie über genau zwei Werte verfügen.

Um die Funktionsweise zu verdeutlichen, schauen wir uns zuerst einmal an, wie ein Array, das nur die Rotationen eines Motors berücksichtigt, aussehen würde:

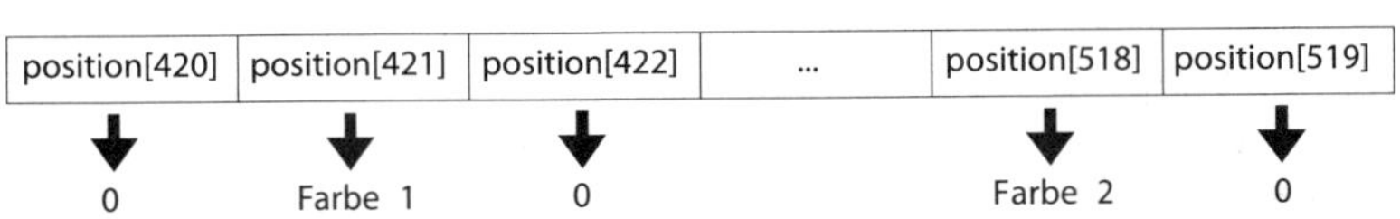

Abb. 11.1: Eindimensionales Array

Es gäbe also für jede Rotationszahl ein Element im Array. Findet der Roboter eine farbliche Markierung, setzt man das entsprechende Element des Arrays auf die Farbe, um alle anderen Elemente braucht man sich natürlich nicht zu kümmern. Bei einem zweidimensionalen Array wird nun aber nach der Entscheidung, welches Element von Position aufgerufen werden soll, erneut eine Entscheidung getroffen. Denn bei einem zweidimensionalen Array befindet sich innerhalb jedes Elements des Arrays sozusagen wieder ein Array, der Aufruf müsste also praktisch von der Form `position[rotationA][rotationC]` sein. Dabei wird beim ersten Mal das Element mit dem passenden Rotationswert für Motor A aufgerufen (erste Ebene), danach wird innerhalb des Elements ein Element mit dem passenden Rotationswert für Motor C aufgerufen.

Als Bild sieht das dann so aus, wie in Abbildung 11.2 gezeigt.

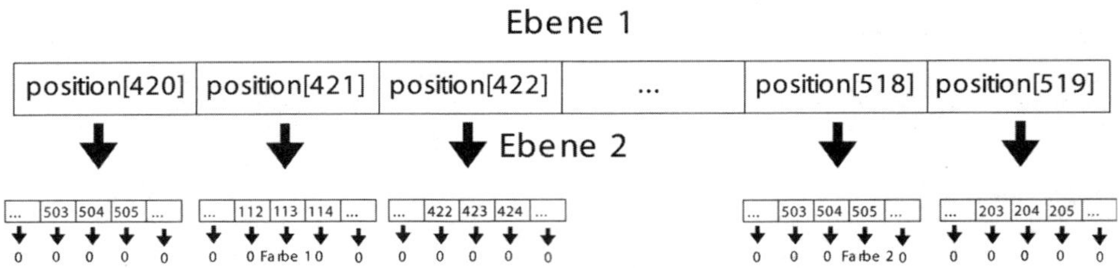

Abb. 11.2: Zweidimensionales Array

Es wird also für jedes Element der ersten Ebene ein Array angelegt, auf das über die erste Ebene zugegriffen werden kann.

Das war nun schon etwas kompliziertere Theorie und leider macht es uns NXC auch nicht besonders einfach, diese Theorie in die Praxis umzusetzen.

Die Deklaration eines zweidimensionalen Arrays funktioniert noch recht einfach, sie funktioniert nämlich wie bei einem eindimensionalen Array, nur wird noch eine zweite Ebene (symbolisiert durch eckige Klammern) dahintergesetzt. Übrigens benötigt man bei der Arbeit mit zweidimensionalen Arrays in NXC auch immer zusätzlich noch ein eindimensionales Array; warum, werden Sie gleich sehen. Die Deklaration für unser Projekt müsste also so aussehen:

```
string position[][]; //Zweidimensionales Array
string pos2[];//Eindimensionales Array
```

Wie schon eben angedeutet, ist die Arbeit mit zweidimensionalen Arrays in NXC leider alles andere als einfach. Bei den meisten Programmiersprachen könnte man auf ein Element der zweiten Ebene in dieser Form zugreifen `position[100][80]= "Farbe 2"`. In unserem Beispiel würden wir also auf den Wert für 100 Rotationen mit Motor A und 80 mit Motor C zugreifen, um hier zum Beispiel zu speichern, dass sich an dieser Stelle die Farbe 2 befindet.

Leider kann man mit NXC nicht auf einzelne Elemente der zweiten Ebene zugreifen, sondern nur auf die komplette zweite Ebene. Deshalb haben wir auch das zweite Array deklariert, hier speichern wir die Werte für die zweite Ebene und übertragen diese dann auf das zweidimensionale Array. Das obige Beispiel müsste in NXC also so realisiert werden:

```
pos2[80] = "Farbe 2";
position[100] = pos2;
```

Möchte man einen Wert ändern, ist es wichtig, zuerst die komplette zweite Ebene zu kopieren, dann zu verändern und danach wieder zurückzukopieren. Würde man einfach die Daten in das eindimensionale Array eingeben und dieses dann kopieren, so würden alle vorherigen Einträge verloren gehen. Wollen wir also einen zweiten Wert hinzufügen, müsste der Code so aussehen:

```
position[100] = pos2;
pos2[90] = "Farbe 1";
position[100] = pos2;
```

Das ist zwar sehr umständlich, aber eine andere Lösung gibt es (zumindest zurzeit) leider noch nicht in NXC. Allerdings werden Ihnen zwei- oder mehrdimensionale Arrays nur in wirklich komplexen Programmen begegnen oder bei intensiver Arbeit mit dem Display. Übrigens wird das Verfahren bei drei-, vier-, fünfdimensionalen und so weiter Arrays immer komplizierter, denn bei einem vierdimensionalen Array zum Beispiel benötigt man zusätzlich ein drei-, zwei- und eindimensionales Array, um die Daten zu bearbeiten.

Ob Sie das Verfahren wirklich verstanden haben, können Sie jetzt testen, indem Sie das Projekt, wie oben beschrieben, so erweitern, dass die Rotationen beim Fund einer farblichen Markierung gespeichert werden, wobei die erste Ebene die Rotationen von Motor A und die zweite die von Motor B darstellen soll.

```
#include "NXCDefs.h"

#define GESCHW 75
#define FARBE1 20
#define FARBE2 30

#define textausgabe(zeile,text) TextOut(0,zeile,text);

sub kalibrierung()
{
 while(ButtonState(BTN4) == 0)
 {
  textausgabe(LCD_LINE1,"Bitte auf");
  textausgabe(LCD_LINE2,"Schwarz stellen");
  textausgabe(LCD_LINE3,"und orange");
  textausgabe(LCD_LINE4,"Knopf druecken");
 }
 ClearScreen();
}

task main()
{
 int lichtwert;
```

```
int schwarz;
string position[][];
string pos2[];

schwarz = Sensor(IN_1);

SetSensorLight(IN_1);
SetSensorTouch(IN_2);

kalibrierung(); // Aufruf der Kalibrierung

while(true)
{
 lichtwert=Sensor(IN_1);

 if (lichtwert == FARBE1)
 {
  PlayTone(440,200);
  OnFwd(OUT_AC, GESCHW);
  pos2 = position[MotorRotationCount(OUT_A)];
  pos2[MotorRotationCount(OUT_C)] = "Farbe 1";
  position[MotorRotationCount(OUT_A)] = pos2;
 }
 else if(lichtwert == FARBE2)
 {
  PlayTone(440,200);
  OnFwd(OUT_AC, GESCHW);
  pos2 = position[MotorRotationCount(OUT_A)];
  pos2[MotorRotationCount(OUT_C)] = "Farbe 2";
  position[MotorRotationCount(OUT_A)] = pos2;
 }
 else if(lichtwert > schwarz && SENSOR_2 == 0)
 {
  Off(OUT_C);
  OnFwd(OUT_A, GESCHW);
 }
 else if(lichtwert <= schwarz && SENSOR_2 == 0)
 {
  Off(OUT_A);
  OnFwd(OUT_C, GESCHW);
 }
 else if(SENSOR_2 == 1)
```

```
    {
     Off(OUT_AC);
    }
   }
  }
```

Programm 11.5

11.3 Strings

Bisher haben wir uns Strings nur im Zusammenhang mit anderen Variablen angesehen, aber Strings bieten noch viel mehr Möglichkeiten als die, die Sie bisher gesehen haben.

11.3.1 Zahlen in Strings umwandeln

Bisher haben wir zum Beispiel Sensorwerte immer mit dem Befehl `NumOut()` ausgegeben, was ja auch logisch und sinnvoll ist. Was ist aber, wenn man nicht nur den Sensorwert, sondern davor und danach auch noch Text ausgeben möchte? Nun, bisher benötigen wir dazu drei Befehle, zuerst würden wir den Text vor der Zahl ausgeben, dann die Zahl und zum Schluss den Text nach der Zahl. Das würde zwar problemlos funktionieren, ist jedoch recht umständlich. Es müsste also einen Weg geben, die Zahlen und den Text in einem auszugeben. Dass man den Text nicht in eine Zahl umwandeln kann, dürfte wohl relativ klar sein, es spricht allerdings nichts dagegen, die Zahlen in Text umzuwandeln, schließlich handelt es sich bei den Zahlen um ganz normale Zeichen. Der passende Befehl hierzu lautet:

```
string = NumToStr(zahl);
```

Wobei `string` die Variable ist, in der die Zahl als String gespeichert werden soll, und `zahl` eine Zahl als Direkteingabe oder eine Variable vom Typ Integer. Dabei ist natürlich zu beachten, dass mit der umgewandelten Zahl nicht mehr normal gerechnet werden kann, da es sich für den NXT jetzt nicht mehr um eine Zahl, sondern um eine Zeichenkette handelt.

11.3.2 Strings in Zahlen umwandeln

Umgekehrt gibt es auch die Möglichkeit, einen String in eine Zahl vom Typ Integer umzuwandeln, das funktioniert allerdings nur, wenn der String wirklich nur aus Zahlen (und eventuell noch einem Vorzeichen) besteht. Der Befehl lautet:

```
zahl = StrToNum(string);
```

Wird ein String übergeben, der nicht als Zahl dargestellt werden kann, so gibt der Befehl den Wert 0 zurück.

11.3.3 Länge von Strings

Eine weitere interessante Funktion ist die Möglichkeit, die Länge von Strings, also aus wie vielen Zeichen sie bestehen, auszugeben. Dabei wird jedes Zeichen, egal ob Buchstabe, Zahl, Sonderzeichen oder Leerzeichen gezählt. Der Befehl zum Ausgeben der Länge lautet:

```
StrLen(string);
```

Folgendes Programm würde also zum Beispiel die Zahl 7 auf dem Display ausgeben:

```
#include "NXCDefs.h"

task main()
{
 string test;
 test="Hallo !";
 NumOut(0,LCD_LINE1,StrLen(test));
 Wait(4000);
}
```

Programm 11.6

11.3.4 ASCII-Code eines Zeichens

Der so genannte ASCII-Code ordnet jedem Zeichen eine Zahl zu und wird genutzt, um Buchstaben beim Programmieren einfacher unterscheiden zu können, da man so zum Beispiel Größenvergleiche zwischen den ASCII-Codes anstellen kann. Außerdem umfasst der ASCII-Code so genannte Steuerzeichen, das sind zum Beispiel [Esc], also Tasten, die normalerweise gar nicht dargestellt werden. Der ASCII-Code beginnt bei 0 und endet bei 127, die Buchstaben sind alphabetisch sortiert. Hier die für uns wichtigen Zeichen des ASCII-Codes:

Zeichen	Code	Zeichen	Code	Zeichen	Code
A	65	a	97	(	40
B	66	b	98	)	41
C	67	c	99	+	43
D	68	d	100	-	45

Tabelle 11.1: ASCII-Codes

Zeichen	Code	Zeichen	Code	Zeichen	Code
E	69	e	101	.	46
F	70	f	102	!	33
G	71	g	103	Leertaste	32
H	72	h	104		
I	73	i	105		
J	74	j	106		
K	75	k	107		
L	76	l	108		
M	77	m	109		
N	78	n	110		
O	79	o	111		
P	80	p	112		
Q	81	q	113		
R	82	r	114		
S	83	s	115		
T	84	t	116		
U	85	u	117		
V	86	v	118		
W	87	w	119		
X	88	x	120		
Y	89	y	121		
Z	90	z	122		

Tabelle 11.1: ASCII-Codes (Forts.)

NXC bietet die Möglichkeit, den ASCII-Code der einzelnen Buchstaben eines Strings auszugeben. Der entsprechende Befehl lautet:

```
StrIndex(string,zeichenNummer);
```

Wobei `string` der zu betrachtende String ist und `zeichenNummer` angibt, von welchem Buchstaben der ASCII-Code angegeben werden soll. Dabei ist zu beachten, dass der erste Buchstabe die Nummer 0 trägt und nicht die Nummer 1.

```
#include "NXCDefs.h"

task main()
{
```

```
  string test;
  test="Hallo !";
  NumOut(0,LCD_LINE1,StrIndex(test,1));
  Wait(4000);
}
```

Programm 11.7

Das vorherige Programm, leicht abgewandelt, gibt also, wie zu erwarten, den Wert 97 zurück, also den ASCII-Code des Zeichens a.

11.3.5 Strings zusammenfügen

NXC bietet auch die Möglichkeit, zwei oder mehr Strings zu einem zusammenzufügen. Das kann bei der Ausgabe praktisch sein oder auch bei der weiteren Verarbeitung von Strings. Der Befehl dazu ist relativ simpel:

```
string = StrCat(string1, string2, "test", ..., stringN);
```

Wobei `string` die Variable ist, in der der neue String gespeichert werden soll. In der Klammer können entsprechend die Variablen vom Typ String oder Strings eingegeben werden, die zusammengesetzt werden sollen. Zu beachten ist noch, dass man, wenn man einen Satz zusammensetzen will, auf Leerzeichen achten sollte, da diese nicht automatisch zwischen den Teilen eingefügt werden.

11.3.6 Teile von Strings kopieren

Bisher können wir Strings nur als Ganzes kopieren. Möchte man aber zum Beispiel einen String in eine Zahl umwandeln, so kann es hilfreich sein, wenn man nur einen bestimmten Teil eines Strings kopiert, in diesem Fall eben die Zahl und nicht den Text um die Zahl herum. Um auch Teile von Strings kopieren zu können, gibt es folgenden Befehl:

```
stringNeu = SubStr(stringAlt, beginn, länge);
```

Als `stringAlt` wird der String übergeben, aus dem ein Teil herauskopiert werden soll. `beginn` gibt das erste Zeichen an, das kopiert werden soll, dabei ist auch hier wieder zu beachten, dass NXC mit 0 zu zählen beginnt. Die Anzahl der Zeichen, die kopiert werden sollen, kann bei `länge` angegeben werden.

11.3.7 Teile eines Strings ersetzen

Gibt man über einen String zum Beispiel den Messwert eines Sensors auf dem Display aus, so müsste man den String, immer wenn sich der Wert des Sensors ändert, komplett neu schreiben. Für dieses (und andere) Problem(e) gibt es aber eine elegantere Lösung, da es die Möglichkeit gibt, nur einen Teil eines Strings zu ersetzen, eben zum Beispiel einen Messwert. Der Befehl zum Ersetzen sieht so aus:

```
stringNeu = StrReplace(stringAlt, beginn, stringErsatztext);
```

Dabei gibt `beginn` wieder das Zeichen an, ab dem ersetzt wird. Eine Angabe, wie viele Zeichen ersetzt werden sollen, ist nicht nötig, da einfach so viele Zeichen ersetzt werden, wie der Ersatztext Zeichen hat. Hat der Ersatztext mehr Zeichen als im Ausgangs-String nach der Stelle noch vorhanden sind, so werden die restlichen Buchstaben einfach an den String angehängt. Hier ein Programmausschnitt zum Ersetzen eines Messwertes:

```
display_ausgabe = "Lichtsensor: 40";
display_ausgabe = (display_ausgabe,13,"60");
```

11.4 Weitere Variablentypen

11.4.1 Long

Sie kennen nun schon einige Variablentypen, zwei sehr einfache haben wir uns aber bisher noch nicht angesehen. Wie Sie bereits vorher gesehen haben, haben Variablen vom Typ Integer einen Wertebereich von ca. -32.000 bis +32.000. Zwar dürfte dieser Bereich für die normalen Aufgaben des NXT reichen, trotzdem gibt es auch die Möglichkeit, größere Zahlen zu speichern. So genannte `long` Variablen haben einen Wertebereich von ca. -2 bis +2 Milliarden. Sie werden genau wie Variablen vom Typ Integer behandelt, lediglich das Schlüsselwort bei der Deklaration ist anders:

```
long variablenName;
```

Sollten Sie nun versucht sein, einfach immer Variablen vom Typ `long` zu nutzen, so kann ich nur davon abraten, denn diese belegen doppelt so viel Platz im Arbeitsspeicher wie Integer-Variablen, egal wie groß der darin gespeicherte Wert ist. Und während Arbeitsspeicher auf modernen Computern oft im Überfluss zur Verfügung steht, ist er auf dem NXT ein knappes Gut, mit dem man sinnvoll haushalten sollte.

Übrigens bieten sowohl `long` als auch Integer die Möglichkeit, größere Zahlen zu speichern, wenn man dafür auf negative Zahlen verzichtet. Dazu muss bei der Deklaration einfach das Schlüsselwort `unsigned` (engl. für vorzeichenlos) vor den eigentlichen Typ geschrieben werden. Bei Integer-Variablen verschiebt sich der

Wertebereich dann auf 0 bis ca. 65.000, bei `long` Variablen auf 0 bis ca. 4 Milliarden, also immer genau das Doppelte.

```
unsigned int name;
unsigned long name2;
```

Allerdings können dafür jetzt keine negativen Zahlen mehr gespeichert werden. Wird doch eine negative Zahl übergeben, so wird der Maximalwert abzüglich der eingegebenen Zahl gespeichert. Selbiges passiert beim Rechnen; ist das Ergebnis kleiner 0, wird der negative Anteil vom Maximalwert abgezogen.

11.4.2 Char

Neben Strings, also Zeichenketten, gibt es auch einzelne Zeichen, so genannte *Chars* (von engl. *character* = Buchstabe). Je nachdem was gespeichert werden soll, ist nicht immer ein String nötig, sondern ein Char reicht, als Abkürzung. Ein Vorteil von Char-Variablen ist der viel geringere Verbrauch von Arbeitsspeicher. Die Deklaration funktioniert wie bei allen anderen Variablen, die Wertzuweisung wie beim String auch mit Anführungszeichen:

```
char name;
name = "a";
```

11.5 Structs

Lassen Sie uns wieder etwas Musik machen! Wenn wir den `PlayTone()`-Befehl in eine Subroutine schreiben, übergeben wir normalerweise zwei Variablen, einen für die Tonhöhe und einen für die Länge (benutzt man den Befehl `PlayToneEx()`, kommt unter Umständen noch die Lautstärke hinzu). Wir brauchen also mindestens zwei Variablen, um einen Ton zu beschreiben. Es wäre allerdings viel praktischer, wenn man diese Variablen zusammenfassen könnte, denn schließlich beschreiben sie ja den gleichen Ton. Einen solchen Verbund von Variablen nennt man *Struct*. In einem Struct können Variablen verschiedener Typen zusammengefasst werden und einzeln darauf zugegriffen werden. Schauen wir uns ein Beispiel für unsere Töne an:

```
struct tonStruct
{
 int hoehe;
 int laenge;
};

tonStruct ton; // Deklaration
```

```
ton.hoehe = 440;
ton.laenge = 300;
```

Zuerst muss der Aufbau des Structs festgelegt werden. Nach dem Schlüsselwort `struct` folgt der Name, dann geschweifte Klammern. Innerhalb der geschweiften Klammern stehen die einzelnen Variablen, die im Struct zusammengefasst werden sollen. Jede Variable muss in einer eigenen Zeile stehen. Zulässig sind alle Typen außer Arrays, die werden (zurzeit) noch nicht unterstützt. Es ist sogar möglich, dass sich ein Struct innerhalb eines anderen befindet, aber dazu gleich mehr. Besonders zu beachten und am Anfang wohl etwas ungewöhnlich ist, dass nach der geschlossenen geschweiften Klammer ein Semikolon steht, das vergisst man gerade am Anfang gerne mal.

Danach ist das Struct zwar definiert, allerdings ist noch keine Variable deklariert, die man benutzen könnte. Man hat jetzt also sozusagen den Bauplan für das Struct angelegt und kann jetzt eine Variable nach diesem Plan erstellen. Das funktioniert wie bei jedem anderen Variablentyp, zuerst kommt der Typ, dann der Name. Wobei der Typ im Falle eines Structs sein Name ist, in unserem Fall also `tonStruct`.

Nachdem die Variable jetzt deklariert wurde, kann mit ihr gearbeitet werden. Auf die einzelnen Teile des Structs greift man dabei zu, indem man den Variablennamen, dann einen Punkt und dann den Namen des jeweiligen Elements schreibt. Im obigen Beispiel heißt die Variable `ton`, wir wollen auf den Wert `hoehe` zugreifen, also geben wir `ton.hoehe` ein. Mit den einzelnen Werten kann man dann alles tun, was man auch mit normalen Variablen vom selben Typ machen kann. Hat man zwei Variablen desselben Structs, kann man auch alle Werte gleichzeitig übergeben, hierzu gibt man einfach `variable1 = variable2;` ein.

Wie bereits oben erwähnt, kann auch ein Struct innerhalb eines anderen sein:

```
#include "NXCDefs.h"

task main()
{
 struct erstesStruct
 {
  int zahl1;
  string text1;
 };

struct zweitesStruct
 {
  int zahl2;
```

```
  erstesStruct test; //struct in struct
 };

 zweitesStruct variable; //Deklaration

 variable.zahl2 = 22;
 variable.test.text1 = "Test! ";
}
```

Programm 11.8

Wie Sie sehen, ist auch das recht einfach und funktioniert analog zu normalen Structs. Hinter dem Namen des ersten Structs folgt mit einem Punkt getrennt der Name des zweiten structs und dann, wieder mit einem Punkt getrennt, der Name des Wertes, der abgerufen werden soll.

Leider ist es in NXC (noch) nicht möglich, Arrays aus Structs zu erstellen; wäre das möglich, könnte man Structs zum Beispiel anstatt mehrdimensionaler Arrays verwenden, wie erwähnt ist das aber leider nicht möglich, genauso wie es umgekehrt nicht möglich ist, in einem Struct ein Array zu benutzen.

11.6 Zusammenfassung

11.6.1 Übung

- Welche zwei Fehler befinden sich in folgendem Code?

```
struct meinStruct
{
 int name1;
 int name2;
}

meinStruct.name1 = 3;
```

- Dürfen
  1. zwei globale
  2. zwei lokale
  3. eine lokale und eine globale

  Variable(n) denselben Namen haben?
- Was bewirkt das Schlüsselwort `unsigned` bei der Deklaration einer long- oder Integer-Variable?
- Wie bestimmt man die Länge eines Arrays/Strings?

11.6.2 Wiederholung

Begriff	Bedeutung
Globale Variable	Eine Variable, die von überall aus dem Programm aufgerufen werden kann
Lokale Variable	Eine Variable, die nur in der Subroutine oder in dem Task aufgerufen werden kann, in dem sie auch deklariert wurde
Array	Zusammenschluss von mehreren Variablen des gleichen Typs
Feld	Anderes Wort für Array
Index	Über den Index kann auf die verschiedenen Elemente eines Arrays zugegriffen werden.
Element	Ein einzelner, durch einen Index gekennzeichneter Wert innerhalb eines Arrays
Laufindex	Eine Variable, die bei jedem Schleifendurchlauf um denselben Faktor vergrößert oder verkleinert wird
Mehrdimensionales Array	Ein Array, das als einzelne Elemente wieder Arrays besitzt
Zweidimensionales Array	Sonderform des mehrdimensionalen Arrays, ein Array, das Arrays als Elemente hat, die wiederum normale Variablen als Elemente haben
Ebene	Ein Array innerhalb eines Arrays wird als Ebene bezeichnet, ein zweidimensionales Array hat also zum Beispiel zwei Ebenen.
ASCII-Code	Zeichencode, der jedem Buchstaben und jedem Zeichen einen eindeutigen Zahlencode zuweist
Steuerzeichen	Tasten, denen kein Zeichen zugeordnet ist, wie zum Beispiel [Esc]
Long	Ganzzahl-Variable, die Zahlen von –2 bis +2 Mrd. speichern kann
Unsigned	Variable ohne Vorzeichen (also keine negativen Zahlen)
Char	Variable zum Speichern eines einzelnen Zeichens
Struct	Zusammenfassung von verschiedenen Variablen, auch unterschiedlicher Typen, die es ermöglicht, alle Variablen über den Namen des Structs aufzurufen
Verbund	Anderes Wort für Struct

Befehl	Parameter	Funktion
`typ name[];`		Deklariert ein Array des angegebenen Typs unter dem angegebenen Namen
`x = name[index];`	x: Variable vom selben Typ wie das Array	Gibt den Wert des Elements, mit dem angegebenen Index des Arrays zurück
`x = ArrayLen(array);`	X: Integer	Gibt die Anzahl der Elemente des angegebenen Arrays zurück
`ArraySubset(ziel, quelle, startindex, anzahl);`	`ziel`, `quelle`: Array vom selben Typ `startindex`, `anzahl`: Integer	Kopiert eine angegebene Anzahl von Elementen des Quell-Arrays ab dem angegebenen Startindex in das Ziel-Array
`ArrayBuild(ziel, quelle1, quelle2, quelle3, ..., quelleN);`	`ziel`, `quelle1` ... `quelleN`: Arrays vom selben Typ	Setzt die angegebenen Quell-Arrays im Ziel-Array zusammen
`array1[x] = wert;` `array2[y] = array1;`		Erzeugt ein mehrdimensionales Array
`x = StrLen(string);`	x: Integer	Gibt die Länge eines Strings zurück (also, aus wie vielen Zeichen er besteht)
`string = NumToStr(zahl);`	`string`: String `zahl`: Zahl	Wandelt die angegebene Integer-Variable in einen String um
`zahl = StrToNum(string);`	`zahl`: Zahl `string`: String	Wandelt den angegebenen String in eine Integer-Variable um (funktioniert nur, wenn der String nur aus Zahlen besteht)
`x = StrIndex(string,zeichenNummer);`	x: Integer `string`: String `zeichenNummer`: Integer	Gibt den ASCII-Code des angegebenen Zeichens im angegebenen String zurück
`string = StrCat(string1, string2, ..., stringN)`	`string`, `string1` ... `stringN`: String	Fügt die angegebenen Strings zusammen

Befehl	Parameter	Funktion
`stringNeu = SubStr(stringAlt, beginn, länge);`	`stringNeu`, `stringAlt`: String `beginn`, `länge`: Integer	Kopiert die angegebene Anzahl von Zeichen des alten Strings ab der angegebenen Stelle in den neuen String
`stringNeu = StrReplace(stringAlt, beginn, stringErsatztext);`	`stringNeu`, `stringAlt`, `stringErsatztext`: String `beginn`: Integer	Ersetzt den alten String ab dem angegebenen Zeichen durch den Ersatztext
`long name;`		Deklariert eine Variable vom Typ `long` mit dem angegebenen Namen
`unsigned int name;`		Deklariert eine Variable vom Typ Integer ohne Vorzeichen
`unsigned long name;`		Deklariert eine Variable vom Typ `long` ohne Vorzeichen
`char name;`		Deklariert eine Variable vom Typ `char`

`struct name`
`{`
` typ name1;`
` typ name2;`
`};`
		Definiert ein Struct mit dem angegebenen Namen und den angegebenen Bestandteilen

`structName varName;`		Deklariert eine Variable mit dem angegebenen Namen vom Typ des angegebenen Structs
`structName.varName = x;` `structName.varName2 = y;`	`x`: vom selben Typ wie `structName.varName` `y`: vom selben Typ wie `structName.varName2`	Weist den angegebenen Variablen des Structs die angegebenen Werte zu

Kapitel 12

Verzweigungen und Sprunganweisung

12.1 case-Verzweigung

Mit der `if`-Verzweigung kennen Sie sich mittlerweile bestens aus und haben sie auch schon für die verschiedensten Zwecke genutzt. Es gibt allerdings Fälle, für die es eine noch praktischere Verzweigung gibt, die so genannte `case`-Verzweigung. Diese Verzweigung eignet sich besonders für sehr viele verschiedene Fälle innerhalb einer Verzweigung, die jeweils nur aus einem sehr kurzen Code bestehen. Im Gegensatz zur `if`-Verzweigung kann sie aber nur auf Gleichheit überprüfen. Um einer Linie zu folgen, könnte man die `case`-Verzweigung also zum Beispiel nicht nutzen. Sehen wir uns die Syntax der `case`-Verzweigung zuerst für den allgemeinen Fall an:

```
switch(wert)
{
 case bedingung1: Anweisung1; break;
 case bedingung2: Anweisung2; break;
 case bedingung3: Anweisung1; break;
}
```

Die Verzweigung wird durch das Schlüsselwort `switch` eingeleitet, danach folgt in Klammern der Wert, der mit der Bedingung verglichen werden soll. Zulässig sind hier sowohl Strings als auch Integer. Zwischen den geschweiften Klammern stehen danach die verschiedenen Fälle (engl. *case* = Fall). Jeder Fall beginnt mit dem Stichwort `case`, danach folgt die Bedingung, je nachdem, ob ein String oder ein Integer betrachtet wird, darf als Bedingung eine Zahl oder eine Zeichenkette stehen (in Anführungszeichen). Als Bedingung sind keine Variablen zulässig, sondern nur konstante Werte (also Konstanten oder direkte Eingaben). Im Gegensatz zur `if`-Verzweigung sind auch keine Zeichen wie größer oder größer-gleich zulässig, sondern nur genau eine Zahl oder genau ein String. Außerdem ist darauf zu achten, dass jede Bedingung nur einmal auftreten darf. Hinter der Bedingung steht dann, durch einen Doppelpunkt getrennt, die Anweisung, die ausgeführt werden soll, wenn die Bedingung erfüllt ist. Hier können eine oder mehrere Anweisungen stehen. Es dürfen auch in verschiedenen Fällen die gleichen Anweisungen ausgeführt werden (siehe Beispiel oben). Nach der Anweisung (oder den Anweisungen) folgt immer ein `break;`, dann erst der nächste Fall. Steht das `break` nicht am Ende des Falls, wird auch der Code der darauffolgenden Fälle ausgeführt, so lange, bis ein `break` kommt oder alle Fälle durchgegangen wurden. In bestimmten Fällen kann das gewollt sein, dann kann das `break` weggelassen werden, ansonsten muss es aber immer stehen.

Schauen wir uns nun ein konkretes Beispielprogramm an, ein Programm, das immer, wenn Button 2 gedrückt wird, den Text `Button 2 ist gedrueckt` auf dem Display anzeigt:

```
#include "NXCDefs.h"

task main()
{
 while (true)
 {
  switch (ButtonPressed(BTN2, false))
  {
   case 1: TextOut(0,LCD_LINE1,"Button 2 ist gedrueckt"); break;
   case 0: ClearScreen(); break;
  }
 }
}
```

Programm 12.1

Leider sind nicht alle Programme so einfach, denn oft gibt es mehr als nur zwei verschiedene Fälle. Bei vielen Anwendungen, zum Beispiel zusammen mit einem Lichtsensor, gibt es sogar so viele Fälle, dass es unglaublich viel Arbeit wäre, alle aufzuschreiben. Damit man nicht immer alle Fälle extra aufschreiben muss, gibt es den so genannten `default`-Fall (engl. *default* = Standard), er funktioniert ähnlich wie der `else`-Fall bei der `if`-Verzweigung. Wird keine der Bedingungen erfüllt, so wird immer der `default`-Fall ausgeführt. Der `default`-Fall steht, ähnlich wie der `else`-Fall, immer am Schluss:

```
switch(wert)
{
 case bedingung1: Anweisung1; break;
 case bedingung2: Anweisung2; break;
 case bedingung3: Anweisung1; break;

 default: AnweisungN; break;
}
```

Würde man zum Beispiel mit der Case-Verzweigung und dem Lichtsensor ein Programm erstellen, dass bei den Farben FARBE1, FARBE2, FARBE3 und FARBE4 anhalten soll, aber bei allen anderen Werten weiterfahren sollte, müsste man alle 100 Fälle aufschreiben, mit Hilfe von `default` kann man aber alle Fälle, bei denen dieselbe Anweisung ausgeführt wird (im Beispiel 97), zu einem Fall zusammenfassen.

12.2 Sprunganweisung (Goto)

So genannte Sprunganweisungen oder Sprungbefehle, sind unter Programmierern umstritten. Sie dienen dazu, von einer Stelle eines Programms zu einer anderen zu springen. Die Kritik bezieht sich hauptsächlich darauf, dass der Code durch die Verwendung von Sprunganweisungen unübersichtlich wird, einige fordern sogar, Sprunganweisungen gar nicht zu verwenden, da sich jede Sprunganweisung auch als Schleife oder Verzweigung darstellen lässt.

Die Sprunganweisung in NXC heißt, wie in vielen anderen Programmiersprachen, `goto` (vom englischen *go to* = gehe zu). Man unterscheidet zwischen unbedingten und bedingten Sprunganweisungen. Als *unbedingt* bezeichnet man Sprunganweisungen, die immer dann, wenn das Programm läuft, ausgeführt werden. Als *bedingt* bezeichnet man dagegen Sprunganweisungen, die nur unter bestimmten Bedingungen ausgeführt werden (zum Beispiel durch eine `if`-Verzweigung).

Die `goto`-Anweisung springt zu einem vorher festgelegten Label, auch Sprungmarke oder Marke genannt, danach wird der Programmcode von dort aus normal ausgeführt. Es ist sowohl möglich, im Code vor- als auch zurückzuspringen. Ein Sprung zurück im Programmcode wird Rücksprung genannt.

Die allgemeine Syntax des `goto`-Befehls lautet:

```
labelName: Anweisung;

goto: labelName;
```

Obwohl der Doppelpunkt den Eindruck vermittelt, das Label gehöre zur danach folgenden Anweisung, tut es das nicht. Es ist egal, wie viele Anweisungen nach einem Label kommen, das Label ist nur eine Markierung innerhalb des Quellcodes, ähnlich einer Zeilenangabe (manche, besonders ältere, Programmiersprachen nutzen tatsächlich Zeilenangaben beim `goto`-Befehl anstatt Labels). Daher wird der Code nicht nur ausgeführt, wenn das Label per Sprunganweisung aufgerufen wird, sondern auch im normalen Durchlauf des Programms.

Ob und wie man den `goto`-Befehl nutzt, ist letztendlich jedem selbst überlassen, denn alle Programme mit einem `goto`-Befehl können ebenso gut mit Schleifen und Verzweigungen umgesetzt werden. Man sollte auf jeden Fall darauf achten, den Befehl nicht zu häufig einzusetzen, damit der Code übersichtlich bleibt. Gleichzeitig ist es aber auch nicht sinnvoll, den Befehl aus Prinzip nicht zu nutzen, denn in einigen Fällen ist der Code mit `goto`-Befehl leichter zu lesen.

12.3 Zusammenfassung

12.3.1 Übungen

- Erstellen Sie mit einer unbedingten Sprunganweisung ein Programm, das immer wieder denselben Ton spielt (ohne Verwendung von Schleifen)!
- Welche Bedingungen dürfen bei einer `case`-Verzweigung stehen?
- Könnte man den Teil unseres Projektes, in dem der Lichtsensor-Wert abgefragt wird, auch mit einer `case`-Verzweigung umsetzen?
- Wozu dient der Befehl `break;` bei der `case`-Verzweigung?

12.3.2 Wiederholung

Begriff	Bedeutung
`case`-Verzweigung	Verzweigung, speziell für Verzweigungen mit vielen Fällen geeignet
Sprunganweisung	Befehl innerhalb eines Programms, einen Sprung vor beziehungsweise zurück im Quellcode zu machen
Sprungbefehl	Anderes Wort für Sprunganweisung
Bedingte Sprunganweisung	Sprunganweisung, die an eine Bedingung geknüpft ist, also nicht immer ausgeführt wird
Unbedingte Sprunganweisung	Sprunganweisung, die immer ausgeführt wird, bei einem Sprung zurück meist mit der Folge einer Endlosschleife
Label	Markierung innerhalb eines Programms zum Sprung an diese Stelle
Sprungmarke	Anderes Wort für Label
Rücksprung	Sprung an eine vorangehende Stelle im Quellcode

Befehl	Parameter	Funktion

`switch(wert)`
`{`
` case bedingung1: Anweisung1;`
`break;`
` case bedingung2: Anweisung2;`
`break;`
` case bedingung3: Anweisung1;`
`break;`
`}`
	`Wert`, `bedingung1`, `bedingung2`, `bedingung3`: Integer oder Char	Ist der Wert gleich einer der Bedingungen, wird die entsprechende Anweisung ausgeführt.

`switch(wert)`
`{`
` case bedingung: Anweisung1; break;`
 	
` default: AnweisungN; break;`
`}`
	`Wert`, `bedingung`: Integer oder Char	Der Default-Fall wird immer dann ausgeführt, wenn keine der Bedingungen wahr ist.

`labelName: Anweisung;`		Markiert Ziel für eine Sprunganweisung
`goto: labelName;`		Springt an die angegebene Sprungmarke

Kapitel 13

Tasks

Bisher haben wir den Main-Task in jedem Programm verwendet, ohne dass Sie genau wissen, warum es ihn überhaupt gibt. In diesem Kapitel wollen wir uns nun anschauen, was Tasks sind und wie man sie verwendet.

Der Main-Task, also die Hauptaufgabe, ist der Teil des Programms, der beim Start als Erstes ausgeführt wird. Fast alle Programme erfüllen aber mehr als eine Aufgabe, man spricht in der Programmierung auch davon, dass sie mehrere Probleme lösen. Um Programme übersichtlicher und einfacher zu gestalten, zerteilt man die verschiedenen Aufgaben in Teilaufgaben oder Teilprobleme, also Tasks. Die Verwendung von Tasks ist der von Subroutinen sehr ähnlich. Zuerst muss der Task benannt und festgelegt werden:

```
task name()
{
 Anweisung1;
 Anweisung2;
 AnweisungN;
}
```

Nach dem Schlüsselwort `task` folgt der Name und danach zwei Klammern. Dabei ist zu beachten, dass einem Task, im Gegensatz zu einer Subroutine, keine Parameter beim Aufruf übergeben werden können. Innerhalb der geschweiften Klammern stehen dann die Anweisungen, die der Task ausführen soll. Wichtig ist, dass jedes Programm einen Main-Task haben muss, da nur dieser selbstständig beim Start eines Programms ausgeführt wird. Alle anderen Tasks werden nur ausgeführt, nachdem sie von einem anderen Task aufgerufen wurden. Im Gegensatz zu Subroutinen können sich Tasks aber auch selbst aufrufen.

13.1 Aufruf von Tasks

Wie bereits erwähnt, gibt es zwei Möglichkeiten, einen Task zu starten, die erste Möglichkeit ist, ihn von einem anderen Task aus zu starten. Dabei sind grundsätzlich zwei Dinge zu beachten. Erstens muss der Task, der innerhalb eines anderen aufgerufen wird, vor dem stehen, aus dem er gerufen wird, zweitens wird der aufgerufene Task erst ausgeführt, wenn der Task, aus dem er aufgerufen wurde, beendet ist.

Der Aufruf eines Tasks geschieht so:

```
task name1()
{
 Anweisung;
}

task name2()
{
 Anweisung1;
 Precedes(name1);
 Anweisung2;
}
```

Der Befehl zum Aufruf lautet also `Precedes()` (engl. *precedes* = vorangehender, es wird ein vorangehender Task aufgerufen).

Die zweite Möglichkeit ist, dass sich ein Task selbst aufruft, nachdem ein anderer beendet wurde, hier wird also nicht angegeben, welcher Task aufgerufen werden soll, sondern ein anderer Task wartet darauf, dass der vorhergehende Task beendet wird. Hierbei muss der Task, der sich selbst aufruft, nach dem Task stehen, auf dessen Ende er wartet. Dabei ist es aber egal, ob der wartende Task direkt hinter dem Task steht, auf den er wartet, oder erst mit mehr Abstand dahinter. Die Reihenfolge wird allein durch die Befehle geregelt. Als Code sieht das Ganze so aus:

```
task name1()
{
 Anweisung;
}

task name2()
{
 Follows(name1);
 Anweisung;
}
```

Der Befehl `Follows` (engl. für folgt) gibt an, nach Beendigung welchen Tasks (in diesem Fall `name1`) der Task (in diesem Fall `name2`) aufgerufen werden soll. Hier können auch durch Kommata getrennt mehrere Tasks angegeben werden, dann wird der entsprechende Task erst ausgeführt, nachdem alle angegebenen Tasks beendet wurden.

Es besteht allerdings nicht nur die Möglichkeit, einen Task am Ende eines anderen zu starten, sondern der aktuell laufende Task kann auch sofort unterbrochen werden und einen anderen Task sofort aufrufen, der Befehl hierzu lautet:

```
ExitTo(name);
```

Er wird verwendet wie der `Precedes()`-Befehl, also auch hier muss der Task, der aufgerufen werden soll, vor dem Task stehen, der ihn aufruft.

13.2 Multitasking

Nun könnte man sich die Frage stellen, was denn passiert, wenn man zwei Tasks hat, die auf das Ende eines anderen warten. Schauen wir uns hierzu ein Beispiel an:

```
#include "NXCDefs.h"

task main()
{
 Wait(2000);
}

task ton()
{
 Follows(main);
 PlayTone(440,4000);
 Wait(4000);
}

task text()
{
 Follows(main);
 TextOut(0,LCD_LINE1,"Test 123");
 Wait(4000);
}
```

Programm 13.1

Ganz intuitiv würde man wohl sagen, dass in diesem Fall beide Tasks gleichzeitig ausgeführt werden. So genanntes Multitasking ist bei heutigen Computergenerationen normal und wird als selbstverständlich genommen. Tatsächlich ist das, was wir hier als selbstverständlich annehmen, eine der besonderen Funktionen des NXT, denn es ist, gerade bei so beschränkter Hardware, alles andere als selbstverständlich, dass der NXT über diese Funktion verfügt.

Mit dem `Precedes()`-Befehl können auch mehrere Tasks gleichzeitig ausgeführt werden, dazu müssen in Klammern einfach mehrere Tasks, getrennt durch Kommata, angegeben werden. Also zum Beispiel:

```
Precedes(name1,name2,...,nameN);
```

Schauen wir uns einmal ein Beispiel für Multitasking an. Wir schreiben ein Programm, das den Roboter dazu bringen soll, ein Viereck zu fahren, während er eine Melodie spielt. Ohne Multitasking ist ein solches Programm mit viel Aufwand verbunden, denn obwohl sich die Fahrbewegung immer wieder wiederholt, muss man sie jedes Mal neu schreiben, da die Verwendung einer Schleife nicht möglich ist, da sich die Melodie nicht wiederholen soll.

Mit Multitasking lässt sich ein solches Programm dagegen recht einfach realisieren, einfach einen Task zum Fahren im Viereck und einen zum Spielen der Melodie erstellen und schon ist man fertig:

```
#include "NXCDefs.h"

task musik()
{
 //Hier steht die Melodie
 PlayTone(440,4000); Wait(4000);
 //usw
}

task fahren()
{
 while(true)
 {
  OnFwd(OUT_AC,60);
  Wait(1000);
  OnFwd(OUT_A, 60);
  Wait(1000);
 }
}

task main()
{
 Precedes(musik,fahren);
}
```

Programm 13.2

13.3 Tasks stoppen

Ganz genau macht das Programm allerdings noch nicht das, was wir wollen, denn der Roboter fährt auch, nachdem er die Melodie zu Ende gespielt hat, weiterhin im Viereck, wir brauchen also einen Befehl, der den anderen Task stoppt. In diesem Fall haben wir dazu drei Möglichkeiten.

Die erste:

```
StopAllTasks();
```

Dieser Befehl beendet sofort alle Tasks und schließt damit das gesamte Programm, ebenso wie dieser Befehl:

```
Stop(bedingung);
```

Im Gegensatz zum anderen Befehl wird beim `Stop()`-Befehl aber auch noch eine Bedingung eingegeben; das Programm wird nur beendet, wenn diese Bedingung erfüllt ist. Ein mögliches Programm mit dem `Stop()`-Befehl könnte also zum Beispiel so aussehen:

```
#include "NXCDefs.h"

task main()
{
 while(true)
 {
  OnFwd(OUT_AC, 80);
  Stop(ButtonState(BTN4) > 0);
 }
}
```

Programm 13.3

Das Beispielprogramm fährt so lange geradeaus, bis der orange Button gedrückt wird, dann wird der Task (und da er der einzige ist, auch das ganze Programm) angehalten.

Die dritte Möglichkeit ist, nicht gleich alle, sondern nur einen Task zu beenden, was in unserem Fall allerdings auch dazu führen würde, dass das Programm beendet ist, da wir den einzigen noch laufenden Task beenden würden:

```
stop name;
```

Übrigens gibt es analog zum `stop`-Befehl auch einen `start`-Befehl. Mit dessen Hilfe kann ein Task aus einem anderen Task heraus gestartet werden und im Gegensatz zum `Precedes()`-Befehl direkt, und nicht erst, wenn der aktuelle Task beendet ist. Der Task, aus dem heraus der zweite Task aufgerufen wurde, läuft direkt nach dem Aufruf einfach weiter, auch hier entsteht also Multitasking.

Hinweis

Wie bereits bei den Subroutinen erwähnt, darf es innerhalb eines Programms maximal 256 Subroutinen und Tasks geben.

13.4 Mutex

Die Möglichkeit des Multitasking führt allerdings auch zu einem Problem: Was ist, wenn zwei Tasks gleichzeitig versuchen, einen Motor zu drehen? Da der Motor immer nur einen Befehl ausführen kann, würde der Befehl, der als Letztes übergeben wurde, ausgeführt werden, das Ganze würde aber recht schnell im Chaos enden, ebenso wie zum Beispiel bei der Benutzung des Displays oder beim Spielen von Tönen. Diese gemeinsam verwendeten Teile der Hardware werden in NXC als »gemeinsame Ressourcen« bezeichnet. Da den Zugriff auf diese gemeinsamen Ressourcen immer nur ein Befehl haben kann, können die Zugriffsrechte einzelner Tasks mit Hilfe von Mutex-Variablen geregelt werden. Das Wort *mutex* kommt aus dem Englischen und ist eine Abkürzung für »mutual exclusion«, was so viel heißt wie wechselseitiger Ausschluss, was die Funktion dieser Variablen recht gut zusammenfasst. Nach der Deklaration kann die Variable zwischen den Tasks hin- und hergegeben werden und die Tasks können dazu aufgefordert werden, ihre Befehle erst auszuführen, wenn sie die Variable erhalten haben. Somit wird es unmöglich, dass mehrere Tasks gleichzeitig versuchen, auf die gemeinsamen Ressourcen zuzugreifen.

Die Deklaration einer solchen Mutex-Variablen funktioniert so:

```
mutex name;
```

Es ist sinnvoll, für jede gemeinsam verwendete Ressource eine eigene Mutex-Variable anzulegen, damit Tasks die entsprechenden Zugriffsrechte auch getrennt zugeteilt bekommen können.

Damit ein Task auch wirklich nur dann ausgeführt wird, wenn er die Zugriffsberechtigung hat, muss folgender Befehl im Task stehen:

```
Acquire(mutexName);
```

An der Stelle, an der der Befehl im Task steht, wartet der Task so lange, bis die entsprechende Mutex-Variable frei ist. Direkt nach der Deklaration ist die Variable natürlich frei, sobald sie aber mit `Acquire()` (engl. *acquire* = übernehmen) übernommen wurde, können andere Tasks sie nicht übernehmen, bis sie vom Task, der sie aktuell benutzt, freigegeben wurde (freigeben = engl. *release*), hierzu dient der Befehl

```
Release(mutexName);
```

Betrachten wir nun dazu ein praktisches Beispiel. Das folgende Programm ruft aus dem Main-Task zwei Tasks auf, die nacheinander auf die Motoren zugreifen sollen, was durch eine Mutex-Variable geregelt wird. Danach warten zwei Tasks auf die Beendung dieser Tasks und spielen dann nacheinander, wieder durch eine Mutex-Variable geregelt, einen Ton. Einer der Tasks ruft danach noch zwei Tasks auf, die nacheinander auf dem Display eine Nachricht ausgeben, auch das wird wieder mit einer Mutex-Variablen gesteuert. Hier der Code:

```
#include "NXCDefs.h"

//Mutex-Variablen
mutex motorMutex;
mutex tonMutex;
mutex displayMutex;

task motor1()
{
 Acquire(motorMutex);
 OnFwd(OUT_AC, 80);
 Wait(1000);
 Release(motorMutex);
}

task motor2()
{
 Acquire(motorMutex);
 OnFwd(OUT_A, 60);
 Wait(1200);
 Release(motorMutex);
}

task display1()
{
 Acquire(displayMutex);
```

```
 TextOut(0,LCD_LINE1,"Hallo, dies ist");
 Wait(1500);
 Release(displayMutex);
}

task display2()
{
 Acquire(displayMutex);
 ClearScreen();
 TextOut(0,LCD_LINE1," ein Test!");
 Wait(1500);
 Release(displayMutex);
}

task ton1()
{
 Follows(motor1,motor2);
 Acquire(tonMutex);
 PlayTone(440, 1200);
 Wait(1200);
 Release(tonMutex);
}

task ton2()
{
 Follows(motor1,motor2);
 Acquire(tonMutex);
 PlayTone(200, 1200);
 Wait(1200);
 Release(tonMutex);
 Precedes(display1,display2);
}


task main()
{
 Precedes(motor1,motor2);
}
```

Programm 13.4

13.5 Zusammenfassung

13.5.1 Übungen

- Erstellen Sie mit Multitasking ein Programm, das den Roboter für vier Sekunden geradeaus fahren lässt und dabei im Abstand von einer Sekunde immer abwechselnd zwei verschiedene Töne spielt!
- Ändern Sie das Listing 13.4 so ab, dass nur noch eine Mutex-Variable verwendet wird!

13.5.2 Wiederholung

Begriff	Bedeutung
Multitasking	Gleichzeitiges Ausführen von mehreren Tasks
Gemeinsame Ressourcen	Hardware wie Motoren oder das Display, auf die mehrere Tasks zugreifen können
Mutex	Variable, die den Zugriff auf gemeinsame Ressourcen regelt

Befehl	Parameter	Funktion
`Precedes(name);`	`name`: Task	Führt den Task mit dem angegebenen Namen aus, sobald der aktuell laufende Task beendet wird
`Follows(name);`	`name`: Task	Der Task, aus dem der Befehl aufgerufen wird, wird erst ausgeführt, wenn der angegebene Task beendet wurde.
`ExitTo(name);`	`name`: Task	Beendet den aktuellen Task und ruft den angegebenen auf
`Precedes(name1,...,nameN);`	`name1,...,nameN`: Tasks	Führt die angegebenen Tasks gleichzeitig aus (Multitasking)
`StopAllTasks();`		Beendet alle laufenden Tasks

Befehl	Parameter	Funktion
`Stop(bedingung);`	`bedingung`: Boolean	Beendet alle Tasks, falls die Bedingung erfüllt ist
`stop name;`	`name`: Task	Beendet den Task mit dem angegebenen Namen sofort
`Start name;`	`name`: Task	Führt den Task mit dem angegebenen Namen sofort aus
`Mutex name;`		Deklariert eine Variable vom Typ `Mutex` mit dem angegebenen Namen
`Acquire(mutexName);`	`mutexName`: Mutex	Führt den aktuellen Task nur weiter aus, wenn die angegebene Mutex-Variable frei ist, und sperrt diese
`Release(mutexName);`	`mutexName`: Mutex	Gibt die angegebene Mutex-Variable frei

Kapitel 14

Dateizugriff

Kommen wir wieder einmal zurück zu unserer `buchprojekt.nxc`. Im Kapitel *Variablen für Fortgeschrittene* haben wir hier eine Funktion hinzugefügt, die speichert, wo eine farbliche Markierung gefunden wurde. Bisher bringt uns das aber noch recht wenig, denn die Werte werden nur im Arbeitsspeicher des NXT abgelegt und der wird am Programmende (oder wenn der NXT abgeschaltet wird) für das nächste Programm automatisch bereinigt. Damit wir die Daten auswerten können und eventuell in anderen Programmen verwenden können, müssen sie jedoch dauerhaft gespeichert werden. Um Daten dauerhaft zu speichern, schreibt man sie in Dateien.

14.1 Anlegen einer Datei

Bevor wir irgendwelche Daten in einer Datei speichern können, muss die entsprechende Datei natürlich zuerst angelegt werden. Hierzu dient folgender Befehl:

```
CreateFile(dateiname, zeichenlänge, dateiVariable);
```

Zuerst kommt das Schlüsselwort `CreateFile` (engl. *create* = erstellen, *file* = Datei). Als `dateiname` muss ein String übergeben werden. Da wir unsere Dateien später auch auf dem Computer öffnen wollen, geben wir ihnen die Endung `.txt`. Zwar könnten wir auch jede andere Endung nutzen, aber so werden die Dateien direkt mit einem passenden Programm zum Öffnen verknüpft. Unsere Dateinamen sollten so oder so ähnlich aussehen: `name.txt`.

Die Zeichenlänge muss vom Typ Integer sein und gibt an, wie viele Zeichen maximal in der Datei gespeichert werden können, dabei werden wie bei Strings auch Leerzeichen gezählt. Die Länge einer Datei kann später nicht mehr geändert werden, man sollte sich also schon vorher genau überlegen, wie lang die Datei werden soll, beziehungsweise maximal werden kann. Dabei sollte man natürlich nicht zu verschwenderisch sein, da der Speicherplatz auf dem NXT recht begrenzt ist.

Die `dateiVariable` muss vom Typ Integer sein. Es handelt sich dabei um eine Variable, die der NXT braucht, um zu wissen, auf welche Datei er zugreift. Wie genau das funktioniert, darum brauchen wir uns nicht zu kümmern, denn das übernimmt der NXT selbst. Wichtig für uns ist nur, dass es sich dabei um eine Art Adresse für die Datei handelt.

Schreiben wir nun ein Programm zum Erstellen einer Datei:

```
#include "NXCDefs.h"

int dateiVariable;

task main()
{
 CreateFile("test.txt",512,dateiVariable);
}
```

Programm 14.1

Wenn wir jetzt den NXT EXPLORER (im Menü TOOLS) öffnen, so können wir sehen, dass unsere Datei erstellt wurde. Da sie noch leer ist, kann sie noch nicht auf den Computer kopiert werden, das geht erst, sobald etwas darinsteht.

Außerdem sollte man darauf achten, dass noch keine Datei mit dem gleichen Namen besteht. Versucht man eine Datei zu erstellen, obwohl bereits eine Datei mit gleichem Namen besteht, wird dies nicht funktionieren, da der NXT die bereits bestehende Datei nicht einfach überschreibt. Im Zweifelsfall sollte man also Dateien mit dem gleichen Namen vorher löschen, um ganz sicherzugehen.

14.2 Löschen einer Datei

Der Befehl zum Löschen einer Datei heißt:

```
DeleteFile(dateiname);
```

vom englischen *delete*, also löschen. Wichtig ist, dass als `dateiname` exakt der Name der Datei übergeben wird, hier muss man auch auf Groß- und Kleinschreibung achten. Bitte denken Sie daran, die Datei, falls sie wichtige Daten enthält, auf dem Computer zu sichern, bevor Sie ein Programm ausführen, das die Datei löscht, denn dann sind alle Daten unwiederbringlich verloren. Erweitern wir das Programm nun so, dass die Datei gelöscht wird (falls sie vorhanden ist), bevor eine neue Datei mit diesem Namen erstellt wird.

```
#include "NXCDefs.h"

int dateiVariable;

task main()
{
 DeleteFile("test.txt");
```

```
CreateFile("test.txt",512,dateiVariable);
}
```

Programm 14.2

14.3 In Dateien schreiben

Schauen wir uns nun einmal an, wie man Daten in eine Datei schreibt und sie somit dauerhaft speichert.

14.3.1 Strings

Grundsätzlich unterscheidet man zwei Fälle, nämlich, ob man einen String oder ein einzelnes ASCII-Zeichen in eine Datei schreiben will. Der Befehl zum Schreiben eines Strings sieht so aus:

```
WriteLnString(dateiVariable, string, groesse);
```

Als `dateiVariable` wird hier der Wert, der beim Erstellen der Datei in die Variable geschrieben wurde, genutzt, damit der NXT weiß, in welche Datei er die Daten schreiben soll. Als `string` wird der Text übergeben, der in die Datei gespeichert werden soll. In der Variablen `groesse` speichert der Befehl, wie viel Byte der neu geschriebene Text groß ist, das ist aber für unsere Zwecke uninteressant.

Der Befehl `WriteLnString()` setzt sich aus den Wörtern *write* (schreiben), der Abkürzung *Ln* und *String* zusammen. Die Abkürzung *Ln* steht für *line*, was in diesem Zusammenhang Zeile bedeutet. Jeder Wert, den wir mit diesem Befehl in die Datei schreiben, wird in eine eigene Zeile geschrieben. Das ist, wie Sie gleich sehen werden, sehr praktisch, da man die Daten aus der Datei so mit dem NXT später besser auslesen kann.

Nutzt man folgenden Befehl, so werden alle Daten einfach hintereinander geschrieben:

```
WriteString(dateiVariable, string, groesse);
```

Ansonsten sind alle Parameter des Befehls gleich.

Erweitern wir unser Programm zum Schreiben in Dateien etwas:

```
#include "NXCDefs.h"

int dateiVariable;
int groesseByte;
```

```
task main()
{
 DeleteFile("test.txt");
 CreateFile("test.txt",512,dateiVariable);
 WriteLnString(dateiVariable, "So einfach kann man",groesseByte);
 WriteLnString(dateiVariable,"mit dem NXT",groesseByte);
 WriteLnString(dateiVariable,"Dateien schreiben",groesseByte);
 CloseFile(dateiVariable);
}
```

Programm 14.3

Ihnen wird sicher die letzte Zeile mit dem `CloseFile()`-Befehl aufgefallen sein. Dieser sollte grundsätzlich immer nach dem Schreiben einer Datei stehen, da er die Datei sozusagen abschließt. Denn ähnlich wie bei normalen Anwendungen am PC kann es zu Datenverlust kommen, wenn Dateien nicht richtig geschlossen werden.

Wenn Sie die Datei jetzt auf Ihren PC kopieren und öffnen, können Sie sehen, dass der Text in die Datei geschrieben wurde.

Da Zahlen nicht direkt in Dateien geschrieben werden können, müssen sie zuerst mit `NumToStr()` in einen String umgewandelt werden. Später beim Auslesen kann man sie dann einfach wieder mit `StrToNum()` in eine Zahl konvertieren.

14.3.2 ASCII-Zeichen

ASCII-Zeichen können mit folgendem Code in eine Datei geschrieben werden:

```
Write(dateiVariable, ascii-code);
WriteLn(dateiVariable, ascii-code);
```

Wie Sie sehen, gibt es auch bei ASCII-Zeichen die Möglichkeit, weitere Zeichen einfach hinten anzuhängen oder in eine neue Zeile zu schreiben. Als `ascii-code` muss ein gültiger ASCII-Code eines Zeichens als Zahl übergeben werden.

14.4 Dateien einlesen

Die Daten, die in einer Datei gespeichert wurden, können nicht nur mit dem PC gelesen werden, sondern können auch vom NXT wieder ausgelesen und weiterverarbeitet werden.

Bevor die Daten ausgelesen werden können, muss zuerst einmal die Datei geöffnet werden, die die Daten beinhaltet. Eine Datei kann mit folgendem Befehl geöffnet werden:

```
OpenFileRead(dateiname, groesse, dateiVariable);
```

Der Befehl setzt sich aus *open* (öffnen), *file* (Datei) und *read* (lesen) zusammen. Der Name der Datei, die geöffnet werden soll, wird als String bei `dateiname` angegeben. Die beiden anderen Parameter müssen Variablen von Typ Integer sein, da der Befehl in diese Variablen die Größe der geöffneten Datei (bei `groesse`) beziehungsweise die interne Adresse (bei `dateiVariable`) ablegt, um sie später wieder aufrufen zu können.

Nachdem die Datei geöffnet wurde, können wir die darin gespeicherten Daten jetzt auslesen.

```
ReadLnString(dateiVariable, ausgabeString);
```

Wie der Befehl schon verrät, werden die Daten zeilenweise ausgelesen und in dem `ausgabeString` gespeichert. Würde man den Befehl allerdings nur einmal ausführen, so würde auch nur die erste Zeile der Datei ausgelesen. Wir brauchen also eine Schleife, die so lange läuft, bis alle Zeilen eingelesen wurden. Wir müssten also das Ende der Datei finden. Das Ende einer Datei wird in der Informatik häufig mit EOF für »end of file« (Ende der Datei) abgekürzt.

Zum Glück macht es uns NXC recht einfach, das Ende einer Datei zu finden, denn der Befehl `ReadLnString()` liefert, solange er Zeilen einliest, den Wert `NO_ERR` zurück. Sobald der Befehl diesen Wert nicht mehr zurückliefert, wissen wir, dass wir das Ende der Datei erreicht haben. Wollten wir nun die Daten aus der in Listing 14.3 erstellten Datei auf dem Display anzeigen, so könnte das entsprechende Programm zum Beispiel so aussehen:

```
#include "NXCDefs.h"

int dateiVariable;
int groesse;
string ausgabe;

task main()
{
 OpenFileRead("test.txt",groesse,dateiVariable);

 while(ReadLnString(dateiVariable,ausgabe) == NO_ERR)
 {
  TextOut(0,LCD_LINE1,ausgabe);
  Wait(2000);
  ClearScreen();
 }
```

```
 CloseFile(dateiVariable);
}
```

Programm 14.4

Diese Lösung ist besonders elegant, da man die Schleifenbedingung und das Auslesen der Zeile in einem erledigt.

Allerdings taugt dieses Programm nur zur Anzeige auf dem Display und nicht zur Weiterverarbeitung innerhalb eines Programms, denn die Zeilen werden nicht einzeln in Variablen abgelegt, sondern es gibt nur eine Variable und in der liegt immer die zuletzt eingelesene Zeile, da die vorher gelesenen Zeilen überschrieben werden. Möchte man die Daten einzeln in Variablen ablegen, so eignen sich Arrays perfekt dazu. Und es bedarf nur wenigen Anpassungen, um das Programm so umzuschreiben, dass die Variablen nicht auf dem Display ausgegeben werden, sondern in Arrays abgelegt werden:

```
#include "NXCDefs.h"

int dateiVariable;
int groesse;
int i;
string ausgabe[];
string temp;

task main()
{
 i = 0;

 OpenFileRead("test.txt",groesse,dateiVariable);

 while(ReadLnString(dateiVariable,temp) == NO_ERR)
 {
  ausgabe[i] = temp;
  i++;
 }
 CloseFile(dateiVariable);
}
```

Programm 14.5

Da beim Befehl zum Auslesen der Zeile als Ausgabevariable nur ein String und kein Array angegeben werden darf, muss der Wert zuerst in einer temporären Variablen zwischengespeichert werden und kann erst dann in das Array übertragen werden.

14.5 Dateien umbenennen

Falls es einmal nötig ist, können Dateien auch ganz einfach mit folgendem Befehl umbenannt werden:

```
RenameFile(nameAlt, nameNeu);
```

Als erster Parameter wird der aktuelle Name der Datei übergeben, als zweiter, wie die Datei zukünftig heißen soll, beide Parameter müssen vom Typ String sein. In unserm obigen Beispiel könnte eine Umbenennung also zum Beispiel so aussehen:

```
RenameFile("test.txt", "testabgeschlossen.txt");
```

Rename bedeutet übersetzt so viel wie umbenennen.

14.6 Fehlerbehandlung

Beim Arbeiten mit Dateien können verschiedene nicht erwartete Fehler auftreten. Einen Fehler haben wir bereits betrachtet, nämlich dann, wenn das Programm versucht, eine Datei zu lesen, obwohl diese bereits am Ende ist. Allerdings kann es auch passieren, dass eine Datei, die erstellt werden soll, nicht erstellt werden kann, zum Beispiel weil eine Datei mit entsprechendem Namen schon besteht, oder dass eine Datei nicht geöffnet werden kann, da gar keine Datei mit dem entsprechenden Namen existiert. Wenn man auf diese Fehler nicht reagiert, wird das Programm einfach weiter ausgeführt und es treten zahlreiche weitere Fehler auf, zum Beispiel weil versucht wird, aus einer Datei zu lesen, die gar nicht geöffnet werden konnte. Um das zu verhindern, sollte man überprüfen, ob Aktionen wie Lesen oder Schreiben erfolgreich waren, und entsprechend reagieren (also zum Beispiel das Programm abbrechen), falls sie nicht erfolgreich waren.

Alle Funktionen zum Lesen von Dateien oder Schreiben in Dateien geben den Wert `NO_ERR` zurück, wenn bei der Ausführung keine Fehler aufgetreten sind. Wir können die Fehlerbehandlung also ähnlich wie beim Auslesen der einzelnen Zeilen aufbauen. Da es praktischer ist, überprüfen wir aber in unserem Programm den Fall, dass eben nicht alles problemlos funktioniert hat, denn dann reicht ein einfaches `StopAllTasks()` und wir müssen nicht so viele `if`-Verzweigungen ineinanderschachteln. Unser Programm zum Auslesen der Daten (Listing 14.5) sieht mit Fehlerbehandlung so aus:

```
#include "NXCDefs.h"

int dateiVariable;
```

```
int groesse;
int i;
string ausgabe[];
string temp;

task main()
{
 i = 0;

 if(OpenFileRead("test.txt",groesse,dateiVariable) != NO_ERR)
 {StopAllTasks();}

 while(ReadLnString(dateiVariable,temp) == NO_ERR)
 {
  ausgabe[i] = temp;
  i++;
 }
 CloseFile(dateiVariable);
}
```

Programm 14.6

Das Programm zum Schreiben der Datei (Listing 14.3) sieht mit Fehlerbehandlung so aus:

```
#include "NXCDefs.h"

int dateiVariable;
int groesseByte;

task main()
{
 if(CreateFile("test.txt",512,dateiVariable) != NO_ERR)
 {
  DeleteFile("test.txt");
  CreateFile("test.txt",512,dateiVariable);
 }
 WriteLnString(dateiVariable,"So einfach kann man",groesseByte);
 WriteLnString(dateiVariable,"mit dem NXT",groesseByte);
 WriteLnString(dateiVariable,"Dateien schreiben",groesseByte);
 CloseFile(dateiVariable);
}
```

Programm 14.7

So haben wir das Problem mit der eventuell bestehenden Datei auch etwas eleganter gelöst, denn jetzt wird die Datei nur gelöscht, falls es sie denn tatsächlich schon gibt. Man könnte auch noch die Schreibbefehle für die einzelnen Zeilen überprüfen, allerdings ist es recht unwahrscheinlich, dass hier ein Fehler auftritt, da es sich in unserem Fall um drei festgelegte Strings handelt. Würden diese Strings dynamisch erzeugt (zum Beispiel aus Sensorwerten), könnte es durchaus zu Fehlern kommen, zum Beispiel wenn die maximale Zeichenzahl überschritten wird.

14.7 Projekt

Kommen wir nun zu unserem Ausgangsgedanken zurück, denn eigentlich haben wir uns die Möglichkeiten, die Dateien bieten, angeschaut, weil wir die Positionsdaten aus unserer `buchprojekt.nxc` dauerhaft speichern wollten. Versuchen Sie sich nun selbst einmal daran, die Daten aus dem zweidimensionalen Array so in eine Datei zu schreiben, dass man sie später sinnvoll wieder auslesen kann. Es bleibt dabei Ihnen überlassen, wie Sie mit Fehlern umgehen oder die Datei benennen usw.

Nachdem Sie Ihre Lösung umgesetzt haben, können Sie sie mit der Musterlösung vergleichen:

```
#include "NXCDefs.h"

#define GESCHW 75
#define FARBE1 20
#define FARBE2 30

#define textausgabe(zeile,text) TextOut(0,zeile,text);

//Globale Variablen
 int dateiVariable;

sub kalibrierung()
{
 while(ButtonState(BTN4) == 0)
 {
  textausgabe(LCD_LINE1,"Bitte auf");
  textausgabe(LCD_LINE2,"Schwarz stellen");
  textausgabe(LCD_LINE3,"und orange");
  textausgabe(LCD_LINE4,"Knopf druecken");
 }
 ClearScreen();
}
```

```
sub dateiErstellen()
{
 if(CreateFile("buchprojekt.txt",2048,dateiVariable) != NO_ERR)
 {
  DeleteFile("buchprojekt.txt");
  CreateFile("buchprojekt.txt",2048,dateiVariable);
 }
}

task main()
{
 int lichtwert;
 int schwarz;
 int groesseByte;
 string pos2[];
 string position[][];
 string rotationen_temp;

 schwarz = Sensor(IN_1);

 SetSensorLight(IN_1);
 SetSensorTouch(IN_2);

 kalibrierung(); // Aufruf der Kalibrierung
 dateiErstellen(); // Datei zum Speichern der Daten anlegen

 while(true)
 {
  lichtwert=Sensor(IN_1);

  if (lichtwert == FARBE1)
  {
   PlayTone(440,200);
   OnFwd(OUT_AC, GESCHW);
   pos2 = position[MotorRotationCount(OUT_A)];
   pos2[MotorRotationCount(OUT_C)] = "Farbe 1";
   position[MotorRotationCount(OUT_A)] = pos2;
   // In Datei schreiben
   rotationen_temp = NumToStr(MotorRotationCount(OUT_A));
   WriteLnString(dateiVariable,rotationen_temp,groesseByte);
   rotationen_temp = NumToStr(MotorRotationCount(OUT_C));
   WriteLnString(dateiVariable, rotationen_temp,groesseByte);
```

```
    WriteLnString(dateiVariable, "Farbe 2",groesseByte);
   }
   else if(lichtwert == FARBE2)
   {
    PlayTone(440,200);
    OnFwd(OUT_AC, GESCHW);
    pos2 = position[MotorRotationCount(OUT_A)];
    pos2[MotorRotationCount(OUT_C)] = "Farbe 2";
    position[MotorRotationCount(OUT_A)] = pos2;
    // In Datei schreiben
    rotationen_temp = NumToStr(MotorRotationCount(OUT_A));
    WriteLnString(dateiVariable,rotationen_temp,groesseByte);
    rotationen_temp = NumToStr(MotorRotationCount(OUT_C));
    WriteLnString(dateiVariable, rotationen_temp,groesseByte);
    WriteLnString(dateiVariable,"Farbe 2",groesseByte);
   }
   else if(lichtwert > schwarz && SENSOR_2 == 0)
   {
    Off(OUT_C);
    OnFwd(OUT_A, GESCHW);
   }
   else if(lichtwert <= schwarz && SENSOR_2 == 0)
   {
    Off(OUT_A);
    OnFwd(OUT_C, GESCHW);
   }
   else if(SENSOR_2 == 1)
   {
    Off(OUT_AC);
   }
  }
  CloseFile(dateiVariable);
}
```

Programm 14.8

Am einfachsten ist es, die Daten sofort in die Datei zu schreiben, da man sich, wenn man sie erst am Ende des Programms in eine Datei speichert, sonst mit dem zweidimensionalen Array herumschlagen muss und alle möglichen Indexe durchgehen muss. In der Musterlösung wird für die Rotationen von Motor A und C sowie für die Farbe jeweils eine separate Zeile genutzt. Das ist praktisch, wenn man die Daten später wieder mit einem Programm auslesen will. Möchte man die Daten später nur am Computer lesen, ist es sinnvoller, diese drei Angaben, zum Beispiel durch ein Komma getrennt, in eine Zeile zu schreiben. Problem hierbei ist allerdings, dass die Daten dann nicht mehr einfach so eingelesen werden können, man sollte sich also vorher überlegen, wozu man die Daten verwenden möchte.

Übrigens ist unser Projekt inzwischen mächtig gewachsen. Aus anfangs gerade einmal zehn Zeilen Code sind inzwischen fast 100 Zeilen geworden. Langsam merkt man auch, warum man so viel Wert auf die Benennung von Variablen, Kommentaren oder Ähnliches legen sollte, denn nur so ist es möglich, sich in solch großen Programmen noch zurechtzufinden. Wenn Sie möchten, können Sie den Code auch noch weiter vereinfachen, zum Beispiel das Schreiben der Daten in die Datei könnte man in eine Subroutine auslagern, da das für beide Fälle (bis auf die letzte Zeile) gleich ist.

14.8 Zusammenfassung

14.8.1 Übungen

- Was passiert, wenn man versucht, eine Datei mit einem Dateinamen zu erstellen, der bereits existiert?
- Was ist der Unterschied zwischen den Befehlen `WriteLnString()` und `WriteString()`?
- Schreiben Sie ein Programm, um eine vierstellige Zahl (Ihrer Wahl) in einer Datei mit dem Namen `zahl.txt` zu speichern!
- Schreiben Sie ein Programm, um die Zahl aus der `zahl.txt` auszulesen und auf dem Display anzuzeigen!
- Erweitern Sie das Programm zum Auslesen der `zahl.txt` so, dass die Datei, nachdem der Wert auf dem Display angezeigt wurde, in `zahlAlt.txt` umbenannt wird!
- Schreiben Sie ein Programm, dass die `zahlAlt.txt` nach vorheriger Nachfrage, löscht! Realisieren Sie die Nachfrage mit Hilfe des Displays und eines Buttons.

14.8.2 Wiederholung

Begriff	Bedeutung
end of file	End of file, also das Ende einer Datei. Meldet ein Programm, sobald beim Lesen das Ende einer Datei erreicht wurde
EOF	Abkürzung für end of file

Befehl	Parameter	Funktion
`CreateFile(dateiname, zeichenlänge, dateiVariable);`	`dateiname`: String `zeichenlänge`: Integer `dateiVariable`: Integer	Erstellt eine Datei mit dem angegebenen Dateinamen mit der maximalen Länge, die in `zeichenlänge` angegeben wird (bereits bestehende Dateien werden **nicht** überschrieben)
`DeleteFile(dateiname);`	`dateiname`: String	Löscht die Datei mit dem angegebenen Namen (ACHTUNG: ohne Nachfrage)
`WriteLnString(dateiVariable, string, groesse);`	`dateiVariable`: Integer `string`: String `groesse`: Integer	Schreibt den angegebenen String in eine neue Zeile der angegebenen Datei
`WriteString(dateiVariable, string, groesse);`	`dateiVariable`: Integer `string`: String `groesse`: Integer	Schreibt den angegebenen String in die angegebene Datei, beginnt keine neue Zeile
`CloseFile(dateiVariable);`	`dateiVariable`: Integer	Schließt die angegebene Datei nach Schreib- oder Lesevorgängen
`Write(dateiVariable, ascii-code);`	`dateiVariable`: Integer `ascii-code`: Integer mit gültigem ASCII-Code	Schreibt das Zeichen mit dem angegebenen ASCII-Code in die angegebene Datei, ohne eine neue Zeile zu beginnen
`WriteLn(dateiVariable, ascii-code);`	`dateiVariable`: Integer `ascii-code`: Integer mit gültigem ASCII-Code	Schreibt das Zeichen mit dem angegebenen ASCII-Code in die angegebene Datei in eine separate Zeile

Befehl	Parameter	Funktion
`OpenFileRead(dateiname, groesse, dateiVariable);`	`dateiname`: String `groesse`: Integer `dateiVariable`: Integer	Öffnet die Datei mit dem angegebenen Namen für das Lesen (nur `dateiname` muss angegeben werden, die anderen Variablen weist der Befehl selbst zu)
`ReadLnString(dateiVariable, ausgabeString);`	`dateiVariable`: Integer `ausgabeString`: String	Liest eine Zeile aus der angegebenen Datei und speichert den Inhalt im `ausgabeString`
`RenameFile(nameAlt, nameNeu);`	`nameAlt`, `nameNeu`: String	Benennt die Datei mit dem unter `nameAlt` angegebenen Dateinamen in die Datei mit dem unter `nameNeu` angegebenen Namen um

Kapitel 15

Präprozessor

Ein so genannter Präprozessor funktioniert so ähnlich wie die Suchen-und-Ersetzen-Funktion der BricxCC-IDE. Ein Präprozessor sucht Stellen im Code und ersetzt sie durch einen vorher vorgegebenen Text, erst dann wird das Programm kompiliert. Zwei solcher Konvertierungen durch den Präprozessor haben Sie schon kennen gelernt, nämlich Konstanten und Makros. Der Präprozessor sucht sich im Code die Stellen, an denen der Name einer Konstanten oder eines Makros steht, und ersetzt sie durch den vorher festgelegten Quellcode. Der Präprozessor dient also dazu, Programme kompakter und übersichtlicher zu halten.

15.1 #include

Sie kennen, um genau zu sein, schon drei Arten der Konvertierung durch den Präprozessor. Die Zeile:

```
#include "NXCDefs.h"
```

am Anfang all unserer Programme ist nämlich auch eine Anweisung an den Präprozessor. Die Datei `NXCDefs.h`, die eingefügt (engl. *include* = einfügen) wird, enthält einige wichtige Informationen und sorgt zum Beispiel dafür, dass ein Text auf dem Display auch wirklich an der richtigen Stelle ausgegeben wird, wenn wir `LCD_LINE1` eintippen.

Die Endung `.h` steht dabei für Header-Datei (engl. *header* = Kopfzeile, Dateikopf), man könnte die entsprechende Datei aber ebenso gut `.nxc` nennen. Die so genannten Header-Dateien enthalten Informationen (wie zum Beispiel Definitionen von Konstanten und Makros oder auch Subroutinen), die von mehreren Programmen verwendet werden. Damit man diese Informationen nicht in jedem Programm eingeben muss, verwendet man `#include`. Der Präprozessor liest dann die angegebene Datei und fügt ihren Inhalt in das Programm ein, in der die `#include`-Anweisung steht.

15.1.1 Erstellen einer eigenen Header-Datei

Auch für unser Projekt kann es durchaus sinnvoll sein, eine Header-Datei zu erstellen, denn zum Beispiel die Kalibrierung des Lichtsensors kann man für viele andere Programme ebenfalls verwenden. Schauen wir uns die entsprechende Subroutine noch einmal an:

```
sub kalibrierung()
{
 while(ButtonState(BTN4) == 0)
 {
  textausgabe(LCD_LINE1,"Bitte auf");
  textausgabe(LCD_LINE2,"Schwarz stellen");
  textausgabe(LCD_LINE3,"und orange");
  textausgabe(LCD_LINE4,"Knopf druecken");
 }
 ClearScreen();
}
```

Wenn wir diese Subroutine in eine Header-Datei auslagern wollen, müssen wir unbedingt beachten, dass die Subroutine ein Makro verwendet. Wir haben nun drei Möglichkeiten: Die erste und schlechteste ist, dass wir die Subroutine einfach so, wie sie ist, in eine Header-Datei schreiben. Dann ist unsere Header-Datei allerdings recht nutzlos, denn eigentlich haben wir sie erstellt, um die Subroutine vielen Programmen zur Verfügung zu stellen, und unsere Header-Datei würde dann nur noch mit Programmen funktionieren, die ein entsprechendes Makro definiert haben, wir hätten unser Ziel also verfehlt. Und selbst bei Programmen, die ein entsprechendes Makro definiert haben, müssten wir aufpassen. Würde man die selbst erstellte Header-Datei nämlich direkt am Anfang des Programms einfügen, würde es auch nicht funktionieren, denn das Makro wird erst später definiert. Man muss also (zum Beispiel auch bei der Verwendung von globalen Variablen) aufpassen und immer bedenken, dass der Code der Header-Datei immer genau an der Stelle eingefügt wird, wo die `#include`-Anweisung steht.

Die zweite Möglichkeit wäre, das Makro einfach auch in die Header-Datei zu schreiben. Das ist besonders dann sinnvoll, wenn das Makro auch für andere Programme nützlich sein könnte. Wird das Makro aber, wie in unserem Fall, nur von der Subroutine benutzt, die in die Header-Datei geschrieben wird, sollte man sich eventuell überlegen, ob man das Makro nicht lieber entfernen und den Quellcode von Hand eingeben sollte.

Die fertige Header-Datei für die Kalibrierungsroutine sieht dann so aus:

```
sub kalibrierung()
{
 while(ButtonState(BTN4) == 0)
 {
  TextOut(0,LCD_LINE1,"Bitte auf");
```

```
  TextOut(0,LCD_LINE2,"Schwarz stellen");
  TextOut(0,LCD_LINE3,"und orange");
  TextOut(0,LCD_LINE4,"Knopf druecken");
 }
 ClearScreen();
}
```

Programm 15.1

Speichern Sie diese Datei nun unter dem Namen `kalibrierung.nxc` oder `kalibrierung.h`. Für die Funktion des Programms ist die Endung unerheblich, allerdings hat die Endung `.h` einen kleinen Nachteil, denn BricxCC hebt die Befehle beim Bearbeiten dann nicht mehr farblich hervor, dafür ist direkt klar, dass es sich um eine Header-Datei handelt. Die Benennung ist also ein wenig Geschmackssache.

15.1.2 Einfügen von Header-Dateien

Die Datei `buchprojekt.nxc` sollte geändert nun so aussehen:

```
#include "NXCDefs.h"
#include "kalibrierung.nxc" //bzw. kalibrierung.h

#define GESCHW 75
#define FARBE1 20
#define FARBE2 30

//Globale Variablen
 int dateiVariable;

sub dateiErstellen()
{
 if(CreateFile("buchprojekt.txt",2048,dateiVariable) != NO_ERR)
 {
  DeleteFile("buchprojekt.txt");
  CreateFile("buchprojekt.txt",2048,dateiVariable);
 }
}

task main()
{
 int lichtwert;
 int schwarz;
 int groesseByte;
 string pos2[];
```

```
string position[][];
string rotationen_temp;

schwarz = Sensor(IN_1);

SetSensorLight(IN_1);
SetSensorTouch(IN_2);

kalibrierung(); // Aufruf der Kalibrierung
dateiErstellen(); // Datei zum Speichern der Daten anlegen

while(true)
{
 lichtwert=Sensor(IN_1);

 if (lichtwert == FARBE1)
 {
  PlayTone(440,200);
  OnFwd(OUT_AC, GESCHW);
  pos2 = position[MotorRotationCount(OUT_A)];
  pos2[MotorRotationCount(OUT_C)] = "Farbe 1";
  position[MotorRotationCount(OUT_A)] = pos2;
  // In Datei schreiben
  rotationen_temp = NumToStr(MotorRotationCount(OUT_A));
  WriteLnString(dateiVariable,rotationen_temp,groesseByte);
  rotationen_temp = NumToStr(MotorRotationCount(OUT_C));
  WriteLnString(dateiVariable, rotationen_temp,groesseByte);
  WriteLnString(dateiVariable,"Farbe 2",groesseByte);
 }
 else if(lichtwert == FARBE2)
 {
  PlayTone(440,200);
  OnFwd(OUT_AC, GESCHW);
  pos2 = position[MotorRotationCount(OUT_A)];
  pos2[MotorRotationCount(OUT_C)] = "Farbe 2";
  position[MotorRotationCount(OUT_A)] = pos2;
  // In Datei schreiben
  rotationen_temp = NumToStr(MotorRotationCount(OUT_A));
  WriteLnString(dateiVariable,rotationen_temp,groesseByte);
  rotationen_temp = NumToStr(MotorRotationCount(OUT_C));
  WriteLnString(dateiVariable, rotationen_temp,groesseByte);
  WriteLnString(dateiVariable,"Farbe 2",groesseByte);
 }
```

```
  else if(lichtwert > schwarz && SENSOR_2 == 0)
  {
   Off(OUT_C);
   OnFwd(OUT_A, GESCHW);
  }
  else if(lichtwert <= schwarz && SENSOR_2 == 0)
  {
   Off(OUT_A);
   OnFwd(OUT_C, GESCHW);
  }
  else if(SENSOR_2 == 1)
  {
   Off(OUT_AC);
  }
 }
 CloseFile(dateiVariable);
}
```

Programm 15.2

Achten Sie darauf, dass die `buchprojekt.nxc` und die Header-Datei im selben Ordner gespeichert sind, denn sonst kann das Programm nicht kompiliert werden, da die Header-Datei nicht gefunden wird. Wenn der Compiler beim Kompilieren Fehler anzeigt, sollten Sie bedenken, dass auch die Fehler der Header-Datei angezeigt werden. Zur Sicherheit können Sie die Header-Datei zum Test auch allein kompilieren, dann können Sie Fehler in der Header-Datei direkt erkennen und verbessern. Beim Kompilieren wird der Code dann in der Hauptdatei zusammengefügt und dementsprechend muss auch nur die Datei `buchprojekt.nxc` übertragen werden.

15.2 Bedingte Kompilierung

In einigen Fällen kann es vorkommen, dass sich ein Quellcode je nach Einsatz leicht verändert. So kann es zum Beispiel sein, dass während der Entwicklung eines Programms Werte zum Test auf dem Display ausgegeben werden sollen, später bei der Verwendung aber nicht mehr. Nun kann man natürlich den Quellcode, der nur beim Testen gebraucht wird, nach den Tests einfach löschen, will man dann aber später etwas am Programm ändern und dabei wieder die gleichen Werte anzeigen lassen, muss man den Code neu schreiben. Lässt man den Abschnitt einfach im Code und baut ihn in eine `if`-Verzweigung ein, die man auf `false` setzt, muss man den Code zwar nicht jedes Mal neu schreiben, dafür belegt der nicht gebrauchte Code aber Speicherplatz auf dem NXT und die Bedingung wird bei jedem Programmdurchlauf neu geprüft.

Es gibt jedoch eine Lösung, die dafür sorgt, dass man den Quellcode nicht bei jedem Mal neu schreiben muss und gleichzeitig nicht unnötigen Speicherplatz verbraucht, man spricht vom bedingten Kompilieren. Schauen wir uns ein Programm mit bedingter Kompilierung an:

```
#include "NXCDefs.h"

#define B

task main()
{
 #ifdef A
  PlayTone(440,4000);
  Wait(4000);
 #endif

 #ifndef B
  PlayTone(330,4000);
  Wait(4000);

 #else
  PlayTone(220,4000);
  Wait(4000);
 #endif
}
```

Programm 15.3

Die Präprozessor-Anweisung `#ifdef` ist mit `if` vergleichbar. Ist die Konstante mit dem angegebenen Namen (im obigen Fall A) definiert (unabhängig davon, ob sie einen Wert besitzt oder nicht), so wird der Code zwischen der `#ifdef`- und der `#endif`-Zeile kompiliert und ausgeführt. Die Anweisung `#ifndef` prüft genau das Gegenteil, der Code dahinter wird nur kompiliert und ausgeführt, wenn die angegebene Konstante nicht definiert ist. In unserem Beispiel ist es also durchaus möglich, dass beide Abschnitte kompiliert werden, nämlich dann, wenn eine Konstante A definiert ist, aber keine Konstante B. Hinter der `#ifndef`-Anweisung folgt noch eine `#else`-Anweisung, die ausgeführt wird, wenn der vorstehende Fall nicht eintritt, im obigen Beispiel also, falls eine Konstante B definiert ist. Damit der Präprozessor weiß, zu welcher Anweisung der `#else`-Abschnitt gehört, folgt das `#endif` erst nach dem `#else`-Abschnitt.

Daneben gibt es auch noch Präprozessor-Anweisungen, die, wie die `if`-Anweisung bei Variablen, den Wert der Konstanten als Bedingung haben. Hier ein Beispiel:

```
#include "NXCDefs.h"

#define A 20

task main()
{
 #if A < 30
  PlayTone(440,4000);
  Wait(4000);

 #elif A == 40
  PlayTone(330,4000);
  Wait(4000);

 #else
  PlayTone(220,4000);
  Wait(4000);

 #endif
}
```

Programm 15.4

Hierbei können die gleichen Vergleichsoperatoren wie bei `if`-Verzweigungen verwendet werden. Die Anweisung `#elif` entspricht `else if` bei einer normalen `if`-Verzweigung. Alle `#elif` und die `#else`-Anweisung, die zu einer `#if`-Anweisung gehören, müssen vor `#endif` stehen, die Anweisung schließt den Block also sozusagen ab.

15.3 Zusammenfassung

15.3.1 Übung

Schreiben Sie eine Header-Datei, die eine Funktion enthält, die aus zwei übergebenen Zahlen a und n die n-te Potenz von a berechnet und diese zurückgibt!

15.3.2 Wiederholung

Begriff	Bedeutung
Präprozessor	Teil des Compilers, der vor dem eigentlichen Kompilieren ausgeführt wird

Begriff	Bedeutung
Header-Datei	Datei, die am Beginn eines Codes eingefügt wird und zum Beispiel Funktionen beinhaltet, die in mehreren Programmen verwendet werden können
Bedingtes Kompilieren	Bestimmte Teile eines Programms werden nur kompiliert, wenn die vorgegebene Bedingung erfüllt ist

Befehl	Parameter	Funktion
`#include "dateiname"`		Fügt die (Header-)Datei mit dem angegebenen Dateinamen in das Programm ein (als Dateinamen dürfen keine Variablen verwendet werden)

`#ifdef KONSTANTE`
`Anweisung;`
`Anweisung;`
`#endif`
	`KONSTANTE`: Name einer Konstanten	Kompiliert den Code zwischen `#ifdef` und `#endif` nur, wenn die angegebene Konstante definiert ist (unabhängig von deren Wert)

`#ifndef KONSTANTE`
`Anweisung;`
`Anweisung;`
`#endif`
	`KONSTANTE`: Name einer Konstanten	Kompiliert den Code zwischen `#ifndef` und `#endif` nur, wenn die angegebene Konstante **nicht** definiert ist

`#ifdef KONSTANTE`
`Anweisung1;`
 	
`#else`
`Anweisung2;`
`#endif`
	`KONSTANTE`: Name einer Konstanten	Wie `#ifdef`, aber mit `else`-Fall, der ausgeführt wird, falls die Bedingung nicht erfüllt ist (analog auch für `#ifndef`)

`#if KONSTANTE < wert`
`Anweisung`
`#endif`
	`KONSTANTE`: Name einer Konstanten	Kompiliert den Code zwischen `#if` und `#endif` nur, wenn die angegebene Bedingung erfüllt ist (es sind dieselben Bedingungen wie bei der `if`-Verzweigung zulässig)

`#if KONSTANTE < wert`
`Anweisung;`
 	
`#elif KONSTANTE == wert2`
`Anweisung;`
 	
`#else`
`Anweisung;`
 	
`#endif`
	`KONSTANTE`: Name einer Konstanten	Wie `#if`, allerdings zusätzlich mit einem `else-if`-Fall (`#elif`) und einem `else`-Fall (`#else`)

Kapitel 16

Erweiterte Motoren-Befehle

Bisher kennen wir lediglich drei Befehle zum Steuern der Motoren, nämlich `OnFwd()`, `OnRev()` und `Off()`. Es gibt allerdings noch einige andere Befehle, mit denen man die Motoren noch genauer ansteuern kann, diesen Befehlen wollen wir uns in diesem Kapitel widmen.

16.1 Bremsen

Bisher haben wir zum Anhalten der Motoren den `Off()`-Befehl verwendet. Dieser Befehl hält die Motoren sofort an, er ist also wie eine Bremse. Es gibt auch noch einen etwas sanfteren Weg, die Motoren zum Stehen zu bekommen, hierbei wird einfach die Stromzufuhr zu den Motoren abgeschnitten und diese rollen sozusagen aus. Hierfür gibt es zwei Befehle, die sich jedoch in ihrer Wirkung nicht voneinander unterscheiden:

```
Float(OUT_XX);
Coast(OUT_XX);
```

Wobei XX hier natürlich, wie beim `Off()`-Befehl, für die entsprechenden Motorenausgänge steht. Die Namen der beiden Befehle leiten sich vom englischen *to float*, für gleiten oder treiben, beziehungsweise *to coast*, für dahinfahren, ab.

In der Menüleiste von BricxCC finden Sie das Tool DIRECT CONTROLLER (direkte Steuerung), das es auch ermöglicht, die Motoren vom PC aus zu steuern. Hier finden Sie neben einem Icon FORWARDS (also Vorwärtsfahren), einem Icon BACKWARDS (also Rückwärtsfahren) und einem Icon OFF (also normales Bremsen) auch ein Icon FLOAT, um die Motoren langsam auslaufen zu lassen:

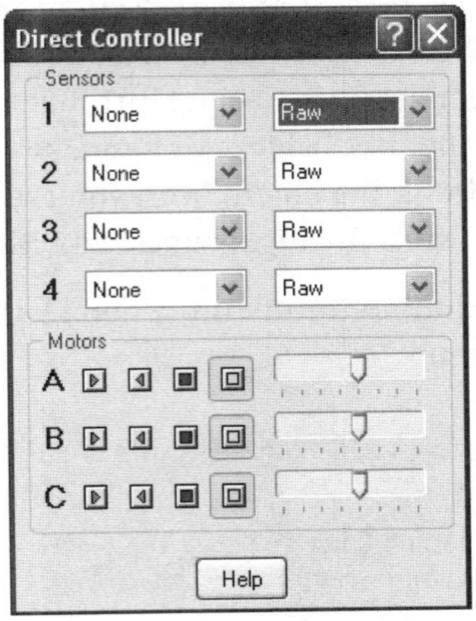

Abb. 16.1: Direct Controller

Wenn Sie hier einige Testläufe machen, werden Sie den Unterschied zwischen den beiden Bremsarten schnell erkennen. Die Schieberegler hinter den Icons dienen übrigens dazu, die Geschwindigkeit beim Vorwärts- beziehungsweise Rückwärtsfahren zu regeln. Den Abschnitt SENSORS dieses Tools werden wir uns zu einem späteren Zeitpunkt auch noch genau anschauen.

16.2 Synchronisiertes Fahren

16.2.1 Bögen fahren

Mit den uns bisher bekannten Befehlen können wir nur sehr umständlich einen Bogen fahren, nämlich, indem wir beide Motoren einzeln ansprechen und mit unterschiedlicher Kraft laufen lassen, das ist aber nicht sonderlich genau und erst recht nicht komfortabel. NXC bietet hierfür allerdings auch einen gesonderten Befehl, bei dem man mit einem Wert zwischen -127 und 127 angeben kann, wie stark die Krümmung des gefahrenen Bogens sein soll (gelegentlich liest man auch von Werten bis 255, das ist aber nur bedingt richtig, da es sich hier nicht wirklich um eigene Werte handelt, sondern lediglich um eine andere Darstellung des negativen Bereichs, noch häufiger liest man, teilweise auch in offiziellen Dokumentationen, von einem Wertebereich zwischen -100 und 100, Beobachtungen haben jedoch ergeben, dass auch diese Angabe nicht korrekt ist). Der Befehl dazu lautet:

```
OnFwdSync(OUT_XX,geschwindigkeit,bogen);
```

Die Angabe der Motorenausgänge und der Geschwindigkeit funktioniert wie beim `OnFwd()`-Befehl. Gibt man bei `bogen` 0 an, so fährt der Roboter ganz normal geradeaus. Gibt man nun immer größer werdende Werte ein, so merkt man, dass der Roboter immer stärker zur Seite fährt (ob nach links oder rechts, hängt davon ab, wie die Motoren angeschlossen sind). Gibt man immer kleiner werdende negative Werte ein, so kann man beobachten, dass der Roboter immer stärker zur entgegengesetzten Seite fährt. Bei einem Wert von 50 (beziehungsweise -50) dreht nur einer der beiden Motoren, so dass der Roboter praktisch in einem Winkel von 90° dreht. Bei einem Wert von 127 (beziehungsweise -127) drehen die beiden Motoren jeweils in entgegengesetzte Richtungen, der Roboter dreht sich also auf der Stelle.

Ein Programm, um einen kleinen Bogen zu fahren, könnte zum Beispiel so aussehen:

```
#include "NXCDefs.h"

task main()
{
 OnFwdSync(OUT_AC, 80, 20);
```

```
 Wait(10000);
 Off(OUT_AC);
}
```

Programm 16.1

Natürlich gibt es auch einen entsprechenden Befehl für das Rückwärtsfahren, dieser lautet:

```
OnRevSync(OUT_XX,geschwindigkeit,bogen);
```

16.2.2 Geradeaus fahren

Wenn man länger mit dem NXT arbeitet, wird man früher oder später vor das Problem gestellt, dass der NXT nicht immer genau geradeaus fährt und somit manchmal vom geplanten Kurs abkommt. Dafür kann es mehrere Ursachen geben. Wenn wir einmal davon ausgehen, dass der Roboter keinen Konstruktionsfehler hat (zum Beispiel asymmetrischer Aufbau oder nicht richtig greifende Zahnräder), liegt es zumeist daran, dass ein Rad durchdreht oder keine richtige Bodenhaftung hat und somit ein Rad mehr Umdrehungen als das andere macht und der Roboter dadurch aus der Bahn kommt.

Nun könnte man einen Task schreiben, der die Rotationen der verschiedenen Motoren überprüft und entsprechend reagiert, wenn einer der beiden Motoren beim Geradeausfahren eine abweichende Anzahl an Rotationen hat. Das wäre allerdings etwas kompliziert und würde viel Code bedeuten. Diese Arbeit nimmt uns NXC jedoch mit einem Befehl zum Ansteuern der Motoren ab, der auch gleichzeitig darauf achten kann, dass die Motoren tatsächlich synchron laufen. Der entsprechende Befehl lautet:

```
OnFwdReg(OUT_XX, geschwindigkeit, modus);
```

Die beiden ersten Parameter kennen Sie bereits zu Genüge von den anderen Motoren-Befehlen, neu ist lediglich `modus`. Hier können drei verschiedene Modi für die Synchronisierung angegeben werden. Hier die verschiedenen Modi auf einen Blick:

Modus	Funktion
OUT_REGMODE_IDLE	Keine Synchronisation (von engl. *idle* = inaktiv)
OUT_REGMODE_SPEED	Synchronisierung durch Anpassung der Geschwindigkeit
OUT_REGMODE_SYNC	Synchronisierung der Rotationen

Tabelle 16.1: Synchronisierungs-Modi

Nun zu den Modi im Einzelnen. Nun, beim ersten Modus handelt es sich genau genommen gar nicht um eine Synchronisation, denn diese wird hier gerade ausgeschaltet, der Roboter fährt also normal geradeaus. Dieser Befehl ist also eher unsinnig, da man ebenso gut den Befehl `OnFwd()` verwenden könnte.

Der zweite Modus macht schon wesentlich mehr Sinn. Seine Funktion lässt sich am besten mit einem kleinen Beispielprogramm erklären:

```
#include "NXCDefs.h"

task main()
{
 OnFwdReg(OUT_AC, 20, OUT_REGMODE_SPEED);
 Wait(90000);
 Off(OUT_AC);
}
```

Programm 16.2

Lässt man den Roboter nun mit zwei angeschlossenen Motoren laufen (einer an Ausgang A und einer an Ausgang C), lässt sich die Funktionsweise ganz einfach beobachten. Hält man einen der Motoren kurz fest und lässt ihn danach wieder los, so dreht er kurzzeitig schneller als der andere. Je länger der Motor festgehalten wird, umso länger wird er sich danach auch schnell drehen. Der NXT versucht also, die Rotationen, die der eine Motor mehr gemacht hat, dadurch auszugleichen, dass der andere Motor diese Rotationen durch schnelleres Drehen wieder aufholt.

Auch der dritte und damit letzte Modus lässt sich am einfachsten an einem Beispielprogramm erklären:

```
#include "NXCDefs.h"

task main()
{
 OnFwdReg(OUT_AC, 20, OUT_REGMODE_SPEED);
 Wait(90000);
 Off(OUT_AC);
}
```

Programm 16.3

Hier beobachtet man nun, dass, sobald man einen Motor per Hand anhält, auch der andere Motor stehen bleibt. Der NXT versucht, die Motoren hier also synchron zu halten, indem er den Motor, der mehr Rotationen hat, stoppt, bis beide Motoren wieder gleich viele Rotationen gemacht haben.

Man kann keine allgemeine Aussage darüber machen, welcher der beiden Modi besser oder schlechter ist. Welcher der beiden sich besser eignet, hängt von der zu erfüllenden Aufgabe, aber auch von der Konstruktion des Roboters und den Gegebenheiten des Untergrundes ab. Im Zweifelsfall sollte man einfach beide Modi probieren und beobachten, welcher der beiden das gewünschte Ergebnis erzielt.

Hinweis

Natürlich gibt es auch hier wieder einen entsprechenden Befehl für das Rückwärtsfahren, dieser lautet einfach: `OnRevReg(OUT_XX, geschwindigkeit, modus);`.

16.3 Gradweise Motordrehung

Alle Befehle, die Sie bisher kennen gelernt haben, haben einen kleinen Nachteil, denn ihre maximale Genauigkeit beträgt eine Umdrehung des Motors. In manchen Fällen kann es aber durchaus vonnöten sein, dass der NXT noch präziser steuert. Genau hierfür ist der Befehl `RotateMotor()` gedacht, denn er ermöglicht Drehungen des Motors auf das Grad genau. Da eine komplette Umdrehung aus 360° besteht, ermöglicht uns der Befehl, Drehungen bis zu 360-mal genauer anzugeben als vorher. Die allgemeine Syntax des Befehls lautet:

```
RotateMotor(OUT_XX, geschwindigkeit, winkel);
```

Auch hier sind uns die ersten beiden Parameter bestens bekannt, als `winkel` wird (in Grad) angegeben, wie weit der Motor drehen soll. Anders als bei den Befehlen, die Sie bisher kennen gelernt haben, muss hinter dem Befehl `RotateMotor()` kein `Wait()` und kein `Off()` stehen, da der Roboter einfach bremst, sobald er die gewünschte Drehung ausgeführt hat. Für längere Strecken ist der Befehl natürlich denkbar ungeeignet, da der Winkel schnell die Grenzen von Integer-Variablen sprengen würde, außerdem wäre es sehr umständlich, herauszufinden, wie viel Grad der Motor drehen muss, um sein Ziel zu erreichen.

Es gibt auch eine noch ausführlichere Variante dieses Befehls, die es erlaubt, Bögen zu fahren, die Motoren zu synchronisieren und das Bremsverhalten zu beeinflussen. Der ausführliche Befehl mit all seinen Parametern sieht so aus:

```
RotateMotorEx(OUT_XX, geschwindigkeit, winkel, bogen, synchron, bremsen);
```

Die drei ersten Parameter kennen Sie schon vom normalen `RotateMotor()`-Befehl, den vierten vom `OnFwdSync()`-Befehl. Neu sind dagegen `synchron` und `bremsen`. Beide Parameter sind vom Typ Boolean, können also die Werte wahr oder falsch, `true` oder `false`, haben. Wird der Parameter `synchron` auf `true` gesetzt, so werden die Motorrotationen nach dem OUT_REGMODE_SYNC-Prinzip (vgl. Tabelle 16.1) synchronisiert. Der Parameter bremsen gibt an, ob der Motor, nachdem die angegebenen Rotationen ausgeführt wurden, bremsen soll, oder ob nur der Strom abgeschnitten werden soll. Ist der Parameter true, wird der Motor gebremst, ist er false, wird der Motor nicht aktiv gebremst, sondern nur der Strom abgeschnitten.

16.4 Motorstatus auslesen

16.4.1 Geschwindigkeit

Einen Befehl zum Auslesen des Motorstatus kennen wir bereits. Der Befehl MotorRotationCount() gibt an, wie viele Rotationen ein Motor innerhalb eines Programms gemacht hat. Es gibt aber noch einige weitere Befehle, um verschiedene aktuelle Statusinformationen über die Motoren abzufragen.

Die beiden ersten Befehle dienen dazu, die aktuelle Geschwindigkeit des Motors auszulesen, sie lauten:

```
MotorPower(OUT_X);
MotorActualSpeed(OUT_X);
```

Beide Befehle funktionieren gleich, zu beachten ist, dass bei beiden Befehlen nur ein Ausgang angegeben werden darf und nicht wie bei vielen anderen Befehlen auch mehrere. Außerdem geben beide Befehle nicht die tatsächliche Drehgeschwindigkeit an, sondern die Geschwindigkeit, die dem Motor übergeben wird. Soll der Motor mit der Geschwindigkeit 30 drehen, wird aber festgehalten und dreht sich nicht, geben beide Befehle trotzdem den Wert 30 zurück. Dreht der Motor rückwärts, wird einfach ein negativer Wert zurückgegeben. Die Befehle können zum Beispiel zum Debugging von Programmen sinnvoll sein, da man so mögliche Fehlerquellen schnell erkennt:

```
#include "NXCDefs.h"

#define DEBUG

task main()
{
 while(true)
 {
  OnFwd(OUT_AC, 80);
  #ifdef DEBUG
   NumOut(0, LCD_LINE1, MotorActualSpeed(OUT_A));
```

```
    Wait(100);
    ClearScreen();
  #endif
 }
}
```

Programm 16.4

16.4.2 Rotationen

Es gibt neben MotorRotationCount() noch einen weiteren Befehl, um die Rotationen eines Motors auszugeben, dieser lautet:

```
MotorTachoCount(output);
```

Der Unterschied zum MotorRotationCount()-Befehl besteht hauptsächlich darin, dass der Wert für MotorTachoCount() bei jedem Ansprechen des Motors (zum Beispiel durch OnFwd()) zurückgesetzt wird. Außerdem kann der MotorTachoCount() beim Erreichen von so genannten Zielen (vom englischen *goals*) zurückgesetzt werden. Als Ziel wird dabei in NXC einfach das Erreichen einer vorgegebenen Rotationsanzahl bezeichnet. Der Befehl zum Festlegen eines Ziels lautet:

```
SetOutput(OUT_XX, TachoLimit, ziel);
```

Wobei für OUT_XX wieder ein oder mehrere Motoren-Ausgänge angegeben werden dürfen. TachoLimit ist eine feste Konstante und muss immer stehen, ziel ist ein Parameter vom Typ Integer und gibt die zu erreichenden Rotationen an. Wird das Ziel erreicht, wird der MotorTachoCount() des Motors, der das Ziel erreicht hat, wieder auf 0 gesetzt.

16.4.3 Synchronisierung

Eine weitere Möglichkeit ist es, die Art der Synchronisierung der Motoren auszugeben. Der Befehl dazu lautet:

```
MotorRegulation(OUT_X);
```

Da es drei verschiedene Arten der Synchronisierung gibt, hat dieser Befehl logischerweise auch drei mögliche Rückgabewerte. Die möglichen Rückgabewerte lauten:

Rückgabewert	Bedeutung
0	OUT_REGMODE_IDLE

Tabelle 16.2

Rückgabewert	Bedeutung
1	OUT_REGMODE_SPEED
2	OUT_REGMODE_SYNC

Tabelle 16.2 (Forts.)

Die Ausgabe innerhalb eines Programms könnte zum Beispiel durch einen eigenen Task geregelt werden:

```
task syncStatus()
{
 NumOut(0, LCD_LINE1, MotorRegulation(OUT_A));
}
```

16.4.4 Bewegungsstatus

Mit einem recht einfachen Befehl kann überprüft werden, ob ein Motor gerade durch einen Befehl bewegt wird oder nicht. Der Befehl dazu lautet:

```
MotorRunState(OUT_X);
```

Wird der Motor zurzeit verwendet, so liefert der Befehl den Wert OUT_RUNSTATE_RUNNING zurück, eine typische Verwendung sieht zum Beispiel so aus:

```
if(MotorRunState(OUT_A) == OUT_RUNSTATE_RUNNING)
{
 TextOut(0, LCD_LINE1, "Motor A laeuft");
}
```

Ein Sonderfall muss bei der Verwendung dieses Befehls aber unbedingt beachtet werden. Wird ein Motor mit dem Befehl `Off()` angehalten, so ist er aus Sicht dieses Befehls immer noch in Bewegung, da der Motor permanent gebremst wird. Hält man einen Motor jedoch mit `Float()` oder `Coast()` an, wird er als nicht in Bewegung angesehen, da diese beiden Befehle die Stromzufuhr abschneiden.

Natürlich kann auch der umgekehrte Fall geprüft werden: Ist ein Motor nicht in Bewegung, so liefert der `MotorRunState()`-Befehl den Wert OUT_RUNSTATE_IDLE zurück. Man könnte den obigen Programmausschnitt also auch so schreiben:

```
if(MotorRunState(OUT_A) != OUT_RUNSTATE_IDLE)
{
 TextOut(0, LCD_LINE1, "Motor A laeuft");
}
```

16.5 Zusammenfassung

16.5.1 Übungen

- Wo liegt der Unterschied zwischen den Befehlen `Float()` und `Off()`?
- Erstellen Sie mit dem Befehl `OnFwdSync()` ein Programm, das den NXT dazu bringt, sich für vier Sekunden auf der Stelle zu drehen!
- Erweitern Sie das soeben erstellte Programm so, dass die aktuelle Geschwindigkeit auf dem Display angezeigt wird!

16.5.2 Wiederholung

Begriff	Bedeutung
Synchronisiertes Fahren	Die Umdrehung beziehungsweise die Geschwindigkeit mehrerer Motoren werden untereinander angeglichen, um eine möglichst gerade Fahrt zu ermöglichen.

Befehl	Parameter	Funktion
`Float(ausgaenge);`	`ausgaenge`: OUT_A, OUT_B, OUT_C, OUT_AB, OUT_BC, OUT_ABC ...	Lässt die Motoren langsam ausrollen
`Coast(ausgaenge);`	`ausgaenge`: OUT_A, OUT_B, OUT_C, OUT_AB, OUT_BC, OUT_ABC ...	Wie `Float()`
`OnFwdSync(ausgaenge, geschwindigkeit, bogen);`	`ausgaenge`: OUT_A, OUT_B, OUT_C, OUT_AB, OUT_BC, OUT_ABC ... `geschwindigkeit`: Integer 0 bis 100 `bogen`: Integer zwischen -127 und 127	Die angegebenen Motoren drehen mit der angegebenen Geschwindigkeit vorwärts. Bei `bogen = 0` drehen die Motoren gleich schnell, bei Werten größer oder kleiner 0, dreht der linke beziehungsweise der rechte Motor schneller (der Roboter fährt einen Bogen).
`OnRevSync(ausgaenge, geschwindigkeit, bogen);`	Wie `OnFwdSync();`	Wie `OnFwdSync();`, jedoch drehen die Motoren rückwärts statt vorwärts.

Befehl	Parameter	Funktion
`OnFwdReg(ausgaenge, geschwindigkeit, modus);`	`ausgaenge`: OUT_A, OUT_B, OUT_C, OUT_AB, OUT_BC, OUT_ABC ... `geschwindigkeit`: Integer 0 bis 100 `modus`: OUT_REGMODE_IDLE, OUT_REGMODE_SPEED, OUT_REGMODE_SYNC	Die angegebenen Motoren fahren synchronisiert vorwärts mit der angegebenen Geschwindigkeit. Dabei wird unterschieden zwischen: `OUT_REGMODE_IDLE`: Keine Synchronisation `OUT_REGMODE_SPEED`: Unterschiede werden durch Schneller- (bzw. Langsamer-) Drehen der Motoren ausgeglichen. `OUT_REGMODE_SYNC`: Unterschiede werden durch Pausieren eines Motors ausgeglichen.
`OnRevReg(ausgaenge, geschwindigkeit, modus);.`	Wie `OnFwdReg();`	Wie `OnFwdReg();`, jedoch drehen die Motoren rückwärts statt vorwärts.
`RotateMotor(ausgaenge, geschwindigkeit, winkel);`	`ausgaenge`: OUT_A, OUT_B, OUT_C, OUT_AB, OUT_BC, OUT_ABC ... `geschwindigkeit`: Integer 0 bis 100 `winkel`: Integer	Dreht die angegebenen Motoren mit der angegebenen Geschwindigkeit um den angegebenen Winkel
`RotateMotorEx(ausgaenge, geschwindigkeit, winkel, bogen, synchron, bremsen);`	`ausgaenge`: OUT_A, OUT_B, OUT_C, OUT_AB, OUT_BC, OUT_ABC ... `geschwindigkeit`: Integer 0 bis 100 `winkel`: Integer `bogen`: Integer zwischen -127 und 127 `synchron`: OUT_REGMODE_IDLE, OUT_REGMODE_SPEED, OUT_REGMODE_SYNC `bremsen`: Boolean	Wie `RotateMotor()`, aber zusätzlich mit der Möglichkeit, einen Bogen zu fahren, die Motoren zu synchronisieren und am Ende entweder zu bremsen (`true`), oder die Motoren auslaufen zu lassen (`false`)

Befehl	Parameter	Funktion
`x = MotorPower(ausgang);`	x: Integer ausgang: OUT_A, OUT_B, OUT_C	Gibt die aktuelle Geschwindigkeit des angegebenen Motors aus
`x = MotorActualSpeed(ausgang);`	x: Integer ausgang: OUT_A, OUT_B, OUT_C	Wie `MotorPower();`
`x = MotorTachoCount(ausgang);`	x: Integer ausgang: OUT_A, OUT_B, OUT_C	Gibt die Rotationen des angegebenen Motors an, die seit dem Starten des aktuellen Befehls gefahren wurden
`x = SetOutput(ausgang, TachoLimit, ziel);`	x: Integer ausgang: OUT_A, OUT_B, OUT_C `ziel`: Integer	Setzt den `TachoCount` des angegebenen Motors zurück, sobald die unter `ziel` angegebene Anzahl von Rotationen erreicht ist
`x = MotorRegulation(ausgang);`	x: Integer ausgang: OUT_A, OUT_B, OUT_C	Gibt den Synchronisierungsmodus des angegebenen Motors an, 0 entspricht OUT_REGMODE_IDLE, 1 OUT_REGMODE_SPEED und 2 entspricht OUT_REGMODE_SYNC
`x = MotorRunState(ausgang);`	x: String ausgang: OUT_A, OUT_B, OUT_C	Gibt den aktuellen Bewegungszustand des angegebenen Motors zurück. Bewegt er sich, wird OUT_RUNSTATE_RUNNING, bewegt er sich nicht, OUT_RUNSTATE_IDLE zurückgegeben.

Kapitel 17

Weitere Schleifen

Bisher haben Sie bereits zwei verschiedene Schleifen kennen gelernt, die `repeat`- und die `while`-Schleife. Bevor wir uns in diesem Kapitel noch einige neue Schleifen ansehen, schauen wir uns zuerst noch einmal die beiden Schleifen an, die Sie schon kennen:

```
repeat(Anzahl der Wiederholungen)
{
 Anweisung 1;
 Anweisung 2;
 Anweisung n;
}

while(Bedingung)
{
 Anweisung 1;
 Anweisung 2
 Anweisung n;
}
```

17.1 do-while-Schleife

Bei den beiden Schleifen, die Sie schon kennen, handelt es sich um so genannte kopfgesteuerte Schleifen oder auch vorprüfende Schleifen. Man spricht davon, dass eine Schleife kopfgesteuert ist, wenn ihr Kriterium, das zum Ausführen geprüft wird (also die Bedingung bei der `while`-Schleife und die Anzahl der Wiederholungen bei der `repeat`-Schleife) vor dem Schleifenrumpf steht. Es gibt aber auch das Gegenteil, also Schleifen, bei denen das Kriterium nach dem Schleifenrumpf geprüft wird. In diesem Fall spricht man von einer fußgesteuerten Schleife oder einer nachprüfenden Schleife. Die Verlagerung der Prüfung an das Ende einer Schleife sorgt dafür, dass der Schleifenrumpf, unabhängig davon, ob das zu prüfende Kriterium zutrifft oder nicht, mindestens einmal ausgeführt wird. Die `do-while`-Schleife ist eine solche fußgesteuerte Schleife. Ihre Syntax in NXC sieht so aus:

```
do
{
 Anweisung1;
 Anweisung2;
}
while(Bedingung)
```

Die Funktion der Schleife kann man mit einem simplen Programm testen:

```
#include "NXCDefs.h"

task main()
{
 do
 {
  PlayTone(440,2000);Wait(2000);
 }
 while(false)
}
```

Programm 17.1

Obwohl die Bedingung `false`, also nicht erfüllt ist, wird der Ton für zwei Sekunden gespielt, da die Anweisungen innerhalb einer `do-while`-Schleife mindestens einmal ausgeführt werden. Ändert man die Bedingung nun in `true`, so entsteht eine Endlosschleife und der Ton wird länger gespielt.

17.2 until-Schleife

Alle Schleifen, die wir uns bisher angesehen haben, verfügen über eine so genannte Laufbedingung (oder im Englischen *race condition* von *to race* = rennen, laufen und *condition* = Bedingung), das heißt, sie werden so lange ausgeführt, solange die angegebene Bedingung wahr ist. Gerade bei der Verwendung der Buttons am NXT kann es aber durchaus interessant sein, eine Schleife zu haben, die so lange läuft, bis eine Bedingung eintritt, zum Beispiel ein Button gedrückt wird. Das lässt sich zwar auch mit einer `while`-Schleife realisieren (solange Button nicht gedrückt, tue), logisch sinnvoller lassen sich solche Sachverhalte aber mit einer Schleife mit Abbruchbedingung realisieren. Eine Schleife mit einer Abbruchbedingung wird so lange ausgeführt, bis die Bedingung zum Abbruch der Schleife erfüllt ist, dann wird die Schleife beendet und der weitere Code ganz normal ausgeführt. Die Syntax einer Schleife mit Abbruchbedingung lautet:

```
until(Abbruchbedingung)
{
 Anweisung;
}
```

Aufgrund des Schlüsselwortes `until` (Deutsch: bis) spricht man von der `until`-Schleife. Schauen wir uns nun noch ein typisches Beispiel für die Verwendung der `until`-Schleife an, ein Programm, bei dem der Roboter erst losfahren soll, nachdem eine Taste gedrückt wurde:

```
#include "NXCDefs.h"

task main()
{
 until(ButtonState(BTN4) > 0);
 OnFwd(OUT_AC, 80);
 Wait(4000);
}
```

Programm 17.2

An diesem Programm fallen sofort zwei Besonderheiten auf. Zum einen verfügt die Schleife über keinen Rumpf, schließlich soll der Roboter, solange der Button nicht gedrückt ist, nichts tun und warten. Zum Zweiten steht hinter dem Schleifenkopf ein Semikolon, obwohl wir wissen, dass hinter einem Schleifenkopf im Normalfall nie ein Semikolon kommt. Das Semikolon sagt dem Programm an dieser Stelle einfach, dass diese Schleife keinen Rumpf hat. An dieser Stelle ist es also richtig, das ist aber eine Ausnahme, im Normalfall steht hinter einem Schleifenkopf kein Semikolon.

17.3 Zählschleife

Im Zusammenhang mit Arrays sind uns häufiger Schleifen dieser Art untergekommen:

```
while(i < 5)
{
 NumOut(0, LCD_LINE1, element[i]);
 i=i+1;
 Wait(2000);
 ClearScreen();
}
```

Die Rede ist von Schleifen mit einem Laufindex, also einer Variablen, die bei jedem Durchlauf erhöht wird, in denen der Laufindex gleichzeitig die Laufbedingung ist, und verwendet wird, um zum Beispiel wie hier die Elemente eines Arrays nacheinander durchzugehen oder Ähnliches. Da diese Art der Schleife besonders häufig vorkommt, hat man ihr einen eigenen Namen gegeben, man nennt Schleifen dieser Art Zählschleifen. In NXC gibt es, wie in fast allen Programmiersprachen, einen eigenen Schleifentyp, um Zählschleifen in Programmen umzusetzen, das soll dazu dienen, die Schleifen übersichtlicher und bequemer zu machen. In NXC werden Zählschleifen durch die `for`-Schleife dargestellt, deren Syntax lautet:

```
for(initialisierung; bedingung; fortsetzung)
{
 Anweisung;
}
```

An der Stelle `initialisierung` wird der Startwert für den Laufindex gesetzt. Wurde die Variable für den Laufindex schon vorher deklariert, so steht an dieser Stelle einfach eine Wertzuweisung, zum Beispiel: `i = 1;`. Es besteht aber auch die Möglichkeit, den Laufindex an dieser Stelle direkt zu deklarieren, das hat den Vorteil, dass der Laufindex dann nur innerhalb dieser Schleife gültig ist und somit Verwechslungen mit anderen Laufindexen vermieden werden. Dazu muss einfach der Variablentyp, wie bei der Deklaration üblich, vor den Namen geschrieben werden, also zum Beispiel `int i= 0;`. An der Stelle `bedingung` muss einfach eine normale Bedingung stehen, wie wir sie von der `while`-Schleife oder der `if`-Verzweigung kennen. Diese Bedingung muss dabei nicht zwangsläufig etwas mit dem Laufindex zu tun haben, in der Praxis hat sie das aber fast immer. Als Letztes steht an der Stelle `fortsetzung`, was mit dem Laufindex nach jedem Schleifendurchlauf geschieht. Der klassische Fall ist, dass der Laufindex um 1 erhöht wird, das würde so aussehen: `i++`. Es gibt aber noch viele andere Möglichkeiten, so kann der Laufindex auch bei jedem Durchlauf durch eine Zahl geteilt werden, subtrahiert werden oder auch mit sich selbst multipliziert werden, was einer Potenzierung bei jedem Schleifendurchlauf entspricht, dann funktioniert die Wertzuweisung wie bei Variablen üblich: `i = i * i`.

Die Schleife für das Auslesen des Arrays, die wir am Anfang betrachtet haben, ließe sich also auch einfach so darstellen:

```
for(int i= 0;i < 5;i++)
{
 NumOut(0, LCD_LINE1, element[i]);
 Wait(2000);
 ClearScreen();
}
```

Mit der Zählschleife haben Sie nun die letzte Schleife in NXC kennen gelernt. Sie kennen nun alle Schleifen, die die Programmiersprache bietet. In einigen Fällen eignet sich eine der Schleifen besonders (wie zum Beispiel die `for`-Schleife für das Auslesen von Arrays), für andere Probleme sind mehrere Schleifen eine gleich gute Lösung. Letztendlich bleibt es Ihnen überlassen, wann Sie sich für welche Schleife entscheiden.

17.4 Zusammenfassung

17.4.1 Übungen

Stellen Sie folgenden Programmausschnitt zuerst mit einer `while`-, dann mit einer `until`-Schleife dar:

```
for(int i= 0;i < 5;i++)
{
 NumOut(0, LCD_LINE1, element[i]);
 Wait(2000);
 ClearScreen();
}
```

17.4.2 Wiederholung

Begriff	Bedeutung
Kopfgesteuerte Schleife	Schleifen, bei denen die Bedingung vor dem Schleifendurchlauf geprüft wird
Vorprüfende Schleife	Anderes Wort für kopfgesteuerte Schleife
Fußgesteuerte Schleife	Schleifen, bei denen die Bedingung nach dem Schleifendurchlauf geprüft wird
Nachprüfende Schleife	Anderes Wort für fußgesteuerte Schleife
`do-while`-Schleife	Eine Art einer fußgesteuerten Schleife
Laufbedingung	Eine Schleife wird ausgeführt, wenn die Bedingung erfüllt ist.
race condition	Englisch für Laufbedingung
Abbruchbedingung	Eine Schleife wird abgebrochen, wenn die Bedingung erfüllt ist.
`until`-Schleife	Schleifenform mit Abbruchbedingung
Zählschleife	Schleife, die bei jedem Schleifendurchlauf den Laufindex erhöht und bei der der Laufindex die Laufbedingung ist
`for`-Schleife	Eine Art der Zählschleife

Befehl	Parameter	Funktion

do
{
 Anweisung1;
 Anweisung2;
}
while(bedingung)
	bedingung: Boolean	Führt die Anweisung(en) innerhalb der Klammer aus, solange die Bedingung erfüllt ist, mindestens aber einmal

until(abbruchbedingung)
{
 Anweisung;
}
	Abbruchbedingung: Boolean	Die Anweisung(en) werden ausgeführt, bis die Abbruchbedingung erfüllt wird.

for(initialisierung; bedingung; fortsetzung)
{
 Anweisung;
}
		Die Anweisung(en) werden ausgeführt, solange die Bedingung erfüllt ist, nach jedem Schleifendurchlauf wird die Schleifenvariable um die in fortsetzung angegebene Zahl erhöht.

Kapitel 18

Timer

In diesem Kapitel wollen wir uns so genannte Timer oder Zeitgeber anschauen. Wie der Name schon verrät, geht es hier um Zeiten. Sie kennen bereits einen Befehl, der mit dem Timer zusammenhängt, nämlich den `Wait()`-Befehl, dieser kann allerdings das Programm nur für eine gewisse Zeit anhalten. Unter einem Timer versteht man im Normalfall eine Art Uhr (oder eben Zeitgeber), die ständig weiterläuft. Wie man davon spricht, dass eine Uhr tickt, so nennt man auch die Zählschritte des Timers Ticks. Ein Timer macht also im Prinzip nichts anderes, als seine Laufzeit zu zählen. Mit verschiedenen Befehlen kann diese Information sehr nützlich sein. So ist es zum Beispiel mit dem `Wait()`-Befehl nicht möglich, zu warten, bis vier Sekunden vorbei sind **oder** ein Button gedrückt wird, denn während des `Wait()` kann sonst kein Befehl ausgeführt werden und deshalb die Bedingung auch nicht geprüft werden. Mit dem direkten Zugriff auf den Timer ist das ohne Weiteres möglich, wie Sie gleich sehen werden.

18.1 Verwendung des Timers

Normalerweise kann man mit einer Programmiersprache verschiedene Timer starten, die dann unabhängig voneinander laufen. Beim NXT funktioniert das jedoch etwas anders, hier kann man nicht selbst Timer erstellen, sondern kann nur auf einen Timer (eigentlich zwei, aber dazu gleich mehr) zugreifen, der bei jedem Anschalten des NXT automatisch gestartet wird. Wie der `Wait()`-Befehl zählt auch der Timer in Schritten von 1/1000 Sekunden. 1000 Ticks entsprechen also einer Sekunde. Den aktuellen Stand des Timers kann man mit folgendem Befehl abfragen:

```
x = CurrentTick();
```

Mit Hilfe dieses Befehls ist es auch recht einfach, Zeitabstände zu berechnen. Dazu empfiehlt es sich, den aktuellen Wert des Timers beim Beginn der Zeitmessung in eine Variable zu schreiben; zieht man diese Variable dann später vom aktuellen Timerwert ab, so erhält man als Ergebnis die Ticks, die seit dem Start der Zeitmessung vergangen sind. In einem Programm könnte solch eine Zeitmessung zum Beispiel so aussehen:

```
#include "NXCDefs.h"

task main()
{
 int zeit;
 int t0 = CurrentTick();

 while (true)
 {
  zeit = CurrentTick()-t0;
  NumOut(0, LCD_LINE1, zeit);
 }
}
```

Programm 18.1

Kommen wir nun auf das Beispiel vom Anfang dieses Kapitels zurück, ein Programm, das warten soll, bis vier Sekunden verstrichen sind oder der orange Button gedrückt wurde und den Roboter dann losfahren lassen soll. Mit dem `Wait()`-Befehl bräuchten wir zum Realisieren dieses Programms ein kompliziertes Konstrukt aus mindestens zwei Tasks. Mit dem Timer lässt sich das Problem jedoch mit einer einfachen Schleife lösen:

```
#include "NXCDefs.h"

task main()
{
 int zeit = 0;
 int t0 = CurrentTick();

 until (zeit > 4000 || ButtonState(BTN4) > 0)
 {
  zeit = CurrentTick()-t0;
 }
 while (true)
 {
  OnFwd(OUT_AC, 80);
 }
}
```

Programm 18.2

Sie sehen also, Timer können uns die Arbeit wirklich erleichtern! Möchte man die Zeit berechnen, die seit dem Start eines Programms verstrichen ist, geht das sogar noch einfacher, da es hierfür einen eigenen Befehl gibt. Der Befehl:

```
x = FirstTick();
```

gibt den Tick an, zu dem das Programm gestartet wurde. Zieht man diese Zahl von dem aktuellen Tick ab, erhält man als Ergebnis also, wie lange das Programm schon läuft.

18.2 Sleep-Timer

Wie vorher schon angedeutet, gibt es auch noch einen zweiten Timer, allerdings keinen Timer im klassischen Sinne. Der so genannte Sleep-Timer, also Schlaf-Timer, kann den NXT nach einer gewissen Zeit ausschalten, zum Beispiel um die Batterien zu schonen.

Der erste Befehl hat zwar noch nicht viel mit einem Timer zu tun, sollte in diesem Zusammenhang aber unbedingt genannt werden, denn er bringt den NXT dazu, sofort abzuschalten. Der Befehl hierfür lautet:

```
SleepNow();
```

Kommen wir aber nun zu den Funktionen des eigentlichen Sleep-Timers. Zuerst einmal sollten wir den Sleep-Timer setzen, also einstellen, nach welcher Zeit sich der NXT ausschalten soll. Hierzu dient folgender Befehl:

```
SetSleepTime(zeit);
```

Wobei `zeit` eine Zahl oder eine Variable vom Typ Integer sein muss. Die Ausschaltzeit wird in Minuten angegeben. Gibt man hier also 5 ein, so schaltet sich der NXT nach fünf Minuten automatisch aus. Es gibt auch einen Befehl, um die aktuell eingestellte Sleep-Time auszulesen. Dieser lautet:

```
x = SleepTime();
```

Die Ausgabe geschieht auch hier (wie bei allen Befehlen zum Sleep-Timer) in Minuten. Ein weiterer Befehl bietet die Möglichkeit, die verbleibenden Minuten bis zum Ausschalten anzuzeigen, also sozusagen einen Countdown. Mit den beiden Befehlen sollte man aufpassen, denn leider ist die Verwechslungsgefahr recht groß:

```
x = SleepTimer();
```

Um die Verwirrung perfekt zu machen, gibt es nun noch einen Befehl mit Verwechslungsgefahr, auch hier wird wieder nur ein r angehängt, diesmal an den `SetSleepTime()`-Befehl. Der Befehl dient dazu, den Sleep-Timer auf einen bestimmten Zeitpunkt zu setzen, so kann man dem Timer angeben, es seien schon eine bestimmte Anzahl von Minuten vergangen. Mit dem Befehl kann der Timer vor- oder zurückgesetzt werden:

```
SetSleepTimer(zeit);
```

Einen letzten Befehl gibt es noch zum Sleep-Timer, diesmal auch garantiert ohne Verwechslungsgefahr. Der Befehl dient dazu, den Sleep-Timer wieder zurückzusetzen, also hat er praktisch den gleichen Effekt, als würde man `SetSleepTimer(0);` eingeben:

```
ResetSleepTimer();
```

18.3 Projekt

Nun wollen wir den Timer nutzen, um unser Projekt wieder etwas zu erweitern. Wir wollen unsere Kalibrierungsfunktion in der Header-Datei bearbeiten. Der Roboter soll nun 15 Sekunden lang alle fünf Sekunden einen Ton spielen, zur Erinnerung, dass er noch nicht kalibriert wurde. Wurde der Roboter auch nach 15 Sekunden nicht kalibriert, soll er sich einfach wieder ausschalten. Versuchen Sie nun, die Vorgaben im Programm umzusetzen. und vergleichen Sie Ihr Ergebnis mit der Musterlösung. Übrigens ist es an dieser Stelle wieder von großem Vorteil, dass wir die Kalibrierungsfunktion zuvor in eine Header-Datei ausgegliedert haben, denn so behalten wir leichter den Überblick.

```
sub kalibrierung()
{
 int t0 = FirstTick();
 int zeitAbstand = CurrentTick() - t0;

 while((ButtonState(BTN4) == 0) && ((CurrentTick() - FirstTick()) <=
15000))
 {
  TextOut(0,LCD_LINE1,"Bitte auf");
  TextOut(0,LCD_LINE2,"Schwarz stellen");
  TextOut(0,LCD_LINE3,"und orange");
  TextOut(0,LCD_LINE4,"Knopf druecken");

  zeitAbstand = CurrentTick() - t0;
  if(zeitAbstand >= 5000)
  {
   PlayTone(440,1000);
   t0 = CurrentTick();
  }
```

```
  }
  ClearScreen();

  if(CurrentTick() - FirstTick() > 15000)
  {
   SleepNow();
  }
}
```

Programm 18.3

Die so (oder so ähnlich) abgeänderte Header-Datei sollte nun all unsere Anforderungen erfüllen. Der Aufruf innerhalb des Hauptprogramms bleibt unverändert, da sich weder am Namen noch an den Parametern der Subroutine etwas geändert hat.

18.4 Zusammenfassung

18.4.1 Übungen

- Programmieren Sie eine Subroutine mit dem Namen »Warte«, an die, wie an den `Wait()`-Befehl, ein Integer-Wert übergeben wird und die das Programm für die angegebene Zeit anhält. Allerdings soll die Zeit, die das Programm anhalten soll, in der Einheit 1 s angegeben werden (und nicht 1/1000 s wie beim `Wait()`-Befehl)!
- Schreiben Sie ein Programm, das den Benutzer dazu auffordert, (mindestens) alle 5 Sekunden auf den orange Button zu drücken. Tut er das nicht, so schaltet sich der Roboter nach 1 Minute aus, bei jedem Tastendruck soll die Zählung wieder von vorne beginnen!

18.4.2 Wiederholung

Begriff	Bedeutung
Timer	»innere Uhr« des NXT, im Allgemeinen innerhalb einer Programmiersprache die Möglichkeit, Zeiten zu messen
Zeitgeber	Anderes Wort für Timer
Tick	Einheit, in der der Timer zählt
Sleep-Timer	Timer, der die Zeit bis zum automatischen Ausschalten des NXT angibt
Schlaf-Timer	Anderes Wort für Sleep-Timer

Befehl	Parameter	Funktion
`x = CurrentTick();`	x: Integer	Gibt den aktuellen Wert des Timers in 1/1000 Sekunden an
`x = FirstTick();`	x: Integer	Gibt an, wann das aktuelle Programm gestartet wurde (in 1/1000 Sekunden)
`SleepNow();`		Schaltet den NXT sofort aus
`SetSleepTime(zeit);`	`Zeit`: Integer	Schaltet den NXT nach der angegebenen Zeit aus (Angabe in Minuten)
`x = SleepTimer();`	x: Integer	Gibt den aktuellen Wert des Sleep-Timers zurück
`SetSleepTimer(zeit);`	`Zeit`: Integer	Spielt dem Sleep-Timer vor, die angegebene Zeitspanne wäre bereits vergangen (Angabe in Minuten)
`ResetSleepTimer();`		Der Sleep-Timer beginnt noch einmal, bei 0 zu zählen.

Kapitel 19

Sensoren für Profis

Mit der Verwendung der Sensoren des NXT sind Sie inzwischen sehr vertraut und für den alltäglichen Gebrauch ist Ihr bisheriges Wissen auch vollkommen ausreichend. Allerdings gibt es einige Fälle, in denen Ihre bisherigen Möglichkeiten nicht ausreichen und genau diese Fälle werden wir in diesem Kapitel betrachten. Dazu werden wir uns zum einen ansehen, wie wir noch mehr aus den Sensoren herausholen können, die Sie bereits kennen, wir werden uns aber auch anschauen, welche weiteren Sensoren es für den NXT noch gibt, denn inzwischen bieten einige andere Hersteller, außer LEGO, auch zahlreiche Sensoren für den NXT an, die dessen Funktionsumfang noch um ein Vielfaches erweitern. Außerdem werden wir uns auch die Möglichkeit anschauen, die Sensoren des Vorgängermodells, also des RCX, am NXT zu betreiben.

19.1 Erweiterte Sensorfunktionen

Bisher haben wir über Befehle wie `SetSensorTouch()` oder `SetSensorLight()` festgelegt, welche Sensoren an welchem Eingang angeschlossen sind. Möchten Sie den vollen Funktionsumfang aller Sensoren nutzen, so reichen Ihnen diese Befehle nicht mehr, stattdessen brauchen Sie diesen Befehl:

```
SetSensorType(IN_X, sensortyp);
```

Mit `IN_X` wird der Eingang angegeben, an dem der Sensor angeschlossen wird. Welcher Sensor an diesem Eingang angeschlossen ist, wird mit der Variablen `sensortyp` angegeben. Welche verschiedenen Typen es gibt, wollen wir uns nun im Folgenden anschauen.

Hinweis

Anstatt `IN_1`, `IN_2`, `IN_3` und `IN_4` kann man auch `S1`, `S2`, `S3` beziehungsweise `S4` schreiben. Das gilt nicht nur beim `SetSensorType()`-Befehl, sondern generell für alle Befehle.

Beginnen wir mit den Typen, die Sie bereits kennen. In der folgenden Tabelle können Sie nachlesen, welcher Typ Ihren bisher bekannten Befehlen entspricht:

Bisheriger Befehl	Entsprechender Sensortyp
SetSensorTouch()	SENSOR_TYPE_TOUCH
SetSensorLight()	SENSOR_TYPE_LIGHT_ACTIVE
SetSensorSound()	SENSOR_TYPE_SOUND_DB
SetSensorLowspeed()	SENSOR_TYPE_LOWSPEED

Tabelle 19.1: Sensortypen Teil I

Gäbe es nur diese vier Möglichkeiten, wäre der Befehl allerdings relativ nutzlos, schließlich bieten sie uns ja auch nicht mehr Möglichkeiten als die anderen Befehle. Deshalb werden wir uns jetzt die wirklich interessanten Sensortypen ansehen, nämlich die, die Sie bisher noch nicht verwenden konnten. Folgende zwei Sensortypen kennen Sie noch nicht:

Sensortyp	Zugehöriger Sensor
SENSOR_TYPE_LIGHT_INACTIVE	Lichtsensor
SENSOR_TYPE_SOUND_DBA	Soundsensor

Tabelle 19.2: Sensortypen Teil II

Nun kann der Begriff *Sensortyp* an dieser Stelle vielleicht etwas verwirrend sein, denn Sensortyp bedeutet hier nicht, dass es sich um einen anderen Sensor handelt, es handelt sich lediglich um eine andere Art, den Wert des Sensors abzufragen.

So gibt der Lichtsensor auch mit SENSOR_TYPE_LIGHT_INACTIVE den Helligkeitswert zurück, allerdings wird dann die kleine, rote LED am Sensor deaktiviert, wodurch der Sensor nicht mehr das reflektierte Licht, sondern das Umgebungslicht misst. So eignet sich dieser Befehl zum Beispiel bestens, wenn man den Roboter darauf reagieren lassen will, ob er im Dunklen fährt oder nicht. Außerdem kann der Roboter sich so an Lichtquellen orientieren, die zum Beispiel im Boden eingelassen sind. Würde man einen Lichtsensor so an Eingang 1 betreiben wollen, sähe der Code dafür so aus:

```
SetSensorType(IN_1, SENSOR_TYPE_LIGHT_INACTIVE);
```

Der Sensortyp SENSOR_TYPE_SOUND_DBA verändert die Einheit des Rückgabewertes des Soundsensors. Statt, wie normal, einen Wert in dB (also Dezibel) zurückzuliefern, ist der ausgegebene Wert nun in der Einheit dBA (also A-Bewerteter Schalldruckpegel) angegeben. Die A-Bewertung des Schalldruckpegels ist eine Anpassung der Einheit Dezibel für das menschliche Gehör, denn sie versucht, die tatsächliche Auswirkung auf das Gehör widerzuspiegeln und wird deshalb zum Beispiel bei Gesetzen zum Lärmschutz verwendet. Der Code für einen entsprechend betriebenen Soundsensor an Eingang 1 sieht so aus:

```
SetSensorType(IN_1, SENSOR_TYPE_SOUND_DBA);
```

Mit dem `SetSensorType()`-Befehl können aber nicht nur die schon verwendeten Sensoren auf neue Art genutzt werden, der Befehl erlaubt es auch, Sensoren zu verwenden, die Sie bisher noch nicht verwenden konnten.

19.2 RCX-Sensoren

Besonders wer bereits das Vorgängermodell des NXT besaß, den RCX, wird sich freuen zu hören, dass es mit Hilfe eines Adapterkabels auch möglich ist, die alten Sensoren des RCX am NXT zu betreiben. Doch auch für alle anderen kann die Verwendung der RCX-Sensoren durchaus interessant sein, denn zum einen sind die RCX-Sensoren inzwischen oft gebraucht und damit wesentlich günstiger erhältlich, zum anderen sind zum Beispiel die Licht- und Tastsensoren wesentlich kleiner und können damit unter Umständen besser verbaut werden. Außerdem gibt es Sensoren, wie zum Beispiel den Rotationssensor, gar nicht für den NXT und somit kann man hier nur auf den RCX-Sensor zurückgreifen.

Abb. 19.1: NXT → RCX Adapterkabel (Quelle: LEGO GmbH)

19.2.1 Programmierung

Wie schon oben angedeutet, benötigt man zur Verwendung der RCX-Sensoren auch den `SetSensorType()`-Befehl. Folgende Sensortypen dienen zum Ansprechen der RCX-Sensoren:

Sensortyp	Zugehöriger Sensor
SENSOR_TYPE_TOUCH	Tastsensor
SENSOR_TYPE_LIGHT	Lichtsensor
SENSOR_TYPE_ROTATION	Rotationssensor

Tabelle 19.3: Sensortypen RCX-Sensoren

Wie Ihnen sicher auffällt, lautet der Befehl zum Verwenden des RCX-Tastsensors genauso wie der zum Verwenden des NXT-Tastsensors. Dementsprechend gibt der Sensor auch den Wert 1 oder 0 zurück. Der Lichtsensor des RCX gibt ebenfalls, wie der des NXT, an, wie viel des ausgesendeten Lichts reflektiert wird. Der Rotationssensor des RCX funktioniert ganz ähnlich wie der in den Motoren des NXT eingebaute Rotationssensor, bietet allerdings zum Beispiel nicht die Möglichkeit, die Rotationszahl zurückzusetzen. Dafür bietet er die Möglichkeit, zum Beispiel die Rotationen einer Achse zu überwachen, die nicht an einen Motor angeschlossen ist.

19.3 Sensoren in BricxCC

Die neuen Sensortypen findet man auch in der BricxCC-Oberfläche, unter dem Punkt DIRECT CONTROLLER, den Sie bereits aus vorherigen Kapiteln kennen.

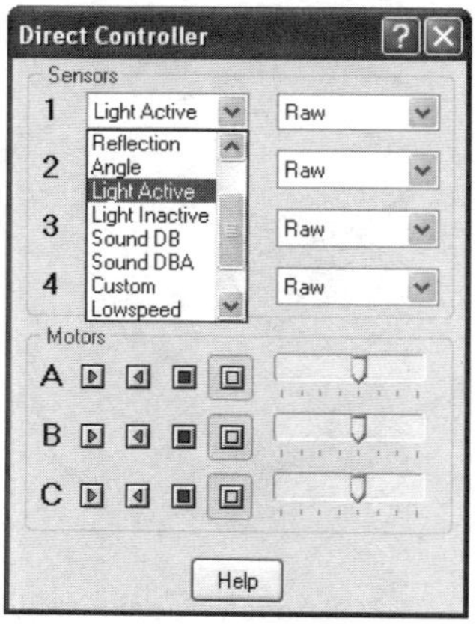

Abb. 19.2: DIRECT CONTROLLER-Sensortypen

Hier finden Sie die Sensormodi mit den bekannten Namen und können dem Sensor so, falls der Computer mit dem Roboter verbunden ist, vom PC aus die entsprechenden Typen zuweisen. Am besten lässt sich das verdeutlichen, wenn Sie einfach einen Lichtsensor an einen Eingang anschließen und dann zwischen

LIGHT ACTIVE und LIGHT INACTIVE wechseln. Sie sollten dabei sehen, wie die LED am Lichtsensor einmal aus und einmal an ist.

19.4 Weitere Sensoren

Allein mit den Sensoren von LEGO bietet der NXT schon zahlreiche Möglichkeiten. Allerdings gibt es inzwischen einige Dritthersteller, die sich darauf spezialisiert haben, Sensoren für den NXT zu entwickeln, die dessen Möglichkeiten noch um ein Vielfaches erweitern. Mit NXC können die Sensoren der zwei wichtigsten dieser Hersteller ganz einfach verwendet werden. Welche zusätzlichen Sensoren es gibt, für welche Einsatzgebiete sie geeignet sind und wie man mit ihnen programmiert, wird im Folgenden genauer erläutert.

19.4.1 HiTechnic-Sensoren

Einer dieser Hersteller ist HiTechnic. Eine der Besonderheiten dieser Sensoren ist, dass sie in den originalen Sensorengehäusen stecken und sich somit optisch gut anpassen und leicht zu montieren sind. Viele der HiTechnic-Sensoren eignen sich besonders gut für Roboter, die zum Fußballspielen gebaut werden.

Kompass-Sensor

Abb. 19.3: HiTechnic-Kompass-Sensor (Quelle: LEGO GmbH)

Bei diesem eigentlich recht unscheinbar wirkenden kleinen Kasten handelt es sich um einen Kompass-Sensor. Er ermöglicht es dem Roboter, zu messen, in welche Himmelsrichtung er steht. Im ersten Moment ist vielleicht nicht ganz ersichtlich, wozu das gut sein soll, denn schließlich ist es wohl egal, ob der Roboter gerade zum Nord- oder zum Südpol steht. Allerdings muss man sich klarmachen, dass es uns bisher nicht möglich war, zu erkennen, in welche Richtung der Roboter gerade steht, also wo er wirklich hinfährt, wenn er nun losfährt; für einige Anwendungen ist das aber von großer Bedeutung. Das offensichtlichste und auch bekannteste Beispiel ist der Roboterfußball. Der Roboter muss hierbei natürlich wissen, ob er gerade auf das eigene oder das gegnerische Tor zufährt. Mit den LEGO-Sensoren lässt sich das aber nicht feststellen, daher findet man den Kompass-Sensor sehr oft bei Wettbewerben wie dem RoboCup. Beim Einbau des Sensors muss man unbedingt darauf achten, dass dieser nur in waagerechter Stellung zuverlässige Werte liefert und am besten etwas Abstand zum NXT und den Motoren haben sollte, da der Kompass-Sensor sehr empfindlich auf elektromagnetische Strahlung reagiert.

Um dem NXT mitzuteilen, an welchem Eingang der Kompass-Sensor angeschlossen ist, verwenden wir einfach denselben Befehl wie für den Ultraschallsensor, also:

```
SetSensorLowspeed(IN_X);
```

Mit dem Befehl

```
wert = SensorHTCompass(IN_X);
```

kann die Ausrichtung des Roboters nun auf 2° genau ausgelesen werden (wobei 0° einer Ausrichtung zum Nordpol entspricht). Wie beim Lichtsensor sollte man auch beim Kompass-Sensor die Auswirkungen der Umwelteinflüsse berücksichtigen, so kann es sein, dass die Werte für den Kompass-Sensor je nach Ort, an dem er genutzt wird, unterschiedlich ausfallen, da das Erdmagnetfeld nicht überall gleich ist.

Gyro-Sensor

Abb. 19.4: HiTechnic-Gyro-Sensor (Quelle: LEGO GmbH)

Auch wenn sich der Gyro-Sensor rein optisch nicht von dem Kompass-Sensor unterscheidet, so schlummert in ihm doch eine völlig andere Technik. Mit Hilfe eines so genannten Gyroskops misst der Gyro-Sensor die Umdrehungen pro Minute. Da es sich um ein Gyroskop mit einer Achse handelt, können nur seitliche Bewegungen gemessen werden, wie in Abbildung 19.5 zu sehen ist. Möchte man Bewegungen in die andere Richtung messen, so kann man den Gyro-Sensor einfach entsprechend anders anbringen.

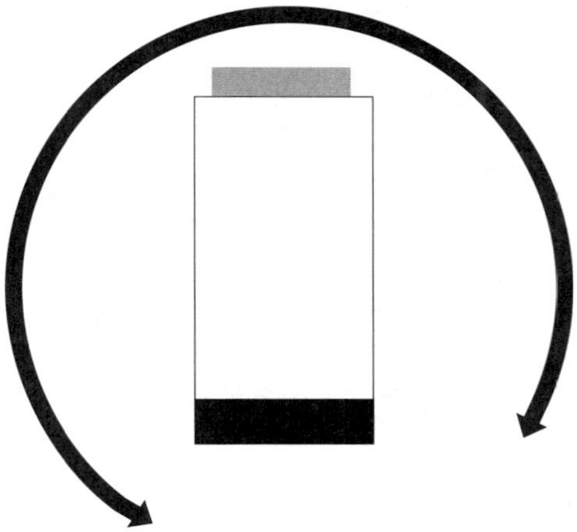

Abb. 19.5: Messrichtung Gyro-Sensor

Im Gegensatz zum Kompass-Sensor hat der Gyro-Sensor einen eigenen Befehl, um festzulegen, an welchem Eingang er angeschlossen ist. Dieser Befehl lautet:

```
SetSensorHTGyro(IN_X);
```

Wurde der Eingang erst einmal festgelegt, kann der Wert des Sensors über diesen Befehl abgerufen werden:

```
wert = SensorHTGyro(IN_X, offset);
```

Als `IN_X` muss natürlich auch hier wieder der Eingang angegeben werden, an dem der Sensor angeschlossen ist. Mit der `offset`-Variablen kann der Sensor kalibriert werden. Das ist auch unbedingt nötig, da je nach Sensor und äußeren Gegebenheiten (zum Beispiel Temperatur) der Sensor im Stillstand nicht 0 ausgibt. Um den Sensor zu kalibrieren, misst man einfach einmal den Wert des Sensors in absoluter Ruhe und gibt diesen dann als `offset`-Variable an. *Offset* bedeutet übrigens so viel wie ausgleichen oder gegenrechnen.

Der Sensor gibt als Wert aus, um wie viel Grad sich der Roboter (oder das betrachtete Bauteil) pro Sekunde dreht. Die maximal messbare Geschwindigkeit ist dabei (+/-) 360° pro Sekunde. Der Gyro-Sensor kann zum Beispiel dazu benutzt werden, die tatsächliche Geschwindigkeit eines sich drehenden Bauteils zu ermitteln und nicht nur die Zahl der Rotationen des Motors.

Farbsensor

Abb. 19.6: HiTechnic-Farbsensor (Quelle: LEGO GmbH)

Mit dem Lichtsensor verfügt der NXT zwar über die Möglichkeit, zwischen hellen und dunklen Untergründen zu unterscheiden, was ihm jedoch fehlt, ist die Möglichkeit, zwischen verschiedenen Farben zu unterscheiden. Genau hier setzt der Farbsensor an. Er besitzt eine spezielle LED, die besondere Farbfrequenzen aussendet. Daraus, welche der Farben wie stark reflektiert wird, errechnet der Sensor dann, um welche Farbe es sich handelt. Die Festlegung des Eingangs funktioniert beim Farbsensor wie beim Ultraschallsensor oder dem Kompass-Sensor:

```
SetSensorLowspeed(IN_X);
```

Zum Abrufen des Wertes des Farbsensors gibt es jedoch nicht nur eine Möglichkeit, sondern gleich mehrere. Die einfachste Art, um den Farbwert des Sensors ausgeben zu lassen, ist folgende:

```
wert = SensorHTColorNum(IN_X);
```

Der Sensor liefert dann eine Zahl zurück, die für eine Farbe steht. Hier eine Übersicht über die wichtigsten Zahlen und die dazugehörigen Farben:

Wert	Farbe
0	Schwarz
1	Lila
2	Dunkelblau

Tabelle 19.4: Farbwerte des HiTechnic-Farbsensors

Wert	Farbe
3	Hellblau
4	Grün
5	Gelbgrün
6	Gelb
7	Orange
8	Rot
10	Lila
17	Weiß

Tabelle 19.4: Farbwerte des HiTechnic-Farbsensors (Forts.)

Die nicht angegebenen Werte ergeben sich entsprechend aus den Farbverläufen oder aus der dem Sensor beiliegenden Dokumentation.

Die zweite Möglichkeit, den Wert des Sensors abzurufen, sieht wie folgt aus:

```
bool = ReadSensorHTColor(IN_X, num, rot, gruen, blau);
```

Das Erste, was auffällt, ist, dass am Anfang nicht mehr `wert` steht. Das Abrufen gibt nämlich an die Variable, der sie zugewiesen wird, nur wahr (wenn das Lesen erfolgreich war) oder falsch (wenn das Lesen nicht erfolgreich war) zurück. Die eigentlichen Werte werden an Variablen übergeben. Deshalb müssen `num`, `rot`, `gruen` und `blau` auch Variablen sein. In der Variablen `num` wird die Nummer der Zahl gespeichert, wie schon beim Befehl `SensorHTColorNum(IN_X);`. In den Variablen `rot`, `gruen` und `blau` wird die Farbe in den RGB-Farbraum umgewandelt gespeichert: Jede Farbe lässt sich aus den drei Primärfarben Rot, Grün und Blau darstellen. Bildschirme arbeiten nach demselben Prinzip. Mit der RGB-Schreibweise lassen sich Farben wesentlich genauer bestimmen als mit der Darstellung als einzelne Ganzzahl. Außerdem eignet sich diese Schreibweise teilweise besser für die weitere Verarbeitung.

Es wird allerdings nur in sehr wenigen Situationen interessant sein, beide Werte auszulesen, daher gibt es auch die Möglichkeit, nur den RGB-Wert auszulesen. Der Befehl hierzu lautet:

```
bool = ReadSensorHTRawColor(IN_X, rot, gruen, blau);
```

Die RGB-Werte sind hier genau gleich wie beim anderen Befehl, jedoch erspart man sich das Mitschleppen der Nummer in einer Variablen. Braucht man diese Zahl also nicht, ist der Befehl `ReadSensorHTRawColor()` die eindeutig bessere Lösung.

Beschleunigungssensor

Abb. 19.7: Beschleunigungssensor (Quelle: LEGO GmbH)

Der Beschleunigungssensor (oder auch Acceleration Sensor, von engl. *acceleration* = Beschleunigung) kann Beschleunigungen oder Bremsungen in alle drei Richtungen wahrnehmen.

Die drei Messrichtungen sind dabei, wie auf Abbildung 19.8 zu sehen, y für Bewegungen nach rechts oder links (bei Ansicht auf die Front des Sensors), z für hoch oder runter und x für Bewegungen in Richtung des Betrachters oder davon weg.

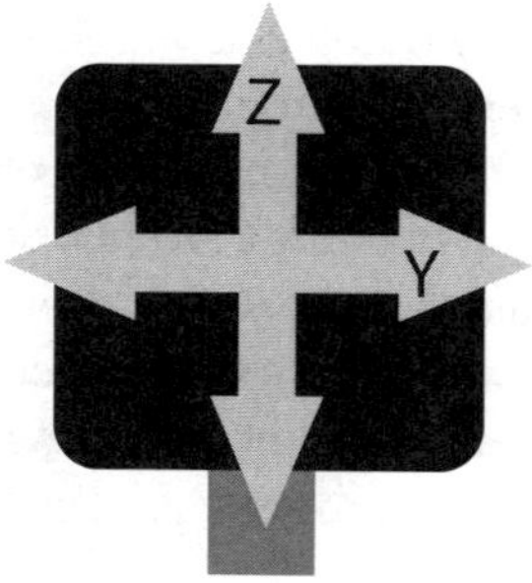

Abb. 19.8: Messrichtungen Beschleunigungssensor Frontansicht

Kommen wir nun zur Programmierung des Sensors. Festlegen, an welchem Eingang der Sensor angeschlossen ist, kann man mit dem bereits vom Ultraschallsensor bekannten Befehl, also:

```
SetSensorLowspeed(IN_X);
```

Das Abrufen des Wertes funktioniert ganz ähnlich wie beim Farbsensor. Auch hier müssen Variablen angegeben werden, in denen die Werte gespeichert werden, und die Funktion liefert den Wert wahr oder falsch zurück, je nachdem ob die Abfrage erfolgreich war oder nicht. Die konkrete Abfrage sieht so aus:

```
bool = ReadSensorHTAccel(IN_X, x, y, z);
```

Wobei x, y und z den Achsen entsprechen.

IR-Seeker

Als letzten HiTechnic-Sensor wollen wir uns nun noch den so genannten IR-Seeker anschauen.

Abb. 19.9: HiTechnic-IR-Seeker (Quelle: LEGO GmbH)

Unter der unscheinbaren Hülle verbirgt sich ein Infrarot-Empfänger, daher auch der Name IR-Seeker, zu Deutsch also Infrarot-Sucher. Dieser Sensor findet, wie auch der Kompass-Sensor, hauptsächlich bei Fußball spielenden Robotern Einsatz, für die er auch extra entwickelt wurde. Bei Wettbewerben wie dem RoboCup wird mit Infrarotbällen gespielt. Die Bälle sind aus Plexiglas und im Inneren befinden sich, je nach Ball, um die 20 Infrarot-LEDs, die ständig Signale aussenden. Der Roboter kann so mit einem Infrarotempfänger die Position des Balls orten. Das würde zwar theoretisch auch mit dem normalen Lichtsensor gehen, aber der IR-Seeker hat gleich mehrere Vorteile. Zum einen hat er einen breiteren Winkel, das heißt, es werden weniger Sensoren benötigt, um den kompletten Raum um den Roboter abzudecken. Außerdem ist der vom IR-Seeker überwachte Bereich in neun gleich große Teile unterteilt. Der IR-Seeker kann also, im Gegensatz zum normalen Lichtsensor, nicht nur orten, ob sich ein Ball in seinem Bereich befindet, sondern auch, wo sich dieser Ball befindet. Das, zusammen mit dem 135°-Beobachtungswinkel, macht den IR-Seeker zum optimalen Sensor für Fußballroboter.

Um dem NXT mitzuteilen, an welchem Eingang der IR-Seeker angeschlossen ist, kann folgender, bereits bekannter, Befehl verwendet werden:

```
SetSensorLowspeed(IN_X);
```

Abb. 19.10: Messbereiche IR-Seeker

Zum Abrufen des Wertes gibt es verschiedene Befehle und Möglichkeiten. Bei der einfachsten Möglichkeit entspricht der zurückgelieferte Wert einem der Bereiche, wie Sie sie in Abbildung 19.10 finden. Liefert der Befehl zum Beispiel den Wert 5 zurück, so befindet sich der Ball frontal vor dem Sensor. Befindet sich der Ball außerhalb des Messbereichs des IR-Seekers, so gibt der Befehl den Wert 0 zurück. Der Befehl zum Abrufen, aus welcher Richtung (engl. *direction*) der Ball kommt, lautet:

```
x = SensorHTIRSeekerDir(IN_X);
```

Je nach Einsatzgebiet, also vor allem, wenn es nicht um Fußball geht, kann es aber durchaus sein, dass es mehr als eine Infrarot-Quelle gibt oder dass man etwas genauere Informationen haben möchte, zum Beispiel, welche Segmente etwas wahrnehmen und wie stark. Um das zu ermöglichen, gibt es einen speziellen Befehl zum Abrufen der Werte des IR-Seekers. Dieser Befehl lautet:

```
bool = ReadSensorHTIRSeeker(IN_X, messbereich, b1, b3, b5, b7, b9);
```

Wie beim Abrufen des Wertes für den Beschleunigungssensor wird auch hier wahr oder falsch zurückgegeben, je nachdem, ob das Abrufen des Wertes funktioniert hat oder nicht. `IN_X` gibt den Eingang an, an dem der Sensor angeschlossen ist, bei allen anderen Angaben muss es sich um Variablen handeln, in denen der zurückgegebene Wert gespeichert wird. In `messbereich` wird, wie beim Befehl `SensorHTIRSeekerDir()`, zurückgegeben, in welchem Messbereich sich die Infrarotquelle befindet. `b1` bis `b9` stehen jeweils für die Bereiche zwischen 1 und 9, wie sie auf Abbildung 19.10 zu sehen sind. In dieser Variablen wird die Stärke der, eventuell, gemessenen Infrarotquelle für den jeweiligen Bereich gespeichert. So ist es auch möglich, mehrere Infrarotquellen zu erkennen oder die Position einer Quelle noch exakter zu bestimmen.

Multiplexer

Obwohl der NXT mit insgesamt vier Sensoreneingängen einen Eingang mehr besitzt als sein Vorgänger, kann es, je nach Roboter, mit den Eingängen recht schnell knapp werden. Möchte man zum Beispiel einen Roboter bauen, der auf jeder Seite einen Tastsensor hat, zum Beispiel um Hindernisse zu erkennen, so würden die Tastsensoren schon alle Eingänge belegen und es wäre nicht möglich, noch weitere Sensoren zu verbauen. Um genau dieses Problem zu lösen, gibt es den NXT Touch Sensor Multiplexer, kurz MUX.

Bei dem MUX handelt es sich um eine Art Verteiler für Tastsensoren. Der Baustein verfügt über fünf Anschlüsse, davon sind vier von 1 bis 4 durchnummeriert und dienen zum Anschluss von Tastsensoren, der fünfte ist mit NXT beschriftet und dient zur Verbindung des MUX mit dem NXT. Der MUX bietet die Möglichkeit, zu erkennen, ob einer der Sensoren gedrückt wurde, und bietet sogar die Möglichkeit, zu erkennen, welcher der Sensoren gedrückt wurde. Dabei ist es wichtig, zu beachten, dass wirklich nur Tastsensoren mit dem Multiplexer funktionieren.

Schauen wir uns nun einmal an, wie man mit dem MUX programmiert. Beginnen wollen wir mit dem einfachsten Fall, also wenn nur überprüft werden soll, ob einer der Tastsensoren gedrückt wurde. Für diesen Fall können Sie mit dem MUX wie mit einem normalen Tastsensor arbeiten. Um einzustellen, an welchem Eingang der MUX angeschlossen ist, nutzen Sie also folgenden Befehl:

```
SetSensorTouch(IN_X);
```

Zum Abrufen des Wertes nutzen Sie entsprechend:

```
SENSOR_X
```

Möchte man auch noch wissen, welcher der Sensoren gedrückt wurde, wird das Abrufen schon etwas komplizierter. Anders als bei den anderen Sensoren entfällt hier die Angabe, um welchen Sensor es sich handelt und an welchem Port er angeschlossen ist, diese Angaben werden direkt beim Abrufen des Wertes angegeben. Der Abruf des Wertes und dessen Weiterverarbeitung erfolgt nun so:

```
wert = 1023-SensorRaw(IN_X);
sensoren = 339 * wert;
sensoren = sensoren / (1023 - wert);
sensoren += 5;
sensoren = sensoren / 10;
```

```
if(sensoren & 8) sensor4=1; else sensor4=0;
if(sensoren & 4) sensor3=1; else sensor3=0;
if(sensoren & 2) sensor2=1; else sensor2=0;
if(sensoren & 1) sensor1=1; else sensor1=0;
```

Wie Sie sehen, ist das Abrufen des Wertes wirklich nicht gerade einfach. Wir werden nicht (und müssen auch gar nicht) alles, was hier passiert, genau verstehen. Denn vieles hängt einfach davon ab, wie der Sensor gebaut ist, und geht weit über das normale Programmieren hinaus. Trotzdem versuchen wir, im Groben zu verstehen, wie das Abrufen des Wertes funktioniert.

Zuerst wird der Variablen der »Wert« 1023 abzüglich des Wertes, den der Sensor zurückgibt, zugewiesen. Der Sensor gibt uns also als Wert eine Zahl zurück. Damit wir diese Zahl aber interpretieren können, müssen wir sie noch weiterverarbeiten. Deshalb wird der Variablen `sensoren` 339-mal die Variable `wert` zugewiesen. Danach wird die Variable `sensoren` durch 1023 abzüglich der Variablen `wert` geteilt, dann um 5 erhöht und schließlich durch 10 geteilt.

Warum man genau diese Berechnungen anstellen muss, hängt, wie schon erwähnt, mit der Bauweise des Multiplexers zusammen und soll uns nicht weiter stören, wir sollten es einfach als gegeben ansehen. Danach findet ein Vergleich statt, auch den können wir nicht ganz verstehen, da es nicht ein Vergleich von Werten, sondern ein Vergleich auf Bit-Ebene ist. Wichtig ist für uns auch eigentlich nur, wenn der Tastsensor an Eingang 1 gedrückt wird, so hat die Variable `sensor1` den Wert 1, wird er nicht gedrückt, so hat sie den Wert 0. Gleiches gilt natürlich auch für die Variablen `sensor2`, `sensor3` und `sensor4`. Mit diesen Variablen können wir dann also wie mit normalen Tastsensoren weiterarbeiten.

19.4.2 Mindsensors

Auch die Firma Mindsensors bietet zahlreiche Sensoren und Erweiterungen für den NXT an. Im Gegensatz zu den Sensoren von HiTechnic sind die Sensoren von Mindsensors jedoch nicht in Gehäusen verbaut, sondern es handelt sich um einfache Platinen.

Uhr

Auch wenn man es auf den ersten Blick nicht erkennen kann, bei dem Sensor, den wir zuerst betrachten wollen, handelt es sich um eine Uhr.

Die Uhr kann Sekunden, Stunden und Minuten angeben, aber auch Monat, Tag und Jahr, ebenso wie den Wochentag. Damit die Uhr die Zeit nicht verliert, auch wenn der NXT ausgeschaltet ist, verfügt sie über eine Knopfzelle, die sie mit Strom versorgt. Laut Hersteller soll diese für bis zu zehn Jahre reichen. Bis zum

Jahr 2100 kennt die Uhr auch alle Schaltjahre. Das Abrufen der Zeit, beziehungsweise der anderen Werte, funktioniert zum Glück sehr einfach:

```
bool = ReadSensorMSRTClock(IN_X, ss, mm, hh, dw, dd, mon, yy);
```

Wurden die Daten erfolgreich ausgelesen, so liefert der Befehl den Wert `true` zurück, ansonsten `false`. Dem Befehl werden Variablen übergeben, in denen die Werte dann gespeichert werden. In `ss` werden die Sekunden, in `mm` die Minuten und in `hh` die Stunden gespeichert, in `dd` der Tag, in `mon` der Monat und in `yy` das Jahr. In der Variablen `dw` wird der Tag der Woche gespeichert.

Die Uhr eignet sich für die Überwachung von Zeiten, die zu lange für den Timer sind, sowie automatisches Abschalten, oder um gespeicherte Messwerte mit dem Aufnahmedatum zu versehen.

Mindsensors RCX Sensor Multiplexer

Auch Mindsensors bietet einen Multiplexer an, also ein Gerät, um mehrere Sensoren an einen Eingang anzuschließen. Im Gegensatz zum Gerät von HiTechnic können mit dem Multiplexer von Mindsensors jedoch keine NXT-, sondern nur RCX-Sensoren zusammen an einen Port angeschlossen werden. Das funktioniert nicht nur mit Tast-, sondern auch mit Licht- und Rotationssensoren.

Auf der Website des Herstellers finden Sie eine Header-Datei, die Sie herunterladen müssen und in jedem Programm, in dem Sie den Sensor verwenden, einbinden müssen. Hat man das getan, so kann man den Wert einfach so abrufen:

```
wert = RXMuxSelChannel(IN_X, ChX, SENSOR_TYPE, SENSOR_MODE, 5);
```

`IN_X` gibt an, an welchem Eingang der Multiplexer am NXT angeschlossen ist. `ChX` gibt an, an welchem der vier Eingänge des Multiplexers der Sensor angeschlossen ist, dessen Wert ausgelesen werden soll. Als `SENSOR_TYPE` wird angegeben, was für ein Sensor gerade gelesen wird. Sie finden eine Übersicht über die Typen der RCX-Sensoren in Tabelle 19.3. `SENSOR_MODE` gibt an, auf welche Weise der Wert ausgelesen werden soll. Folgende Modi werden für die RCX-Sensoren benötigt:

Sensor	Modus
Lichtsensor	`SENSOR_MODE_PERCENT`
Tastsensor	`SENSOR_MODE_BOOL`
Rotationssensor	`SENSOR_MODE_ROTATION`

Tabelle 19.5: RCX-Sensor-Modi

Die letzte Zahl gibt eine Verzögerung in zehn Millisekunden an (in unserem Fall also 50 Millisekunden). Diese ist aufgrund der Bauart des Multiplexers nötig, da es etwas dauert, bis sich der Strom am Sensor stabilisiert hat. Hier können Sie einfach immer den Wert 5 nehmen.

19.4.3 Bezugsquellen

Kaufen können Sie die Sensoren direkt beim Hersteller, also auf `www.hitechnic.com` beziehungsweise `www.mindsensors.com`. Allerdings werden die Sensoren dann aus den USA verschickt und Sie müssen sich eventuell auf lange Lieferzeiten und Zollgebühren einstellen. Einige Sensoren von HiTechnic finden Sie auch im offiziellen LEGO-Shop, dort ersparen Sie sich den Import. Den Shop finden Sie unter `shop.lego.com`.

19.5 Zusammenfassung

19.5.1 Übungen

- Erstellen Sie ein Programm, das den Roboter dazu bringt, mit einem RCX-Lichtsensor, der an Eingang 1 angeschlossen ist, einer schwarzen Linie zu folgen, der Wert für Schwarz soll als 60 angenommen werden.
- Bauen Sie einen RCX-Rotationssensor an einen NXT-Motor und schreiben Sie ein Programm, das die Werte des RCX-Rotationssensors und des im Motor eingebauten Sensors ausgibt, und vergleichen Sie diese. Gehen Sie dafür davon aus, dass der RCX-Sensor an Motor A angeschlossen ist.
- Vergleichen Sie die Werte, die ein NXT-Lichtsensor mit eingeschaltetem beziehungsweise mit ausgeschaltetem Licht zurückliefert. Verwenden Sie dazu zwei Lichtsensoren gleichzeitig.

19.5.2 Wiederholung

Begriff	Bedeutung
Sensortyp	Verschiedene Möglichkeiten, einen Sensor abzufragen
dB/dBA	Einheiten zum Messen von Lautstärken
HiTechnic	Hersteller von Sensoren für den NXT
Kompass-Sensor	Sensor zum Feststellen der Ausrichtung des Roboters zur Himmelsrichtung
Gyro-Sensor	Sensor mit eingebautem Gyroskop zum Messen der Umdrehungen des Sensors pro Minute
offset-Variable	Variable zum Kalibrieren des Gyro-Sensors

Begriff	Bedeutung
Farbsensor	Sensor zum Messen der Untergrundfarbe
Beschleunigungssensor	Sensor zum Messen der Beschleunigung in drei verschiedene Richtungen
IR-Seeker	Sensor zum Finden von Infrarotquellen
Multiplexer	Gerät zum Anschließen mehrerer Sensoren an einem Eingang
MUX	Abkürzung für Multiplexer
Mindsensors	Hersteller von Sensoren für den NXT

Befehl	Parameter	Funktion
`SetSensorType(IN_X, sensortyp);`	IN_X: IN_1, IN_2, IN_3, IN_4 `sensortyp`: SENSOR_TYPE_TOUCH, SENSOR_TYPE_LIGHT_ACTIVE, SENSOR_TYPE_SOUND_DB, SENSOR_TYPE_LOWSPEED, SENSOR_TYPE_LIGHT_INACTIVE, SENSOR_TYPE_SOUND_DBA, SENSOR_TYPE_ROTATION, SENSOR_TYPE_LIGHT	Legt fest, von welchem Typ der am angegebenen Port angeschlossene Sensor ist
`x = SensorHTCompass(IN_X);`	x: Integer IN_X: IN_1, IN_2, IN_3, IN_4	Gibt den Wert des Kompass-Sensors am angegebenen Port aus
`SetSensorHTGyro(IN_X);`	IN_X: IN_1, IN_2, IN_3, IN_4	Legt fest, dass am angegebenen Eingang ein Gyro-Sensor angeschlossen ist
`x = SensorHTGyro(IN_X, offset);`	x: Integer IN_X: IN_1, IN_2, IN_3, IN_4 `offset`: Integer	Liest den Wert des Gyro-Sensors am angegebenen Port und korrigiert Fehler mit Hilfe des Offset-Werts
`x = SensorHTColorNum(IN_X);`	x: Integer (Werte s. Tabelle 19.4) IN_X: IN_1, IN_2, IN_3, IN_4	Gibt den Wert für die gemessene Farbe des Farbsensors am angegebenen Eingang zurück

Befehl	Parameter	Funktion
`bool = ReadSensorHTColor(IN_X, num, rot, gruen, blau);`	`bool`: Boolean `IN_X`: IN_1, IN_2, IN_3, IN_4 `num`, `rot`, `gruen`, `blau`: Integer	Speichert in den angegebenen Variablen die Nummer der gemessenen Farbe (`num`) des angegebenen Farbsensors sowie die Farbzusammensetzung aus Rot, Grün und Blau und gibt bei erfolgreichem Schreiben der Werte `true`, ansonsten `false` zurück
`bool = ReadSensorHTRawColor(IN_X, rot, gruen, blau);`	`bool`: Boolean `IN_X`: IN_1, IN_2, IN_3, IN_4 `rot`, `gruen`, `blau`: Integer	Wie `ReadSensorHTColor()`, aber ohne Ausgabe der Farbnummer
`bool = ReadSensorHTAccel(IN_X, x, y, z);`	`bool`: Boolean `x`, `y`, `z`: Integer	Weist den Variablen die `x`-, `y`- bzw. `z`-Beschleunigung des angegebenen Beschleunigungssensors zu, liefert `true` zurück, wenn die Zuweisung erfolgreich war, ansonsten `false`
`x = SensorHTIRSeekerDir(IN_X);`	`x`: Integer (0 bis 9) `IN_X`: IN_1, IN_2, IN_3, IN_4	Gibt zurück, in welchem der Sektoren des angegebenen IR-Seekers sich eine Infrarotquelle befindet (wenn keine vorhanden, wird 0 zurückgegeben)

Befehl	Parameter	Funktion
`bool = ReadSensorHTIRSeeker(IN_X, messbereich, b1, b3, b5, b7, b9);`	IN_X: IN_1, IN_2, IN_3, IN_4 messbereich: Integer (0 bis 9) b1, b3, b5, b7, b9: Integer	Gibt in messbereich zurück, in welchem Bereich des angegebenen IR-Seekers sich eine Infrarotquelle befindet, in b1 bis b9 wird die Stärke der Quelle in den einzelnen Bereich gespeichert, zur genaueren Positionsbestimmung
`bool = ReadSensorMSRTClock(IN_X, ss, mm, hh, dw, dd, mon, yy);`	bool: Boolean IN_X: IN_1, IN_2, IN_3, IN_4 ss, mm, hh, dw, dd, mon, yy: Integer	Liest die aktuelle Uhrzeit und das aktuelle Datum und gibt bei Erfolg true zurück und speichert die Sekunden (ss), Minuten (mm), Stunden (hh), den Tag der Woche (dw), den Tag (dd), den Monat (mon) und das Jahr (yy) in den entsprechenden Variablen
`x = RXMuxSelChannel(IN_X, ChX, sensortyp, sensormodus, 5);`	x: Integer IN_X: IN_1, IN_2, IN_3, IN_4 ChX: Integer (1, 2, 3 oder 4) sensortyp: SENSOR_TYPE_TOUCH, SENSOR_TYPE_SOUND_DBA, SENSOR_TYPE_ROTATION, SENSOR_TYPE_LIGHT sensormodus: SENSOR_MODE_PERCENT, SENSOR_MODE_BOOL, SENSOR_MODE_ROTATION	Gibt den Sensorwert des am angegebenen Port des Multiplexers angeschlossenen Sensors zurück

Kapitel 20

Kommunikation zwischen Robotern

In diesem Kapitel werden wir uns gemeinsam anschauen, wie zwei Roboter untereinander kommunizieren können. Zuerst werden wir uns anschauen, wie ein NXT und ein RCX mit einem Infrarotsensor miteinander kommunizieren können. Danach werden wir uns anschauen, welche Möglichkeiten es gibt, um zwischen zwei NXTs mit Bluetooth zu kommunizieren, und welche Möglichkeiten es gibt, über Bluetooth mit anderen Geräten wie dem Computer oder einem Handy zu kommunizieren. Zum Schluss werden wir dann noch betrachten, wie zwei NXTs direkt per Kabel miteinander kommunizieren können.

20.1 Kommunikation zwischen RCX und NXT

Da der RCX nicht über Bluetooth verfügt, kann der NXT nur per Infrarot mit ihm kommunizieren. Da der NXT über keine Infrarotschnittstelle verfügt, braucht man hierzu eine entsprechende Erweiterung für den NXT. Hierfür bietet HiTechnic den IR-Link. Er wird wie ein normaler Sensor an den NXT angeschlossen und ermöglicht die Kommunikation zwischen dem NXT und dem RCX.

Abb. 20.1: IR-Link (Quelle: LEGO GmbH)

NXC bietet gleich eine ganze Reihe von Befehlen, um den IR-Link zu nutzen:

Zuerst muss festgelegt werden, an welchem Port der IR-Link angeschlossen ist. Hierzu dient folgender Befehl:

```
HTRCXSetIRLinkPort(IN_X);
```

Anders als der Befehl vielleicht vermuten lässt, lassen sich mit dem IR-Link nicht nur RCX-Roboter kontrollieren, sondern auch Scout-Roboter, dazu aber später mehr. Zuerst wollen wir uns nun die Befehle für den RCX anschauen.

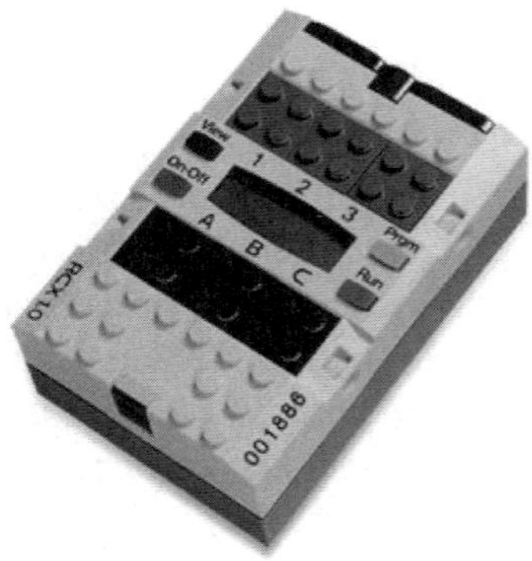

Abb. 20.2: RCX-Baustein (Quelle: LEGO GmbH)

```
HTRCXStartTask(X);
```

Mit Hilfe dieses Befehls kann ein auf dem RCX gespeichertes Programm ausgeführt werden. Dabei muss als X die Programmnummer angegeben werden, unter der das Programm gespeichert wurde. Wie auch bei allen anderen Befehlen ist es wichtig, darauf zu achten, dass eine Sichtverbindung zwischen dem IR-Link und dem Infrarotempfänger des RCX besteht. Dieser befindet sich unter der schwarzen Abdeckung an der Front des RCX.

Analog dazu gibt es natürlich auch einen Befehl, der Programme stoppt. Dieser lautet:

```
HTRCXStopTask(X);
```

Und auch zum Löschen von Programm gibt es einen eigenen Befehl. Bedenken Sie bei der Verwendung aber, dass der Programmplatz ohne Nachfragen gelöscht wird, unabhängig davon, welches Programm sich gerade auf ihm befindet.

```
HTRCXDeleteTask(X);
```

Auch durchaus interessant kann es sein, sich den Batteriestand des RCX anzeigen zu lassen. Der Befehl hierzu lautet:

```
x = HTRCXBatteryLevel();
```

Wichtig ist, dass der Befehl nur als Zuweisung für eine Variable oder direkt zum Ausgeben auf dem Display genutzt werden kann, da er den Wert einfach nur ausgibt.

Bevor wir zu den Motorenbefehlen weitergehen, schauen wir uns noch an, wie wir die Soundausgabe des RCX an- beziehungsweise abschalten können. Die Befehle hierzu lauten:

```
HTRCXMuteSound();
HTRCXUnmuteSound();
```

Wobei `Mute` (engl. für stumm) den Sound abschaltet und `unmute` den Sound wieder anschaltet.

Wenden wir uns nun der Steuerung der Motoren zu. Der Befehl zum Vorwärtsfahren lautet, ganz ähnlich wie beim NXT:

```
HTRCXOnFwd(RCX_OUT_X);
```

Übergeben wird dabei, anders als beim NXT, nur der Ausgang und nicht die Geschwindigkeit. Für den Ausgang gibt es folgende drei Möglichkeiten:

Name	Ausgang
RCX_OUT_A	A
RCX_OUT_B	B
RCX_OUT_C	C

Tabelle 20.1: RCX-Motoren-Ausgänge

Um trotzdem die Geschwindigkeit festlegen zu können, gibt es folgenden Befehl:

```
HTRCXSetPower(RCX_OUT_X, RCX_ConstantSrc, geschw);
```

Auch hier wird wieder der Motorenausgang angegeben, nicht aber die Richtung. Daher können beide Befehle auch nur zusammen und nicht einzeln verwendet werden. `RCX_ConstantSrc` gibt einfach an, dass es sich bei dem betrachteten Gerät um einen Motor handelt, der am RCX angeschlossen ist. Diese Konstante ist immer gleich. Als letzter Parameter wird die Geschwindigkeit übergeben. Es kann wahlweise eine Zahl zwischen 0 (aus) und 7 (schnell) angegeben werden oder aber die Konstanten `RCX_OUT_FULL` und `RCX_OUT_HALF` für volle Geschwindigkeit, von englisch *full*, beziehungsweise halbe Geschwindigkeit, von englisch *half*. Übrigens bedeutet halbe Geschwindigkeit in diesem Fall 3 und nicht etwa 3,5, da NXC, wie Sie vom IR-Seeker bereits wissen, nicht mit Kommazahlen arbeiten kann.

Natürlich gibt es auch einen Befehl zum Rückwärtsfahren, dieser lautet:

```
HTRCXOnRev(RCX_OUT_X);
```

Bevor wir uns anschauen, wie wir die Motoren abbremsen können, sehen wir uns zuerst noch zwei weitere Befehle zum Fahren an. Der erste Befehl kann im Prinzip dasselbe wie der `HTRCXOnFwd`- und der `HTRCXOnRev`-Befehl und lautet:

```
HTRCXSetDirection(RCX_OUT_X, RCX_OUT_FWD);
```

beziehungsweise

```
HTRCXSetDirection(RCX_OUT_X, RCX_OUT_REV);
```

Nun kann man sich natürlich fragen, warum man zwei Befehle für ein und dasselbe braucht. Wenn man sich die Befehle jedoch genau anschaut, wird schnell klar, welche Vorteile der letzte Befehl haben kann, dieser gilt nämlich sowohl für Vor- als auch Rückwärtsfahren, während man auf die andere Art zwei verschiedene Befehle braucht. Möchte man zum Beispiel, dass ein Programm je nach Sensorwert vorwärts- oder rückwärtsfährt, so reicht es beim `HTRCXSetDirection()`-Befehl, einfach die Fahrtrichtung als Variable anzugeben und diese zu ändern.

Kommen wir nun wie versprochen zum Abbremsen der Motoren. Der Befehl zum direkten Abbremsen eines Motors lautet:

```
HTRCXOff(RCX_OUT_X);
```

Wie beim NXT gibt es auch beim RCX die Möglichkeit, einen Motor nicht direkt abzubremsen, sondern langsam auslaufen zu lassen. Der Befehl hierzu lautet:

```
HTRCXFloat(RCX_OUT_X);
```

Hinweis

Übrigens ist es auch beim Ansprechen der RCX-Motoren möglich, gleich mehrere Motoren auf einmal anzusteuern. Hierzu hängt man die Buchstaben der Motorenausgänge, wie beim NXT, einfach direkt hintereinander, also zum Beispiel RCX_OUT_AB oder RCX_OUT_ABC.

Einen letzten Befehl zum Steuern der RCX-Motoren wollen wir uns noch anschauen. Dieser ist sehr praktisch, denn er ermöglicht es, den Motor für eine bestimmte Zeit anzuschalten, man spart also zwei Zeilen Code, da man den Motor nicht zuerst extra anschalten muss, dann einen `Wait()`-Befehl setzen muss und ihn dann wieder abschalten muss. Der Befehl, der all das zusammenfasst, lautet:

```
HTRCXOnFor(RCX_OUT_X, zeit);
```

Nun vorerst einmal genug der Motoren. Schauen wir uns einmal an, wie man den RCX dazu bringen kann, Töne wiederzugeben. Dazu dient folgender Befehl:

```
HTRCXPlayTone(frequenz, laenge);
```

Länge und Frequenz sind bei diesem Befehl genauso wie beim `PlayTone()`-Befehl des NXT. Als letzten Abschnitt unseres kleinen Exkurses zur Steuerung des RCX wollen wir uns noch anschauen, wie man festlegen kann, an welchem Eingang welcher Sensor angeschlossen ist. Dabei sollte man immer bedenken, dass der RCX, im Gegensatz zum NXT, nur drei und keine vier Sensoreneingänge hat. Der Befehl lautet:

```
HTRCXSetSensorType(IN_X, typ);
```

Die Möglichkeiten für `typ` sind `SENSOR_TYPE_TOUCH` für den Tastsensor, `SENSOR_TYPE_LIGHT` für den Lichtsensor und `SENSOR_TYPE_ROTATION` für einen Rotationssensor.

Scout steuern

Wie schon am Anfang angedeutet, kann man mit dem IR-Link auch den Scout steuern, einen anderen Roboter aus der Mindstorms-Serie von LEGO.

Abb. 20.3: LEGO Scout Roboter

Mit

```
HTScoutMuteSound();
```

kann der Scout stummgeschaltet werden, mit

```
HTScoutUnmuteSound();
```

kann der Sound wieder angeschaltet werden.

Mit

```
HTScoutSetLight(SCOUT_LIGHT_ON);
```

kann der eingebaute Lichtsensor eingeschaltet werden, mit

```
HTScoutSetLight(SCOUT_LIGHT_OFF);
```

kann er wieder ausgeschaltet werden. Die externen Sensoren und die Motoren können mit denselben Befehlen wie beim RCX gesteuert werden. Ebenso das Wiedergeben von Tönen. Damit soll unser kleiner Exkurs in die Welt der älteren LEGO-Modelle und der Infrarot-Kommunikation auch beendet sein und wir wenden uns wieder unserem eigentlichen Thema zu, dem NXT.

20.2 Bluetooth-Kommunikation

Im Gegensatz zu den älteren Modellen steht dem NXT zur drahtlosen Kommunikation keine Infrarot-, sondern eine Bluetooth-Schnittstelle zur Verfügung. Das bringt gleich mehrere Vorteile mit sich. Der eindeutigste und auch wohl der wichtigste Vorteil der Bluetooth-Verbindung ist die wesentlich schnellere Übertragungsgeschwindigkeit. Normale Programme sind meist innerhalb von Bruchteilen von Sekunden auf den NXT übertragen, beim RCX konnte das, je nach Programmgröße, einige Zeit in Anspruch nehmen. Ein weiterer Vorteil ist die verbesserte Reichweite und eng damit verbunden ist, dass Bluetooth, im Gegensatz zu Infrarot, zur Verbindung keinen direkten Sichtkontakt benötigt. Das vereinfacht das Übertragen und sorgt für mehr Freiheit beim Bauen, denn beim RCX musste man immer darauf achten, den Infrarotempfänger nicht zuzubauen. Hinzu kommt, dass nahezu alle modernen mobilen Geräte, wie Laptops, Handys oder PDAs, über eingebautes Bluetooth verfügen, so kann man auch über diese Geräte mit dem NXT kommunizieren, wie wir uns später auch noch näher ansehen werden. Ein letzter Vorteil ist besonders bei Verwendung von mehreren Geräten parallel oder bei Wettbewerben interessant. Die Infrarotübertragung des RCX hat die Programme auf alle Roboter in Reichweite übertragen, das heißt, es konnte durchaus vorkommen, dass Programme auf einem Roboter unabsichtlich von der Übertragung an einen anderen Roboter überschrieben wurden. Bei der Bluetooth-Verbindung verbindet man dagegen mit nur einem Roboter und das sogar passwortgeschützt. So landet auch wirklich nur das auf dem NXT, was auch dorthin soll.

In diesem Kapitel werden die verschiedenen Möglichkeiten der Bluetooth-Verbindung des NXT gezeigt und erklärt. Beginnen werden wir mit der Steuerung über Handys oder PDAs, werden dann zu den Möglichkeiten, die der PC bietet, weitergehen (einige davon haben Sie schon in Zusammenhang mit BricxCC kennen gelernt) und schließlich dazu kommen, wie zwei NXTs untereinander per Bluetooth miteinander kommunizieren können.

20.2.1 Steuerung per Handy und PDA

Um den NXT von einem Handy oder einem PDA aus zu steuern, braucht man erst einmal die passende Software. Es gibt inzwischen bereits einige verschiedene Applikationen für verschiedene Handys. Eine der ausgereiftesten ist FunkNXT. FunkNXT funktioniert mit allen Handys, die Java und MIDP 2.0 unterstützen, wie zum Beispiel das Siemens S65, das Sony Ericson W810i, das Nokia N95 und viele andere. Eine genaue Liste der bisher getesteten Handys finden Sie auf der Seite des Entwicklers. Außerdem muss das Handy natürlich über eine Bluetooth-Schnittstelle verfügen, da sich das Programm sonst nicht mit dem NXT verbinden kann.

Hinweis

Die neueste Version von FunkNXT finden Sie unter `http://funknxt.homepage.t-online.de`. Der Download ist ca. 42 KB groß. Nachdem Sie die `.jar`-Datei auf das Handy übertragen haben, können Sie das Programm einfach ausführen. Für alle Besitzer von Symbian-Handys, die FunkNXT nicht unterstützen, gibt es auch noch eine Alternative, diese nennt sich NXT-Symbian. Die Software ist unter `http://nxt-symbian.sourceforge.net/` erhältlich, befindet sich allerdings noch in einer sehr frühen Betaphase und FunkNXT sollte daher bevorzugt verwendet werden.

Nachdem die Software auf das Handy überspielt wurde, kann es direkt losgehen. Zuerst sollte man im Menü SETUP die Einstellungen vornehmen. Unter POWER kann eingestellt werden, mit welcher Geschwindigkeit die Motoren später drehen sollen. Unter MOTOR CONTROL (engl. für Motor-Kontrolle) hat man die Wahl zwischen

- SINGLE
- DIFFERENTIAL
- INVERTED DIFFERENTIAL

Wählt man SINGLE, also einzeln, so dreht sich später nur ein Motor, DIFFERENTIAL sorgt dafür, dass sich später zwei Motoren drehen, ebenso wie INVERTED DIFFE-

RENTIAL, allerdings wird hier die Richtung der Motoren invertiert, daher auch *inverted*.

Darunter kann noch eingestellt werden, ob der Lichtsensor im aktiven oder passiven Modus betrieben wird, also mit oder ohne angeschaltetes Licht. Der Menüpunkt hierzu lautet LIGHT SENSOR MODE. Die geänderten Einstellungen werden dann bestätigt und Sie gelangen zurück ins Hauptmenü.

Bevor wir Handy und NXT verbinden können, sollten Sie überprüfen, ob sowohl am Handy als auch am NXT die Bluetooth-Verbindung eingeschaltet ist. Die Bluetooth-Verbindung des NXT aktivieren Sie am NXT im Menü BLUETOOTH|ON/OFF. Sie sollten auch darauf achten, dass der NXT für andere Geräte sichtbar ist, diese Einstellung nehmen Sie unter BLUETOOTH|VISIBILITY (engl. *visibility* = Sichtbarkeit) vor.

Danach drücken Sie im Hauptmenü von FunkNXT die Schaltfläche CONNECT und das Programm versucht, eine Verbindung zum NXT aufzubauen. Schlägt das fehl, gibt das Programm die Meldung NO NXT BRICK FOUND aus, also kein NXT gefunden. Findet das Programm jedoch einen NXT, so fordert Sie der NXT auf, einen PASSKEY festzulegen, also ein Passwort, das dafür sorgen soll, dass niemand unerlaubt auf den NXT zugreift. Haben Sie den Passkey auf dem NXT festgelegt, wird Sie Ihr Handy dazu auffordern, das entsprechende Passwort einzugeben. Haben Sie das getan und stimmen die beiden Passwörter überein, werden der NXT und das Handy endgültig verbunden.

Abb. 20.4: FunkNXT-Steuerungsmenü

Nach der Verbindung sehen Sie das auf Abbildung 20.4 gezeigte Steuerungsmenü. In der linken oberen Ecke kann der Zustand des Tastsensors abgelesen werden. Damit das funktioniert, muss der Sensor am ersten Eingang angeschlossen sein. Ist der Sensor nicht gedrückt, wird unter der Abbildung des Sensors RELEASED angezeigt. Wird der Sensor gedrückt, wird dagegen PRESSED angezeigt. Dabei kann es durchaus sein, dass die Anzeige erst etwas später umspringt, das liegt dann meist an der Übertragung, die nicht immer sofort geschieht.

Der zweite Wert, rechts neben dem des Tastsensors, übergibt den Wert des Soundsensors, falls sich einer am zweiten Sensoreingang befindet. Der Wert in der unteren linken Ecke gibt den Wert des Lichtsensors an, dieser muss an Eingang 3 angeschlossen sein. Je nachdem wie in den Einstellungen gewählt, ist die LED des Lichtsensors dabei angeschaltet oder nicht. Als letzter Sensor befindet sich in der unteren rechten Ecke der Ultraschallsensor. Er muss an Eingang 4 angeschlossen werden, um korrekt ausgelesen werden zu können.

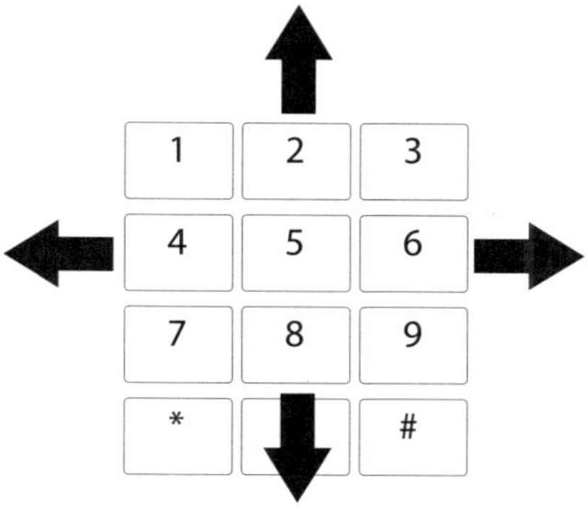

Abb. 20.5: Motorensteuerung per Handy

Mit FunkNXT können aber nicht nur Sensorwerte gelesen werden, sondern auch die Motoren des NXT können über das Programm gesteuert werden. Hierzu muss man die Motoren an die Motorenausgänge B und C anschließen. Nun kann der Roboter ganz einfach über die Tasten 2, 4, 6 und 8 gesteuert werden, die Belegung ist dabei wie in Abbildung 20.5 gezeigt. Sollte beim Geradeaus- oder Rückwärtsfahren nur einer der Motoren drehen, überprüfen Sie, ob wirklich beide Motoren korrekt an den Ausgängen B und C angeschlossen sind und ob in den Einstellungen nicht aus Versehen die Einstellung SINGLE gewählt ist. Fährt der Roboter vorwärts, obwohl er eigentlich rückwärts fahren sollte, muss im Optionsmenü die Einstellung INVERTED DIFFERENTIAL gewählt werden, falls die Einstellung vorher DIFFERENTIAL war: War die Einstellung vorher INVERTED DIFFERENTIAL, muss auf DIFFERENTIAL umgestellt werden, damit der Roboter wieder in die richtige Richtung fährt.

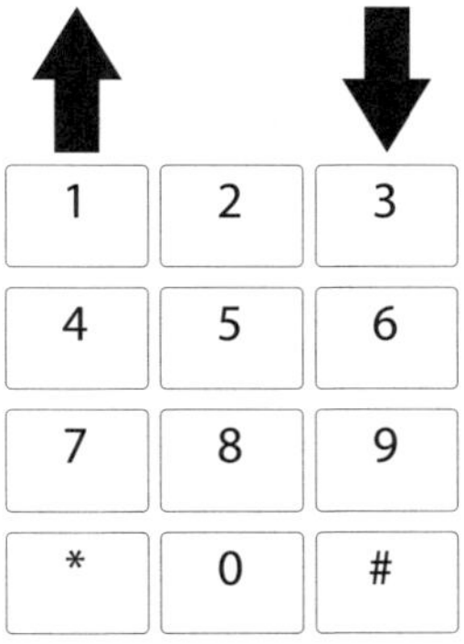

Abb. 20.6: Steuerung des dritten Motors per Handy

Neben der Steuerung der zwei Motoren zum Fahren ist es auch noch möglich, einen dritten Motor über die Tastatur des Handys zu steuern. Dieser dritte Motor eignet sich perfekt, um einen Greifarm, Kran oder Ähnliches am Roboter zu steuern, denn er lässt sich komplett unabhängig von den anderen Motoren mit den Tasten 1 und 3 steuern, wie auf Abbildung 20.6 zu sehen ist. Die Geschwindigkeit des Motors lässt sich allerdings leider nur zusammen mit den anderen Motoren steuern. Damit der Motor unabhängig von den anderen gesteuert werden kann, muss er am Motorenausgang 1 angeschlossen sein.

20.2.2 Kommunikation zwischen NXT und PC

Nach unserem kleinen Exkurs in Richtung Handy und PDA wollen wir nun wieder zum PC zurückkehren und uns anschauen, wie der PC und der NXT mit Bluetooth untereinander kommunizieren können. Eine Möglichkeit dafür haben wir bereits in Kapitel 2 betrachtet, nämlich den BRICK JOYSTICK, ein Tool zum direkten Steuern der Motoren mit Hilfe eines Steuerkreuzes. Außerdem gibt es noch das Tool DIRECT CONTROLLER, das Sie bereits aus dem letzten Kapitel kennen, in dem wir uns mit den Sensoren beschäftigt haben.

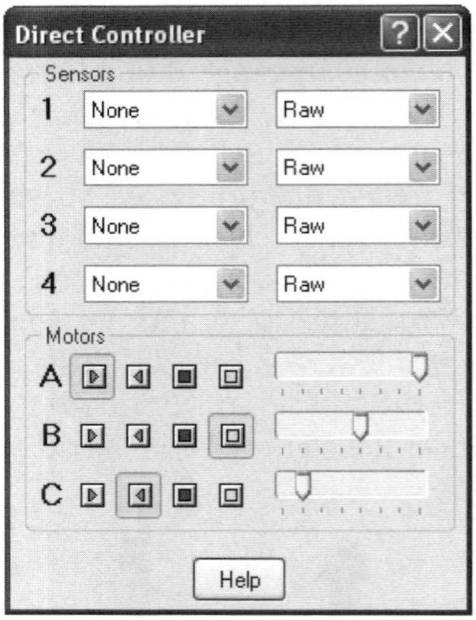

Abb. 20.7: DIRECT CONTROLLER-Motorsteuerung

Diesmal interessiert uns der untere Teil des Fensters, denn mit diesem können wir die Motoren des NXT über den Computer per Bluetooth (oder natürlich USB) steuern. Mit den grünen Pfeilen lassen sich die einzelnen Motoren vorwärts- oder rückwärtsdrehen. Der Schieberegler rechts dient dazu, die Geschwindigkeit des Motors einzustellen, anders als über das Handy kann hier die Geschwindigkeit jedes Motors einzeln geregelt werden. Die Motoren drehen so lange, bis eine andere Taste gedrückt wird. Zum Anhalten dienen das gelbe und das rote Viereck. Das rote Viereck funktioniert wie der `Off()`-Befehl und hält die Motoren sofort an. Mit dem gelben Viereck kann man den Motor langsam auslaufen lassen, also wie mit dem `Float()`-Befehl.

Das alles funktioniert aber, wie bereits erwähnt, nur, solange PC und NXT per Bluetooth verbunden sind. Am PC kann man recht einfach ablesen, ob der PC mit dem NXT verbunden ist, auf dem NXT fehlt uns bisher aber eine Möglichkeit, um anzuzeigen, ob PC und NXT korrekt verbunden sind. Wir wollen uns ein passendes Programm dazu ansehen, auch wenn Sie es jetzt noch nicht ganz verstehen. Im nächsten Abschnitt, in dem Sie auch lernen, wie zwei NXTs miteinander kommunizieren, werden Sie dann genau verstehen, wie das Programm funktioniert.

```
#include "NXCDefs.h"

#define BT_CONN 1

sub BTCheck(int conn)
{
 if (!BluetoothStatus(conn)==NO_ERR)
 {
  TextOut(5,LCD_LINE2,"Fehler");
  Wait(1000);
  Stop(true);
 }

 else
 {
  TextOut(5,LCD_LINE2,"OK!");
  Wait(1000);
  Stop(true);
 }
}

task main()
{
 BTCheck(BT_CONN);
}
```

Programm 20.1

Dieses Programm gibt die Meldung »Fehler« aus, falls Computer und NXT nicht korrekt miteinander verbunden sind, und »OK!«, wenn eine korrekte Verbindung besteht.

Nun ist es aber eigentlich nicht der Sinn eines Roboters, ihn mit dem PC fernzusteuern. Eigentlich sollte ein Roboter autonom agieren. Daher ist die nächste Möglichkeit der Kommunikation, die wir uns anschauen, eigentlich viel spannender. Im Folgenden wollen wir uns nämlich damit beschäftigen, wie zwei NXTs untereinander kommunizieren können.

20.2.3 Kommunikation zwischen zwei NXTs

Bevor wir uns anschauen, wie genau die Kommunikation zwischen zwei NXTs funktioniert, sollten wir uns erst einmal überlegen, wofür es eigentlich nützlich sein könnte, dass zwei NXTs untereinander kommunizieren. Dabei muss man grundsätzlich zwei verschiedene Anwendungen unterscheiden:

Zwei Roboter, die jeweils über einen NXT verfügen, tauschen Daten untereinander aus.

Ein Roboter benötigt so viele Sensoren oder Motoren, dass die Anschlüsse eines einzelnen NXT nicht ausreichen, daher müssen die Motoren und Sensoren auf zwei NXTs verteilt werden, diese beiden NXTs steuern dann zusammen einen Roboter.

Beide möglichen Anwendungsbereiche sind sehr interessant und bieten eine Fülle von Möglichkeiten. Die Befehle unterscheiden sich bei den beiden Anwendungsbereichen nicht voneinander, aber, welche Daten wie übertragen werden müssen. Sie werden im späteren Verlauf noch feststellen, dass sich die Bluetooth-Kommunikation am besten für die Kommunikation zwischen zwei einzelnen Robotern eignet, warum das so ist und welche Alternative es für die Kommunikation zwischen zwei NXTs gibt, die gemeinsam einen Roboter steuern sollen, werden wir aber später noch genau beleuchten.

Verbinden der NXTs

Egal ob man zwei NXTs, die auf einem Roboter verbaut sind, oder zwei Roboter, die über jeweils einen NXT verfügen, miteinander verbinden will, bevor zwei NXTs per Bluetooth miteinander kommunizieren können, muss erst einmal eine Verbindung aufgebaut werden. Dazu müssen beide NXTs angeschaltet sein und Bluetooth muss aktiviert sein. Gehen Sie nun mit einem der beiden NXTs ins Menü BLUETOOTH. Dort wählen Sie den Menüpunkt SEARCH. Der NXT beginnt nun damit, die Umgebung nach anderen Bluetooth-Geräten zu durchsuchen. Er kann dabei nicht nur andere NXTs, sondern auch Computer oder Handys finden. Unter den gefundenen Geräten sollte auch ein Gerät NXT sein (falls Sie den Bluetooth-Namen des NXT nicht geändert haben). Wählen Sie dieses aus und weisen Sie der Verbindung eine freie Nummer zwischen 1 und 3 zu, das tun Sie, indem Sie mit den Pfeil-Buttons einfach auf eine der Zahlen springen und dann den orange Button drücken. Wurde die Verbindung erfolgreich eingerichtet, so schließt sich das Menü und in der linken oberen Ecke des Displays erscheint anstatt < jetzt <> neben dem Bluetooth-Symbol.

Sollte die Verbindung aus irgendeinem Grund nicht erfolgreich gewesen sein, vergewissern Sie sich, dass beide NXTs angeschaltet sind, Bluetooth aktiviert ist, sich beide NXTs im Modus »sichtbar« befinden und alle anderen Bluetooth-Verbindungen vorher abgebrochen wurden.

Die Nummer, die Sie für die Verbindung festgelegt haben, sollten Sie sich unbedingt merken, alternativ können Sie sie auch unter BLUETOOTH|CONNECTIONS einsehen. Übrigens wird die Verbindungsnummer auf dem NXT, zu dem Sie sich verbunden haben, auf 0 gesetzt.

Wie bei der Verbindung zum PC möchten wir auch hier mit einem Programm überprüfen, ob die beiden NXTs korrekt miteinander verbunden sind. Hierzu nutzen wir das gleiche Programm, schauen uns diesmal aber etwas genauer an, wie das Programm eigentlich funktioniert.

```
#include "NXCDefs.h"

#define BT_CONN 1

sub BTCheck(int conn)
{
 if (!BluetoothStatus(conn)==NO_ERR)
 {
  TextOut(5,LCD_LINE2,"Fehler");
  Wait(1000);
  Stop(true);
 }

 else
 {
  TextOut(5,LCD_LINE2,"OK!");
  Wait(1000);
  Stop(true);
 }
}

task main()
{
 BTCheck(BT_CONN);
}
```

Programm 20.2

Das eigentliche Überprüfen der Verbindung steht innerhalb der Prozedur `BTCheck`, der beim Aufruf die Konstante `BT_CONN` übergeben wird. In dieser Konstanten ist die Nummer der Verbindung gespeichert, die wir zuvor festgelegt haben, also eine Nummer zwischen 1 und 3 (beziehungsweise 0 auf dem Gerät, zu dem verbunden wurde), je nachdem welche Verbindungsnummer gewählt wurde.

Dann wird in der Prozedur der Befehl `BluetoothStatus()` aufgerufen. Übergibt man diesem Befehl als Parameter die Verbindungsnummer, so gibt er `NO_ERR` zurück, wenn eine Verbindung mit dieser Nummer besteht.

Durch das `!` vor der Bedingung wird der `if`-Fall nur ausgeführt, wenn der Befehl **nicht** `NO_ERR` zurückliefert, wenn also keine Verbindung besteht. Dementsprechend wird in diesem Fall auch eine Fehlermeldung ausgegeben. Ist das nicht der Fall, so besteht eine Verbindung und es kann eine Bestätigung angezeigt werden. Nachdem wir nun erfolgreich eine Verbindung erstellt haben, können wir uns daran machen, Daten zu übertragen.

Daten übertragen

Bevor wir uns die konkrete Programmierung anschauen, wollen wir uns erst einmal theoretisch überlegen, wie der Austausch von Daten zwischen zwei NXTs funktioniert. Generell funktioniert das Übertragen von Daten zwischen zwei NXTs per Bluetooth nach einem Master/Slave-Prinzip (engl. *master* = Herr/Meister, engl. *slave* = Sklave/Diener). Einer der beiden NXTs steht also sozusagen über dem anderen und steuert diesen. Wo liegen die praktischen Unterschiede zwischen dem Master und dem Slave? Nun, im Prinzip funktioniert die Kommunikation so: Ein NXT wartet darauf, dass der andere eine Nachricht sendet, verarbeitet diese und antwortet eventuell darauf. Die Unterscheidung zwischen Master und Slave ist also nötig, da einer der beiden NXTs ständig drauf achten muss, ob eine Nachricht kommt. Diesen NXT, also den wartenden, nennt man Slave, da er auf einen Befehl des anderen NXT, des Masters, wartet. Hätte man zwei Roboter, die ständig senden, also zwei Master, so würden sich die Befehle überlagern und beide Roboter gleichzeitig senden und keiner von beiden etwas empfangen. Hätte man dagegen zwei Slaves, würde gar keine Kommunikation zustande kommen, da keiner der beiden NXTs eine Nachricht schicken würde und beide nur warten würden.

Wie auf Abbildung 20.8 zu sehen ist, verfügt jeder NXT über eine Out- und eine Inbox. Diese Boxen kann man sich als Ablagen vorstellen, in die Outbox kommen Nachrichten, die verschickt werden sollen, eingehende Nachrichten werden in der Inbox abgelegt.

Der Slave kontrolliert ständig die Inbox, während der Master nur dann die Inbox überprüft, wenn er den Slave angewiesen hat, ihm eine Nachricht zu schicken. Als Erstes sendet der Master also immer aus seiner Outbox eine Nachricht an die Inbox des Slaves. Diese Nachricht wird *remote message* (vom engl. *remote* = Fernsteuerung) genannt. Wenn der Master den Befehl dazu gegeben hat, antwortet der Slave auf die erhaltene Nachricht und sendet aus der Outbox eine Nachricht an die Inbox des Masters. Diese Nachricht wird *response message* (von engl. *response* = Antwort) genannt.

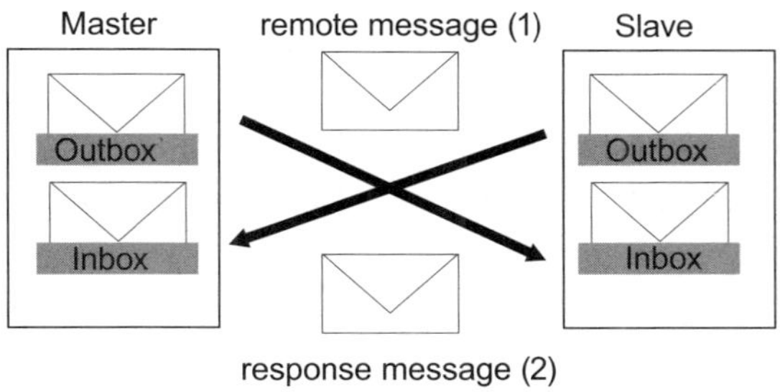

Abb. 20.8: Master/Slave-Prinzip

Schauen wir uns nun ein konkretes Beispiel an. Der Master-Roboter soll dem Slave eine Zahl schicken, dieser soll als Antwort das Quadrat der übergebenen Zahl zurückliefern, das dann vom Master angezeigt werden soll. Dabei müssen Sie beachten, dass wir diesmal nicht nur ein Programm, sondern zwei schreiben müssen, eines für den Master-Roboter und eines für den Slave-Roboter. Beginnen wir mit dem Programm für den Master:

```
//////////////////////
// Master-Programm //
//////////////////////

#include "NXCDefs.h"

#define BT_CONN 1 //Verbindungsnummer
#define OUTBOX 1 //Nummer der Outbox
#define INBOX 2 //Nummer der Inbox
#define ZAHL 4 //Zahl, die quadriert werden soll

sub BTCheck(int conn)
{
 if (!BluetoothStatus(conn)==NO_ERR)
 {
  TextOut(5,LCD_LINE2,"Fehler");
  Wait(1000);
  StopAllTasks(); //Programm beenden
 }

 else
```

```
  {
   TextOut(5,LCD_LINE2,"OK!");
   Wait(1000);
   ClearScreen();
  }
}

task main()
{
 int eingang; //Variable zum Empfangen der Antwort

 BTCheck(BT_CONN); //Prüfen, ob Verbindung besteht

 while (true)
 {
  SendRemoteNumber(BT_CONN, OUTBOX, ZAHL); //Zahl senden
  ReceiveRemoteNumber(INBOX, true, eingang); //Ergebnis empfangen

  TextOut(0, LCD_LINE1, "Ergebnis:");
  NumOut(0, LCD_LINE2, eingang); //Ergebnis anzeigen
  Wait(1000);
  ClearScreen();
 }
}
```

Programm 20.3

Als Erstes definieren wir vier Konstanten, eine, um die Nummer der Verbindung anzugeben (BT_CONN), eine, um die Nummer der Outbox anzugeben, also sozusagen des Briefkastens, von dem die Zahl verschickt wird (OUTBOX), eine, um die Nummer der Inbox anzugeben, also des Briefkastens, in dem das Programm den zurückgelieferten Wert erwartet (INBOX), und eine Konstante für die Zahl, die wir später quadrieren wollen, in unserem Beispiel 4.

Bevor wir nun die Übertragung starten, überprüfen wir zuerst, ob eine Verbindung besteht. Hierzu nutzen wir dieselbe Prozedur wie schon in Listing 20.2, passen sie jedoch noch leicht an. Besteht eine Verbindung, geben wir einfach eine Bestätigung aus; besteht jedoch keine Verbindung, soll das Programm beendet werden, denn wenn keine Verbindung besteht, kann auch keine Zahl gesendet werden, dementsprechend sollte man die Einstellungen noch einmal überprüfen und dazu muss das Programm eben beendet werden.

Danach können wir die Zahl senden, die vom Slave quadriert werden soll. Der Befehl zum Senden einer Zahl lautet `SendRemoteNumber()`. Der Befehl hat folgende Parameter:

```
SendRemoteNumber(verbindungsnummer, outboxNummer, zahl);
```

Dabei müssen die einzelnen Parameter natürlich nicht wie in unserem Beispiel alle Konstanten sein, sondern können auch Variablen sein oder direkt angegeben werden. Gerade für die Verbindungsnummer bietet sich jedoch eine Konstante an, da die innerhalb eines Programms fast immer gleich bleibt (nur wenn mit mehr als einem NXT kommuniziert wird, wird es nötig, die Verbindungsnummer innerhalb eines Programms während der Laufzeit zu ändern).

Nachdem wir die Zahl dann gesendet haben, gehen wir natürlich davon aus, dass der Slave irgendetwas damit macht (was genau er damit tut und wie er das tut, schauen wir uns gleich an). Für den Moment gehen wir einfach einmal davon aus, das Programm für den Slave wäre schon fertig und der sendet uns, wie erwartet, das Quadrat der übergebenen Zahl zurück. Wir wissen natürlich nicht, wie lange der Slave dafür braucht, also schauen wir einfach so lange in die Inbox, bis wir eine Zahl gesendet bekommen haben. Der Befehl zum Empfangen einer Zahl lautet:

```
ReceiveRemoteNumber(inboxNummer, leeren, zielvariable);
```

Der erste Parameter gibt die Nummer der Inbox an, in der das Ergebnis erwartet wird. Der zweite Parameter gibt an, ob die Inbox nach dem Lesen geleert werden soll, diesen Parameter sollte man grundsätzlich auf `true` belassen, damit es nicht zu Fehlern durch falsches Überschreiben von Werten kommt. Als letzter Parameter wird die Variable übergeben, in die die empfangene Zahl gespeichert werden soll. Hierbei muss es sich tatsächlich immer um eine Variable handeln, damit der Wert auch geschrieben werden kann.

Schauen wir uns nun einmal die andere Seite an, also das Programm für den Slave. Das soll, wie vorher festgelegt, die Zahl vom Master entgegennehmen, sie quadrieren und das Ergebnis wieder an den Master zurücksenden.

```
//////////////////////
// Slave-Programm //
//////////////////////

#include "NXCDefs.h"

#define BT_CONN 0 //Verbindungsnummer
#define OUTBOX 2 //Nummer der Outbox
#define INBOX 1 //Nummer der Inbox

sub BTCheck(int conn)
{
```

```
 if (!BluetoothStatus(conn)==NO_ERR)
 {
  TextOut(5,LCD_LINE2,"Fehler");
  Wait(1000);
  StopAllTasks(); //Programm beenden
 }

 else
 {
  TextOut(5,LCD_LINE2,"OK!");
  Wait(1000);
  ClearScreen();
 }
}

task main()
{
 int eingang; //Variable zum Empfangen der Zahl
 int ausgang; //Variable zum Senden des Ergebnisses

 BTCheck(BT_CONN); //Prüfen, ob Verbindung besteht

 while(true)
 {
  ReceiveRemoteNumber(INBOX, true, eingang); //Zahl empfangen

  TextOut(0, LCD_LINE1, "Erhaltene Zahl:");
  NumOut(0, LCD_LINE2, eingang); //erhaltene Zahl anzeigen

  ausgang = eingang * eingang; //Zahl quadrieren

  TextOut(0, LCD_LINE3, "Quadrat:");
  NumOut(0, LCD_LINE4, ausgang); //Ergebnis anzeigen

  SendRemoteNumber(BT_CONN, OUTBOX, ausgang);

  Wait(1000);
  ClearScreen();
 }
}
```

Programm 20.4

Es dürfte sofort auffallen, dass sich die beiden Programme in vielen Punkten recht ähnlich sehen. Am Anfang des Programms stehen wieder die Konstanten

BT_CONN, INBOX und OUTBOX. BT_CONN entspricht wieder, wie im Programm für den Master-Roboter, der Nummer der Bluetooth-Verbindung. Bei den Konstanten INBOX und OUTBOX ist besonders zu beachten, dass die Nummern, im Vergleich zum Master-Programm, genau vertauscht sind. Bezogen auf das Briefkastenmodell ist es einfach zu verstehen, warum das so ist. Der Master legt den Brief, den er verschickt, in Briefkasten 1 (für ihn ist die Outbox also 1), dann muss der Slave, der auf diese Nachricht wartet, natürlich auch im Briefkasten 1 schauen, ob sie schon angekommen ist (für ihn ist die Inbox also 1). Umgekehrt sendet der Slave das Ergebnis seiner Berechnung an den Briefkasten 2 (für ihn ist die Outbox also 2), für den Master muss dann die Inbox natürlich entsprechend 2 sein.

Auch das Programm für den Slave testet zuerst, ob überhaupt eine Verbindung besteht, hierzu benutzen wir dieselbe Prozedur wie im Programm für den Master, deshalb würde es sich hier durchaus auch anbieten, eine Header-Datei zu erstellen.

Falls eine Verbindung über Bluetooth besteht, versucht das Programm, sofort eine Zahl vom Master zu empfangen, dazu benutzen wir den Ihnen bereits bekannten Befehl ReceiveRemoteNumber(). Zur Kontrolle wird die empfangene Zahl noch auf dem Display ausgegeben. Danach wird die Zahl quadriert und das Ergebnis ebenfalls auf dem Display ausgegeben. Da wir nun das Quadrat der übergebenen Zahl gebildet haben und somit das eigentliche Ziel erreicht haben, können wir das Ergebnis mit SendRemoteNumber() wieder an den Master zurücksenden und dort ebenfalls auf dem Display ausgeben lassen.

Ganz ähnlich wie die Zahlen in diesem Beispiel kann man auch Strings, also Zeichenketten, per Bluetooth zwischen zwei NXTs übertragen. Auch hierzu wollen wir uns ein Beispiel anschauen.

In diesem Beispiel soll der Master dem Slave eine von zwei vorher bekannten Fragen als String zuschicken und der Slave, je nachdem welche Frage gesendet wurde, die passende Antwort zurückschicken. Außerdem wollen wir die Verbindungsprüfung jetzt, wie vorher schon angedeutet, in eine Header-Datei schreiben. Dazu erstellen wir eine Datei mit dem Namen verbindungscheck.nxc (wenn Sie möchten, können Sie die Datei natürlich auch gerne anders nennen, müssen dann aber später darauf achten, im Programm den richtigen Dateinamen anzugeben) und folgendem Inhalt:

```
sub BTCheck(int conn)
{
 if (!BluetoothStatus(conn)==NO_ERR)
 {
  TextOut(5,LCD_LINE2,"Fehler");
  Wait(1000);
  StopAllTasks(); //Programm beenden
```

```
 }

 else
 {
  TextOut(5,LCD_LINE2,"OK!");
  Wait(1000);
  ClearScreen();
 }
}
```

Programm 20.5

Schon ist unsere Header-Datei fertig! Also können wir uns direkt an das Programm für den Master wagen, der eine von zwei vorgegebenen Fragen an den Slave senden und die passende Antwort empfangen soll. Welche der zwei Fragen gesendet wird, soll der Nutzer per Tastendruck bestimmen können. Das passende Programm dazu sieht wie folgt aus:

```
//////////////////////
// Master-Programm //
//////////////////////

#include "NXCDefs.h"
#include "verbindungscheck.nxc"

#define BT_CONN 1 //Verbindungsnummer
#define OUTBOX 1 //Nummer der Outbox
#define INBOX 2 //Nummer der Inbox

#define FRAGE1 "Wie heisst die Hauptstadt des Saarlandes?"
#define FRAGE2 "Wie hiess der erste deutsche Bundeskanzler?"

task main()
{
 string frage = "";
 string antwort;

 BTCheck(BT_CONN); //Prüfen, ob Verbindung besteht

 while(frage == "") //solange keine Frage gewählt
 {
  TextOut(0, LCD_LINE1, "Frage waehlen");

  if(ButtonState(BTN2) > 0) //wenn Pfeil rechts gedrückt
```

```
  {
   frage = FRAGE1;
  }
  else if(ButtonState(BTN3) > 0) //wenn Pfeil rechts gedrückt
  {
   frage = FRAGE2;
  }
 }


 while(true)
 {
  ReceiveRemoteString(INBOX, true, antwort); //Antwort empfangen
  SendRemoteString(BT_CONN, OUTBOX, frage); //Frage senden
  TextOut(0, LCD_LINE1, frage); //Frage anzeigen
  TextOut(0, LCD_LINE2, antwort); //Antwort anzeigen
  Wait(1000);
  ClearScreen();
 }
}
```

Programm 20.6

Das Programm gleicht in vielen Punkten dem zum Quadrieren einer Zahl, nur gibt es hier zwei Konstanten für die verschiedenen Fragen und eine Auswahl. Nach der Auswahl der Frage beginnt der eigentlich interessante Teil, nämlich die Übertragung. Die funktioniert im Prinzip wie die Übertragung von Zahlen, nur lautet der Befehl zum Senden:

```
SendRemoteString(verbindungsnummer, outboxNummer, string);
```

Und anstatt einer Zahl wird dem Befehl ein String, also eine Zeichenkette, übergeben. Auch der Befehl zum Empfangen eines Strings funktioniert analog:

```
ReceiveRemoteString(inboxNummer, leeren, zielvariable);
```

Das Senden über Bluetooth funktioniert also eigentlich recht einfach, trotzdem hat unser Programm noch einen kleinen Haken. Führt man das Programm aus, kann zwar noch nicht die Antwort angezeigt werden, aber die gewählte Frage zeigt das Programm schon an. Und hier fällt der Haken auch sofort auf, denn die Frage ist zu lang und kann nicht komplett auf dem Display angezeigt werden. Das ist zwar nur ein kleiner Kunstfehler und eigentlich nicht das Hauptthema dieses Kapitels, trotzdem wollen wir natürlich auch für dieses Problem eine saubere Lösung finden, bevor wir uns das Programm für den Slave-Roboter anschauen.

Eine einfache und schnelle Lösung wäre, die Ausgabe umzuprogrammieren, also manuell die Frage auf mehrere Zeilen zu verteilen. Das würde zwar funktionieren, wäre aber das, was man unter Programmierern im Allgemeinen »quick and dirty«, also schnell und unsauber, nennt. Die Lösung wäre schnell programmiert und würde auch funktionieren, wäre aber doch sehr unschön. Unschön heißt in unserem Fall, dass wir die Ausgabe für beide Fragen jeweils extra programmieren müssten und, falls wir die Fragen später einmal ändern wollen, auch die Ausgabe neu programmieren müssten.

Als gute Programmierer sind wir natürlich um eine möglichst gute Lösung bemüht und nehmen dafür gerne etwas mehr Zeit beim Erstellen in Kauf, die wir später aber wieder einsparen, da wir das Programm nicht bei jeder kleinen Änderung komplett neu schreiben müssen. Aber wie soll diese Lösung aussehen? Versuchen wir einmal, systematisch an die Lösung heranzugehen. Dazu sollten Sie sich zuerst einmal möglichst genau bewusst machen und eventuell sogar aufschreiben, was Sie eigentlich wollen. »Das Programm soll einen Text auf dem Display anzeigen« hilft Ihnen dabei aber wenig, Sie müssen Ihre Vorstellung schon sehr präzise ausdrücken, damit sie Ihnen beim Finden der Lösung hilft. »Das Programm soll einen übergebenen String in Teile zerlegen, die nicht zu lang für die Anzeige des Displays sind, und diese ausgeben.« Diese Formulierung ist schon wesentlich präziser und wird uns bei der Findung einer passenden Lösung gleich sehr helfen.

Tipp

Wenn Sie ein Programm oder eine Prozedur schreiben wollen, von der Sie zwar wissen, was sie später leisten soll, aber noch nicht genau wissen, wie Sie das Ganze in Code umsetzen, kann es sehr nützlich sein, sich genau zu überlegen, was das Programm oder die Prozedur machen soll, und das gegebenenfalls auch aufzuschreiben. Achten Sie dabei darauf, die Aufgabenstellung möglichst präzise zu formulieren.

Wenn Sie sich unsere Anforderungen noch einmal genau durchlesen, haben Sie vielleicht schon eine Idee für das Programm (beziehungsweise die Prozedur, denn eigentlich wollen wir die Funktion ja in unser Master-Programm einbauen). Wir müssen den übergebenen String, also die Frage, in Strings unterteilen. Jeder String, der so entsteht, darf nicht mehr Zeichen haben, als das Display lang ist. Da das Display maximal 16 Zeichen nebeneinander in einer Reihe anzeigen kann, benötigen wir also eine Prozedur, die Texte über 16 Zeichen in Teile von maximal 16 Zeichen zerlegt und diese untereinander anzeigt.

Eins steht also auf jeden Fall schon einmal fest, wir müssen die Länge des übergebenen Strings prüfen. Ist dieser kürzer als 16 Zeichen, kann er einfach unverändert ausgegeben werden. Den Befehl zur Bestimmung der Länge eines Strings haben wir bereits kennen gelernt, er lautet `StrLen(string)`. Da wir die Funktion auch für andere Programme verwenden können, erstellen wir gleich eine Header-Datei mit dem Namen `displayausgabe.nxc`, in der wir unsere Funktion erstellen:

```
sub displayAusgabe(string text)
{
 if(StrLen(text) <= 16)
 {
  NumOut(0, LCD_LINE1, text);
 }
 else
 {

 }
}
```

Programm 20.7

Soweit dürfte noch alles klar sein; wenn der String nicht länger als eine Zeile ist, geben wir ihn einfach direkt aus. Jetzt geht es weiter, wenn der String länger ist als 16 Zeichen, sollen alle Zeichen, die »zu viel« sind, in der nächsten Zeile ausgegeben werden. Dazu können wir den uns bereits bekannten Befehl `SubStr()` verwenden, der es uns ermöglicht, den Teil eines Strings zu kopieren. In unserer Subroutine sähe das Ganze dann so aus:

```
sub displayAusgabe(string text)
{
 string stringNeu;

 if(StrLen(text) <= 16)
 {
  NumOut(0, LCD_LINE1, text);
 }
 else
 {
  stringNeu = SubStr(text, 16, 16);
  TextOut(0, LCD_LINE1, text);
  TextOut(0, LCD_LINE2, stringNeu);
 }
}
```

Programm 20.8

Um zu testen, ob alles funktioniert, sollten wir unsere Subroutine jetzt in das Master-Programm einbauen. Dazu sind lediglich ein paar Äderungen notwendig:

```
 ///////////////////////
 // Master-Programm  //
///////////////////////

#include "NXCDefs.h"
#include "verbindungscheck.nxc"
#include "displayausgabe.nxc"

#define BT_CONN 1 //Verbindungsnummer
#define OUTBOX 1 //Nummer der Outbox
#define INBOX 2 //Nummer der Inbox

#define FRAGE1 "Wie heisst die Hauptstadt des Saarlandes?"
#define FRAGE2 "Wie hiess der erste deutsche Bundeskanzler?"

task main()
{
 string frage = "";
 string antwort;

 BTCheck(BT_CONN); //Prüfen, ob Verbindung besteht

 while(frage == "") //solange keine Frage gewählt
 {
  TextOut(0, LCD_LINE1, "Frage waehlen");

  if(ButtonState(BTN2) > 0) //wenn Pfeil rechts gedrückt
  {
   frage = FRAGE1;
  }
  else if(ButtonState(BTN3) > 0) //wenn Pfeil rechts gedrückt
  {
   frage = FRAGE2;
  }
 }


while(true)
{
 ReceiveRemoteString(INBOX, true, antwort); //Antwort empfangen
 SendRemoteString(BT_CONN, OUTBOX, frage); //Frage senden
```

```
  displayAusgabe(frage); //Frage anzeigen
  TextOut(0, LCD_LINE8, antwort); //Antwort anzeigen
  Wait(1000);
  ClearScreen();
 }
}
```

Programm 20.9

Nun führen wir das Programm zum Test einmal mit beiden Fragen aus und was fällt Ihnen auf? Immer noch nicht ganz das, was wir uns vorgestellt hatten. Zwar wird der Text jetzt nach der ersten Zeile korrekt in der zweiten Zeile weitergeschrieben, allerdings hat unser Text auch mehr als 32 Zeichen, ist also auch zu lang, um in zwei Zeilen angezeigt zu werden. Die einfachste Lösung wäre natürlich, einfach den neuen String noch einmal ab dem sechzehnten Zeichen zu kopieren und auch diesen String wieder auszugeben. Aber was ist, wenn wir eine Frage haben, die noch länger oder noch kürzer ist? Da wir ja eine schöne Lösung finden wollten, muss sich unsere Lösung der Länge des Strings automatisch anpassen.

Dazu teilen wir den String einfach so oft, bis ein abgespaltener Teil komplett leer ist. Maximal teilen wir aber sieben Mal, denn das Display kann acht Zeilen Text untereinander anzeigen und die letzte Zeile reservieren wir für die Anzeige der Antwort. Zur Umsetzung brauchen wir natürlich eine Schleife. Das Master-Programm ist so weit fertig, ändern müssen wir nur unsere Header-Datei:

```
sub displayAusgabe(string text)
{
 string temp;
 int i = 0;
 int line = 56; //erste Zeile auf dem Display
 int laenge; //Anzahl der Zeichen, die kopiert werden sollen

 if(StrLen(text) <= 16)
 {
  NumOut(0, LCD_LINE1, text);
 }
 else
 {
  temp = text;

  while(temp != "" && i <= 6)
  {
   TextOut(0, line, temp);
   i++;
```

```
    laenge = StrLen(temp)-16;
    temp = SubStr(temp, 16, laenge);
    line = line - 8; //nächste Zeile
  }
 }
}
```

Programm 20.10

Wenn Sie das Programm nun noch einmal testen, werden die Fragen korrekt auf die Zeilen verteilt angezeigt, genau so, wie wir es wollten.

Warum tut es das? Nun, die Lösung ist nicht ganz trivial, denn wir müssen einige Hindernisse überwinden. Der größte Teil des Codes ist wohl selbsterklärend, etwas verwirrend könnte auf den ersten Blick jedoch die Variable `line` sein. Sie steht an der Stelle, an der in unseren Programmen sonst `LCD_LINE1` beziehungsweise 2 und so weiter steht. Warum nicht in diesem Programm? Da wir vorher nicht wissen, wie viele Zeilen unser Text belegt, müssen wir die Anzeige-Zeile während der Laufzeit so oft wie nötig erhöhen. Da das mit `LCD_LINE` nicht funktioniert, müssen wir eben Pixelzahlen angeben; dass das auch funktioniert, haben Sie bereits in einem früheren Kapitel gelernt. Um zu wissen, wo wir anfangen müssen, können wir uns `LCD_LINE1` per `NumOut()`-Befehl auf dem Display ausgeben lassen. Der angezeigte Wert (56) ist dann unser Startwert. Wenn wir uns nun auch noch `LCD_LINE2` ausgeben lassen, können wir herausfinden, wie viele Pixel zwischen zwei Zeilen liegen. Es liegen sozusagen »-8« Pixel zwischen zwei Reihen. Natürlich kann keine negative Anzahl von Pixeln zwischen zwei Reihen liegen, aber da man beim Display in der unteren linken Ecke anfängt zu zählen, hat die zweite Zeile eine um 8 Pixel kleinere y-Koordinate. Möchten wir also eine Zeile tiefer gehen, müssen wir von der Variablen `line` einfach 8 abziehen, das war's schon.

Nach diesem Exkurs wollen wir uns nun aber wieder unserem Hauptproblem widmen, denn noch bekommen wir überhaupt keine Antwort auf unsere Fragen, denn es existiert noch kein Programm für den Slave-Roboter.

```
 ///////////////////////
 // Slave-eProgramm //
///////////////////////

#include "NXCDefs.h"
#include "verbindungscheck.nxc"
#include "displayausgabe.nxc"

#define BT_CONN 0 //Verbindungsnummer
#define OUTBOX 2 //Nummer der Outbox
```

```
#define INBOX 1 //Nummer der Inbox

#define FRAGE1 "Wie heisst die Hauptstadt des Saarlandes?"
#define FRAGE2 "Wie hiess der erste deutsche Bundeskanzler?"

#define ANTWORT1 "Saarbruecken";
#define ANTWORT2 "Konrad Adenauer";

task main()
{
 string frage = "";
 string antwort;

 BTCheck(BT_CONN); //Prüfen, ob Verbindung besteht

 while(true)
 {
  ReceiveRemoteString(INBOX, false, frage); //Frage empfangen
  if(frage == FRAGE1)
  {
   antwort = ANTWORT1;
  }
  else if(frage == FRAGE2)
  {
   antwort = ANTWORT2;
  }
  else
  {
   antwort = "42"
  }
  SendResponseString(OUTBOX, antwort); //Antwort senden
  displayAusgabe(frage); //Frage anzeigen
  TextOut(0, LCD_LINE8, antwort); //Antwort anzeigen
  Wait(1000);
  ClearScreen();
 }
}
```

Programm 20.11

Bis auf eine Zeile ist dieses Programm kaum etwas Neues für Sie. Lediglich den Befehl `SendResponseString()` kennen Sie noch nicht. Dieser funktioniert im Prinzip wie der Befehl `SendRemoteString()`, mit dem Unterschied, dass man die Verbindungsnummer nicht angeben muss. Das englische Wort *response* bedeutet so viel wie Antwort, der Befehl sendet also einen Antwort-String zu einem eingegangenen String, daher muss die Verbindungsnummer nicht extra angegeben werden. Deshalb funktioniert der Befehl auch nur im Zusammenhang mit einem Receive-Befehl, der **vor** dem Response-Befehl stehen muss. Es gibt auch einen Response-Befehl zum Versenden von Nummern, dieser lautet `SendResponseNumber()`.

Der `else`-Fall ist in diesem Beispiel übrigens nicht zwingend notwendig, da der Master ja nur eine der beiden Fragen senden kann, generell gilt aber »Erwarte das Unerwartete«. Besonders, wenn freie Eingaben durch den Nutzer möglich sind, sollten Sie immer darauf achten, auf eventuelle falsche Eingaben zu reagieren, da bei manchen Programmen ein unerwarteter Wert sogar zum Absturz des Programms führen kann.

Sie können nun also Texte und Zahlen per Bluetooth versenden, es fehlt Ihnen also nur noch ein Grundtyp von Variablen, die Sie noch nicht senden können, nämlich Boolean. Auch hierfür gibt es natürlich Befehle, und da diese genau wie die Befehle für das Versenden von Strings und Zahlen funktionieren, wollen wir an dieser Stelle auf ein ausführliches Beispiel verzichten und uns nur die drei Befehle anschauen, die wir zum Versenden brauchen:

```
SendRemoteBool(verbindungsnummer, outboxNummer, boolean); //Zum Versenden

ReceiveRemoteBool(inboxNummer, leeren, zielvariable); //Zum Empfangen

SendResponseBool(outboxNummer, boolean); //Zum Senden einer Antwort
```

Roboter steuern

Das Übertragen von Daten per Bluetooth beherrschen Sie nun schon, allerdings für den normalen Gebrauch reicht das alleine nicht, denn interessant wird es ja erst, wenn beide Roboter auch gemeinsam auf Daten reagieren können. Dazu wäre es nötig, dass der Master-Roboter den Slave steuern kann, also die Sensoren, Motoren und so weiter. Genaugenommen können Sie auch mit Ihren bisherigen Mitteln schon einen Roboter den anderen steuern lassen, wenn Sie ein entsprechendes Protokoll entwickeln.

Wenn man im Zusammenhang mit Kommunikation zwischen Computern (oder wie in unserem Fall zwischen Robotern) von Protokoll spricht, so versteht man darunter eine Art eigene Sprache, die regelt, wie zwei Roboter miteinander kommunizieren.

Stellen Sie sich zum Beispiel einmal vor, Sie müssten ein Programm schreiben, mit dessen Hilfe ein Master-Roboter die Motoren eines Slave-Roboters steuern kann, und dürfen dazu nur Ihnen bereits bekannte Befehle benutzen. Um einen Motor zu bewegen, benötigen Sie mindestens die Angaben, welcher Motor bewegt werden soll und mit welcher Geschwindigkeit er bewegt werden soll. Sie könnten beide Informationen in einem String übertragen, den Sie vom Slave dann wieder aufteilen lassen, oder Sie senden einfach beide Informationen nacheinander. Diese Festlegung, die Sie treffen, wie Sie die Daten senden, ist dann Ihr Protokoll. Benutzt man dasselbe Protokoll in mehreren Programmen oder mit mehreren Programmierern zusammen, ist es besonders wichtig, das Protokoll genau festzulegen, damit die Kommunikation nachher reibungslos funktioniert.

Das Protokoll für das Steuern der Motoren wäre also eigentlich recht einfach, zuerst wird der Motorenausgang, dann die Geschwindigkeit gesendet. Das lässt sich auch noch relativ einfach mit einem Programm realisieren, zuerst wird gewartet, bis man einen String empfängt, dann darauf, dass eine Zahl empfangen wird. Ein paar `if`-Verzweigungen und schon funktioniert das Ganze. Möchte man nun aber auch noch Töne wiedergeben können oder mehrere Motoren gleichzeitig steuern und die Bewegungsrichtung vorgeben, geht das zwar theoretisch immer noch, wird aber schnell unübersichtlich, da viele verschiedene Fallunterscheidungen notwendig sind und auch das Protokoll immer komplizierter wird. Zum Glück bietet uns NXC auch eine einfachere und direktere Möglichkeit, um einen Roboter über Bluetooth zu steuern. Außerdem bieten sich mit einigen zusätzlichen Befehlen auch weitere Möglichkeiten, um einen zweiten Roboter zu steuern.

Eine dieser Möglichkeiten ist das Starten und Stoppen von Programmen, denn unser Protokoll funktioniert nur dann, wenn auf dem Slave auch ein Programm läuft, das das Protokoll versteht und umsetzen kann. Die Befehle, die wir uns im Folgenden anschauen werden, funktionieren immer, sobald eine Verbindung zu einem Roboter besteht, also auch, wenn gerade kein Programm auf ihm ausgeführt wird. Der Befehl zum Starten eines Programms lautet:

```
RemoteStartProgram(verbindungsnummer, dateiname);
```

Wir brauchen auf unserem Master-Roboter also nur ein Programm auszuführen mit genau dieser Zeile Code (und natürlich `task main()` usw.) und schon können wir auf dem Slave-Roboter ein Programm starten. Als Parameter werden dabei die Verbindungsnummer (hierfür können wir, wie vorher, die Konstante BT_CONN verwenden) und der Dateiname übergeben. Der Dateiname muss mit Endung angegeben werden, es reicht also nicht, lediglich zum Beispiel »buchprojekt« anzugeben, sondern mit Dateiendung, also zum Beispiel »buchprojekt.rxe«.

Vorsicht

Beachten Sie, dass das kompilierte Programm auf dem NXT abgespeichert ist. Beim Kompilieren ändert sich die Dateiendung von `.nxc` in `.rxe`, also muss im Parameter immer die Endung `.rxe` auftauchen.

Einen entsprechenden Befehl gibt es auch für das Beenden von Programmen, er lautet:

```
RemoteStopProgram(verbindungsnummer);
```

Hier muss der Dateiname logischerweise nicht als Parameter übergeben werden, da nur das aktuell laufende Programm beendet werden kann.

Läuft auf dem Slave-Roboter kein Programm und bekommt er keine weiteren Anweisungen, so schaltet er sich nach einer gewissen Zeit aus. Und da das Anschalten das Einzige ist, was man nicht über den Master-Roboter steuern kann, ist das für uns von Nachteil, denn dann müssen wir von Hand eingreifen und den Roboter selbst wieder anschalten und die beiden Roboter erneut per Bluetooth verbinden. Um das zu verhindern, kann man mit dem Master-Roboter einen so genannten »Keep Alive«-Befehl, (engl. *keep alive* = wach oder am Leben halten) senden. Der hat nur den Zweck, dass der Ausschalt-Timer des Slave-Roboters wieder von vorne beginnt. Der Befehl lautet:

```
RemoteKeepAlive(verbindungsnummer);
```

Auch zum Steuern der Soundausgabe gibt es entsprechende Befehle. Der Befehl zum Spielen eines einzelnen Tons lautet:

```
RemotePlayTone(verbindungsnummer, frequenz, länge);
```

Der Befehl funktioniert genau wie der Ihnen bereits bekannte `PlayTone()`-Befehl. Als Parameter müssen nur die Verbindungsnummer und die Tonfrequenz sowie die Tonlänge angegeben werden. Auch das Abspielen von Sounddateien funktioniert im Prinzip wie direkt am Roboter, auch hier ist zusätzlich nur die Verbindungsnummer nötig. Der Befehl hierfür lautet:

```
RemotePlaySoundFile(verbindungsnummer, dateiname, wiederholung);
```

Falls Sie die einzelnen Parameter nicht mehr genau kennen, können Sie die genaue Erklärung noch einmal in Kapitel 9 nachlesen. Wenn es einen Befehl zum Spielen von Sound gibt, sollte es natürlich auch einen Befehl geben, um die Wiedergabe zu beenden, dieser lautet:

```
RemoteStopSound(verbindungsnummer);
```

Besonders interessant ist natürlich auch das Steuern der Sensoren und der Motoren per Bluetooth. Leider ist das nicht ganz so einfach wie die bisherigen Befehle. Fangen wir mit der Steuerung der Motoren an. Zuerst wollen wir uns einmal den

Befehl mit all seinen Parametern anschauen, dann verstehen Sie auch, warum es ab diesem Punkt nicht mehr ganz so einfach ist wie bisher, und dann wollen wir uns alle Parameter genau anschauen.

```
RemoteSetOutputState(verbindungsnummer, port, geschwindigkeit, modus,
synchronisierungsmodus, bogen, runstate, tacholimit);
```

Wie Sie sehen, hat dieser Befehl sehr viele Parameter, bietet dafür aber auch die Möglichkeit, die Motoren so genau wie nur irgendwie möglich zu kontrollieren. Schauen wir uns die Parameter nun im Einzelnen an. Als Erstes wird dem Befehl wieder die Verbindungsnummer übergeben, danach die Motorenausgänge, die bewegt werden sollen (also `OUT_A`, `OUT_B` oder `OUT_C`). Im Gegensatz zur normalen Motorensteuerung kann bei diesem Befehl immer nur ein Motor als Parameter übergeben werden und nicht, wie zum Beispiel beim `OnFwd()`-Befehl, mehrere. Danach folgt die Geschwindigkeit, die wird wie bei der normalen Motorensteuerung mit einer Zahl zwischen 0 (für langsam) und 100 (für schnell) angegeben. Der nächste Parameter setzt den Motoren-Modus. Für diesen Parameter gibt es drei Einstellmöglichkeiten:

1. `OUT_MODE_MOTORON`
2. `OUT_MODE_BRAKE`
3. `OUT_MODE_REGULATED`

Parameter 1, also `OUT_MODE_MOTORON`, sorgt dafür, dass der Motor Strom bekommt, dieser Parameter sollte also immer übergeben werden. `OUT_MODE_BRAKE` sorgt dafür, dass die Schwankungen in der Stromzufuhr automatisch ausgeglichen werden, um eine möglichst gleichbleibende Geschwindigkeit zu garantieren. Einziger Nachteil dieses Parameters: Der Stromverbrauch des NXT wird dadurch erhöht. Wenn man aber nicht unbedingt darauf achten muss, sollte man auch diesen Parameter immer zuschalten. Der dritte und damit letzte Parameter muss immer dann zugeschaltet werden, wenn man die Motoren miteinander synchronisieren möchte (dazu mehr beim nächsten Parameter). Wie Sie gemerkt haben, wird man bei diesem Parameter meistens nicht nur eine der Optionen benötigen, sondern alle drei. Mehrere Optionen werden bei diesem Parameter **nicht** durch ein Komma getrennt angegeben, sondern mit einem Plus verbunden, also zum Beispiel: `OUT_MODE_MOTORON+OUT_MODE_BRAKE+OUT_MODE_REGULATED`.

Der nächste Parameter bietet die Möglichkeit, die Motorrotationen zu synchronisieren, wie Sie es vom `OnFwdReg()`-Befehl kennen. Die verschiedenen Optionen und ihre Bedeutung habe ich bereits in Kapitel 16 vorgestellt, wo Sie diese noch einmal genau nachlesen können.

Den nächsten Parameter kennen Sie vom OnFwdSync()-Befehl, er kann dafür sorgen, dass der Roboter in einem Bogen fährt. Dafür wird eine Zahl zwischen -127 und 127 übergeben. Bei 0 fährt der Roboter normal geradeaus, bei +127 beziehungsweise -127 dreht er sich dann nach links beziehungsweise rechts. Auch hierzu finden Sie genauere Informationen noch einmal in Kapitel 16.

runstate kann den Motor automatisch schrittweise beschleunigen oder abbremsen. Übergibt man OUT_RUNSTATE_RUNNING, drehen die Motoren ganz normal von Anfang an mit voller Geschwindigkeit. Der Befehl OUT_RUNSTATE_RAMPUP sorgt dafür, dass die Geschwindigkeit langsam angehoben wird bis zur angegebenen Geschwindigkeit. Das funktioniert aber nur in Zusammenhang mit dem Parameter tacholimit (dazu später mehr). Umgekehrt gibt es auch die Möglichkeit, die Geschwindigkeit mit OUT_RUNSTATE_RAMPDOWN schrittweise zu senken.

Der letzte Parameter, tacholimit, ermöglicht es, anzugeben, wie viele Umdrehungen der Motor machen soll, das eignet sich besonders dann, wenn man vorher schon weiß, wie lang die Strecke ist, die ein Roboter zurücklegen soll. Weiß man das vorher nicht oder möchte es nicht angeben, trägt man hier einfach eine 0 ein, ansonsten die Anzahl der Umdrehungen, die der Motor machen soll.

Es ist also nicht so ganz einfach, einen Motor per Bluetooth zu steuern, da es unglaublich viele Parameter gibt. Für normales Fahren sind aber bis auf zwei Parameter eigentlich immer alle gleich. Von daher bietet es sich sehr an, ein Makro dafür zu schreiben, denn im normalen Gebrauch ändern sich fast immer nur die Parameter für die Motorenausgänge und die Geschwindigkeit. Wenn wir dieses Makro dann noch in eine Header-Datei packen, können wir es ganz einfach in allen Programmen verwenden, die wir brauchen. Dabei können Sie sich aussuchen, ob Sie dafür eine eigene Header-Datei anlegen wollen oder ob es nicht vielleicht sinnvoller wäre, eine Header-Datei für alle Bluetooth-Subroutinen und -Makros zu erstellen (zum Beispiel mit unserem Verbindungscheck), damit Sie nur eine Header-Datei einbinden müssen und gleich alles haben, was Sie benötigen. Viel wichtiger ist aber noch, wie das Makro aussehen muss:

```
#define RemoteOnFwd(ausgang, geschwindigkeit) RemoteSetOutputState(BT_CONN, \
       ausgang, geschwindigkeit, \
       OUT_MODE_MOTORON+OUT_MODE_BRAKE+OUT_MODE_REGULATED, OUT_REGMODE_IDLE, \
       0, OUT_RUNSTATE_RUNNING, 0)
```

Schon reicht ein einfaches RemoteOnFwd(OUT_A, 60) im Programm, um zum Beispiel den Motor A und mit der Geschwindigkeit 60 drehen zu lassen. Bitte bedenken Sie, dass auch hier nur ein Motor als Parameter übergeben werden kann. Was Ihnen jetzt allerdings noch fehlt, ist ein Befehl, um die Motoren auch wieder stoppen zu können, denn wenn wir keine Umdrehungszahl angeben, drehen sich die Motoren einfach immer weiter. Einen eigenen Befehl zum Stoppen der Motoren gibt es nicht, wir haben aber zwei andere Möglichkeiten. Entweder wir stoppen die Motoren einfach mit:

```
RemoteOnFwd(ausgang, 0);
```

Denn bei der Geschwindigkeit 0 sind die Motoren logischerweise gestoppt, oder, wenn wir es noch etwas bequemer und etwas übersichtlicher im Programm haben wollen, erstellen wir uns auch hierfür ein Makro:

```
#define RemoteOff(ausgang) RemoteOnFwd(ausgang, 0)
```

Wir definieren das Makro also mit Hilfe des anderen Makros, damit wir nicht wieder den ganzen `RemoteSetOutputState()`-Befehl mit all seinen Parametern schreiben müssen. Besonders bei großen Programmen empfiehlt es sich, ein Makro für das Bremsen der Motoren zu schreiben, da man dann später schon beim Überfliegen des Codes feststellt, wo ein Motor an- und wo er ausgeschaltet wird.

Jetzt fehlen uns nur noch die Sensoren, damit wir unseren Roboter auch über Bluetooth voll unter Kontrolle haben. Denen wollen wir uns jetzt widmen. Wir wollen uns nun einmal genau anschauen, wie wir die verschiedenen Sensormodi per Bluetooth steuern können, ohne dafür ein Programm auf dem Slave-Roboter laufen lassen zu müssen. Der Befehl, um die Sensoren und deren Modus zu steuern, lautet:

```
RemoteSetInputMode(verbindungsnummer, port, sensortyp, modus);
```

Die verschiedenen Sensorentypen kennen Sie ja noch aus dem letzten Kapitel, die verschiedenen Betriebsmodi sind dagegen neu für uns. Hier eine kleine Übersicht, welche Modi es gibt und für welche Sensoren sie sich eignen:

Modus	Rückgabewert	Sensoren
SENSOR_MODE_RAW	Zahl zwischen 0 und 1023	Ultraschallsensor, Soundsensor
SENSOR_MODE_BOOL	Boolean (`true` oder `false`)	Tastsensor
SENSOR_MODE_PERCENT	Zahl zwischen 0 und 100 (Prozent)	Lichtsensor
SENSOR_MODE_FAHRENHEIT	Temperatur in Grad Fahrenheit	Temperatursensor
SENSOR_MODE_CELSIUS	Temperatur in Grad Celsius	Temperatursensor
SENSOR_MODE_ROTATION	Anzahl der Rotationen	RCX-Rotationssensoren

Tabelle 20.2: Sensormodi

20.3 Kommunikation per Kabel

Im Prinzip lassen sich zwei NXTs mit Bluetooth recht einfach steuern. Allerdings hat die Bluetooth-Verbindung auch einige Nachteile. Bisher haben wir nur den Fall betrachtet, dass zwei eigenständige Roboter miteinander kommunizieren, aber es kann auch durchaus passieren, dass Sie einen Roboter bauen wollen, der von zwei NXTs gesteuert werden soll, zum Beispiel weil Sie mehr als die drei verfügbaren Motorenausgänge oder mehr als vier Sensoreneingänge brauchen. Dann ist eine kabellose Verbindung nicht wichtig, dafür legen Sie aber Wert auf Geschwindigkeit. Und mit einer direkten Kabelverbindung ist die Reaktionszeit schneller als mit einer Bluetooth-Verbindung. Hinzu kommt, dass man bei einer Kabelverbindung die Verbindung nicht bei jedem Start des Roboters neu einstellen muss, wie das bei einer Bluetooth-Verbindung der Fall ist. Auch bei vielen offiziellen Wettbewerben wird meist eine Kabel-Verbindung benutzt, da hier drahtlose Verbindungen oft verboten sind, da der Roboter sonst von einem Computer aus ferngesteuert werden könnte. Aus all diesen Gründen werden wir uns im Folgenden anschauen, wie die NXTs über ein Kabel kommunizieren können, damit Sie später alle Möglichkeiten haben, je nach Projekt die für Sie passende Verbindung wählen zu können.

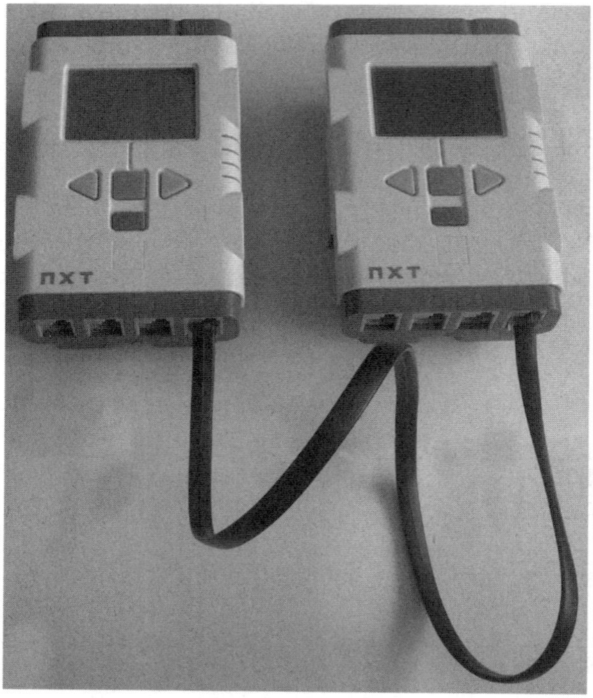

Abb. 20.9: Per Kabel verbundene NXTs

20.3.1 Verbindung herstellen

Das Herstellen einer Verbindung ist bei einer Kabelverbindung wesentlich einfacher als bei einer Bluetooth-Verbindung. Es reicht nämlich einfach, den vierten Sensoreingang der NXTs zu verbinden, dazu kann man ein normales Sensoren- beziehungsweise Motorenkabel verwenden. Dabei ist lediglich zu beachten, dass die beiden Ports mit der Nummer 4 verbunden werden müssen, da es mit den anderen Eingängen nicht funktioniert.

20.3.2 Programmierung

Da auch die direkte Kommunikation über Kabel auf dem Master/Slave-Prinzip basiert, brauchen wir auch hier wieder zwei Programme: eines für den Master-Roboter und eines für den Slave-Roboter. In jedem Programm, egal ob für den Master- oder den Slave-Roboter, muss erst festgelegt werden, dass der Roboter über ein Kabel kommunizieren soll, dazu dient der Befehl:

```
SetSensorType(IN_4, SENSOR_TYPE_HIGHSPEED);
```

Da die Kommunikation nur am vierten Port funktioniert, sieht der Befehl immer genau so aus. Außerdem werden noch zwei weitere Befehle, sowohl im Master- als auch im Slave-Programm gebraucht, die den Roboter sozusagen auf die Übertragung vorbereiten. Die beiden Befehle lauten:

```
SetHSState(HS_INITIALISE);
SetHSFlags(HS_UPDATE);
```

Da es recht kompliziert zu verstehen ist, was diese Befehle genau machen, wollen wir sie für uns einfach als gegeben ansehen, sie müssen einfach am Anfang jedes Programms stehen, das Daten über den vierten Port senden oder empfangen soll. Daher bietet es sich auch an, diese beiden Befehle zusammen mit dem `SetSensorType()`-Befehl in eine Header-Datei zu schreiben. Ob sich das für drei Zeilen Code schon lohnt, muss letztendlich jeder für sich selbst entscheiden.

An dieser Stelle müssen wir jetzt anfangen, zwischen dem Master- und dem Slave-Programm zu unterscheiden. Anfangen werden wir wieder mit dem etwas komplizierteren Programm für den Master:

```
  //////////////////////
 // Master-Programm  //
//////////////////////

#include "NXCDefs.h"

task main()
```

```
{
 //Initialisierung
 SetSensorType(IN_4, SENSOR_TYPE_HIGHSPEED);
 SetHSState(HS_INITIALISE);
 SetHSFlags(HS_UPDATE);

 //Variablen
 string nachricht;
 byte laengenachricht;

 while(true)
 {
  nachricht = "Hallo Welt!"; //Nachricht festlegen
  laengenachricht = ArrayLen(nachricht); //Länge der Nachricht bestimmen
  SetHSOutputBuffer(0, laengenachricht, nachricht); //Nachricht vorbereiten
  SetHSOutputBufferOutPtr(0);
  SetHSOutputBufferInPtr(laengenachricht);
  SetHSState(HS_SEND_DATA); //Senden
  SetHSFlags(HS_UPDATE);
 }
}
```

Programm 20.12

Schauen wir uns das Programm einmal von Anfang an genau an. Die ersten drei Zeilen sind die Ihnen bereits bekannten Zeilen, die am Anfang jedes Programms stehen und den Roboter erst einmal auf das Übertragen vorbereiten. Darauf folgt die Deklaration der Variablen. Zum einen brauchen wir eine Variable vom Typ String, um die Nachricht, die wir übertragen wollen, zu speichern, zum anderen brauchen wir eine Variable vom Typ `byte`. Das Besondere an dieser Variablen ist, dass sie Daten von genau acht Bit aufnehmen kann (acht Bit entsprechen einem Byte, ein Megabyte entspricht 1.000.000 Byte, also 8.000.000 Bit). Anstatt des Typs `byte` könnten wir auch `char` verwenden, da auch dieser acht Bit speichern kann; da wir aber eigentlich keinen Buchstaben speichern wollen, bevorzugt man an dieser Stelle den Typ `byte`.

Danach legen wir fest, welche Nachricht gesendet werden soll (in unserem Fall das berühmte »Hallo Welt!«). Und weisen unserer Variablen vom Typ `byte` die Länge unserer Nachricht zu. Wundern Sie sich nicht, dass wir an dieser Stelle den Befehl `ArrayLen()` auf einen String und nicht auf ein Array anwenden. Für den NXT (und auch für den Computer) ist ein String ein Array von einzelnen Zeichen (also von Chars). Danach legen wir die Nachricht sozusagen in das Fach zum Absenden (an dieser Stelle wird die Nachricht noch nicht gesendet). Dazu dient folgender Befehl:

```
SetHSOutputBuffer(0, laengenachricht, nachricht);
```

Der erste Parameter bezieht sich auf die interne Adressierung des Speichers. Da das an dieser Stelle tiefe Einblicke in die Hardware erforderlich machen würde, begnügen wir uns damit, dass wir als ersten Parameter immer eine 0 übergeben, alles Weitere braucht uns nicht zu interessieren, wir wollen uns ja nicht mehr Umstände als nötig machen. Die beiden anderen Parameter sind dagegen für uns interessant, als Zweites übergeben wir nämlich unsere Längen-Variable und als Drittes unsere eigentliche Nachricht, also auch nicht weiter kompliziert.

Die beiden nächsten Befehle setzen sozusagen eine Fahne (in der Informatik spricht man von einem Pointer oder zu Deutsch auch von einem Zeiger), die den Anfang und das Ende unserer gesendeten Nachricht markiert, das ist nötig, damit der Slave-Roboter nachher weiß, wie viele Daten er zu erwarten hat. Auch hier gilt, dass die beiden Befehle unabhängig von der gesendeten Nachricht immer gleich sind.

Die beiden letzten Befehle senden unsere Nachricht dann endgültig ab. Auch diese Befehle wollen wir wieder als gegeben ansehen, ohne sie weiter zu hinterfragen, da die Betrachtung recht kompliziert ausfallen würde und uns nicht im Geringsten weiterbrächte. Es reicht einfach, wenn Sie sich merken, dass wir zum Senden folgende Befehle brauchen:

```
SetHSState(HS_SEND_DATA);
SetHSFlags(HS_UPDATE);
```

Schon ist unsere Nachricht gesendet. Im Gegensatz zur Datenübertragung per Bluetooth kennt die Übertragung per Kabel keinen separaten Befehl für das Übertragen von Zahlen. Hierzu wird einfach der `NumToStr()`- beziehungsweise der `StrToNum()`-Befehl verwendet. Übrigens bietet es sich auch sehr an, den gesamten Sendevorgang in eine Subroutine auszulagern, dann würde das Programm in etwa so aussehen:

```
 //////////////////////
 // Master-Programm //
//////////////////////

#include "NXCDefs.h"

sub SendeNachricht(string nachricht)
{
 //Variable
 byte laengenachricht;

 laengenachricht = ArrayLen(nachricht); //Länge der Nachricht bestimmen
 SetHSOutputBuffer(0, laengenachricht, nachricht); //Nachricht vorbereiten
```

```
 SetHSOutputBufferOutPtr(0);
 SetHSOutputBufferInPtr(laengenachricht);
 SetHSState(HS_SEND_DATA); //Senden
 SetHSFlags(HS_UPDATE);
}

task main()
{
 //Initialisierung
 SetSensorType(IN_4, SENSOR_TYPE_HIGHSPEED);
 SetHSState(HS_INITIALISE);
 SetHSFlags(HS_UPDATE);

 //Variable
 string nachricht;

 while(true)
 {
  SendeNachricht("Hallo Welt!");
  Wait(10);
 }
}
```

Programm 20.13

Gerade falls man mehrmals innerhalb eines Programms eine Nachricht senden will, wird das Programm wesentlich übersichtlicher, wenn man den Sendevorgang in eine Subroutine auslagert.

Bisher fehlt uns noch das passende Slave-Programm, das die Nachricht empfängt, aber darum wollen wir uns jetzt kümmern:

```
 ///////////////////////
 // Slave-Programm //
///////////////////////

#include "NXCDefs.h"

task main()
{
 //Initialisierung
 SetSensorType(IN_4, SENSOR_TYPE_HIGHSPEED);
 SetHSState(HS_INITIALISE);
 SetHSFlags(HS_UPDATE);
```

```
//Variablen
 string nachricht;
 byte laengenachricht;

 while(true)
 {
  laengenachricht = HSInputBufferInPtr(); //Länge der Nachricht
  GetHSInputBuffer(0, laengenachricht, nachricht); //Nachricht empfangen

  TextOut(0, LCD_LINE1, nachricht); //Nachricht ausgeben

  SetHSInputBufferInPtr(0); //Länge zurücksetzen

  Wait(10);
  ClearScreen();
  nachricht =""; //Nachricht zurücksetzen
 }
}
```

Programm 20.14

Auch das Programm für den Slave-Roboter beginnt mit unseren drei Zeilen und benötigt dieselben Variablen wie das Programm für den Master-Roboter. Da wir die Länge der Nachricht nicht von Anfang an kennen, rufen wir sie mit dem Befehl `HSInputBufferInPtr()` ab. Danach reicht ein einfaches

```
GetHSInputBuffer(0, laengenachricht, nachricht);
```

um unsere Nachricht zu empfangen und in der Variablen `nachricht` zu speichern. Danach setzen wir noch mit `SetHSInputBufferInPtr(0)` das Eingangsfach auf leer, damit wir auch merken, falls keine Nachricht ankommt, aus demselben Grund setzen wir auch die Variable `nachricht` wieder auf leer zurück, denn sonst würde das Programm, falls keine neue Nachricht ankommt, einfach die alte Nachricht wieder verwenden. Es gibt natürlich auch Fälle, in denen das durchaus erwünscht sein kann, dann lässt man die letzte Zeile einfach weg.

Und damit haben Sie dann auch das komplizierteste und letzte Kapitel im Umgang mit NXT gemeistert. Wenn Sie das Buch von Anfang an aufmerksam gelesen haben, dann haben Sie jetzt den Punkt erreicht, an dem Sie alles wissen, um mit dem NXT unter der Verwendung von NXC selbst komplexeste Projekte zu realisieren. Die nachfolgenden Kapitel werden Ihnen helfen, Ihre erlangten Fähigkeiten zu intensivieren, und werden auch einen kleinen Ausblick und Anregungen darauf geben, was Sie mit Ihrem erlangten Wissen anstellen können; die Möglichkeiten sind nahezu unbegrenzt.

Hinweis

Wie schon eingangs erwähnt, möchte ich Sie auch an dieser Stelle noch einmal ermutigen, falls Sie Fragen zum NXT, zu NXC oder Lob, Kritik und Anregungen zu diesem Buch haben, mit mir Kontakt aufzunehmen. Sie können mich über meine Website `http://www.daniel-braun.com` oder direkt per E-Mail an `info@daniel-braun.com` erreichen.

20.4 Zusammenfassung

20.4.1 Übungen

- Schreiben Sie ein Programm, das es ermöglicht, den Batteriestand eines RCX auf dem Display eines NXT anzuzeigen. Der IR-Link soll dabei am ersten Sensoreingang angeschlossen sein.
- Schreiben Sie ein Programm für zwei Roboter, die per Bluetooth miteinander verbunden sind, das es ermöglicht, vom Master-Roboter entweder eine Zahl oder einen Text an den Slave-Roboter zu senden (die Auswahl soll über Buttons erfolgen). Der Slave-Roboter soll die erhaltenen Daten anzeigen, versuchen Sie, ein Programm zu schreiben, ohne die Befehle `NumToStr()` und `StrToNum()` zu verwenden.
- Schreiben Sie das oben beschriebene Programm für zwei Roboter, die über ein Kabel verbunden sind, um. Diesmal dürfen Sie allerdings alle Befehle benutzen.
- Schreiben Sie ein Programm für zwei Roboter, die per Kabel miteinander verbunden sind, das es ermöglicht, einen Motor an Ausgang A des Slave-Roboters einzuschalten, indem man am Master-Roboter den viereckigen orange Button drückt.

20.4.2 Wiederholung

Begriff	Bedeutung
IR-Link	Sensor von HiTechnic zur Kommunikation zwischen NXT und RCX beziehungsweise Scout
Scout	LEGO Mindstorms Scout, ein Roboter der Firma LEGO, ähnlich dem RCX
FunkNXT	Programm zum Fernsteuern des NXT per Handy
Master/Slave-Prinzip	Kommunikation zwischen zwei oder mehreren Geräten (zum Beispiel zwischen zwei NXTs), wobei ein Gerät dem anderen übergeordnet ist

Begriff	Bedeutung
Master	Innerhalb einer Master/Slave-Verbindung das übergeordnete Gerät, das die Befehle gibt
Slave	Innerhalb einer Master/Slave-Verbindung das untergeordnete Gerät, das die Befehle entgegennimmt
Protokoll	Festgelegte Regeln, nach denen die Kommunikation zwischen Geräten (zum Beispiel zwei NXTs) abläuft, das Protokoll wird im Voraus festgelegt und ist beiden Geräten bekannt

Befehl	Parameter	Funktion
`HTRCXSetIRLinkPort(IN_X);`	IN_X: IN_1, IN_2, IN_3	Legt fest, an welchem Eingang ein IR-Link angeschlossen ist
`HTRCXStartTask(x);`	x: Integer	Startet auf dem RCX das Programm mit der angegebenen Nummer (x)
`HTRCXStopTask(x);`	x: Integer	Stoppt auf dem RCX das Programm mit der angegebenen Nummer (x)
`HTRCXDeleteTask(x);`	x: Integer	Löscht auf dem RCX das Programm mit der angegebenen Nummer (x)
`x = HTRCXBatteryLevel();`	x: Integer	Gibt den aktuellen Batteriestand des RCX zurück
`HTRCXMuteSound();`		Schaltet den RCX stumm
`HTRCXUnmuteSound();`		Schaltet den Ton des RCX wieder an
`HTRCXOnFwd(RCX_OUT_X);`	RCX_OUT_X: RCX_OUT_A, RCX_OUT_B, RCX_OUT_C	Lässt den angegebenen Motor eines verbundenen RCX vorwärtsfahren

Befehl	Parameter	Funktion
`HTRCXSetPower(RCX_OUT_X, RCX_ConstantSrc, geschw);`	RCX_OUT_X: RCX_OUT_A, RCX_OUT_B, RCX_OUT_C `geschw`: Integer	Stellt die Geschwindigkeit des angegebenen Motors des RCX ein (0 für aus und 7 für schnell)
`HTRCXOnRev(RCX_OUT_X);`	RCX_OUT_X: RCX_OUT_A, RCX_OUT_B, RCX_OUT_C	Lässt den angegebenen Motor eines verbundenen RCX rückwärtsfahren
`HTRCXSetDirection(RCX_OUT_X, RCX_OUT_DIR);`	RCX_OUT_X: RCX_OUT_A, RCX_OUT_B, RCX_OUT_C RCX_OUT_DIR: RCX_OUT_FWD, RCX_OUT_REV	Weitere Möglichkeit, die Drehrichtung eines Motors am RCX anzugeben
`HTRCXOff(RCX_OUT_X);`	RCX_OUT_X: RCX_OUT_A, RCX_OUT_B, RCX_OUT_C	Bremst den angegebenen Motor des RCX
`HTRCXFloat(RCX_OUT_X);`	RCX_OUT_X: RCX_OUT_A, RCX_OUT_B, RCX_OUT_C	Lässt den angegebenen Motor des RCX langsam auslaufen
`HTRCXOnFor(RCX_OUT_X, zeit);`	RCX_OUT_X: RCX_OUT_A, RCX_OUT_B, RCX_OUT_C `zeit`: Integer (1/1000 Sekunden)	Schaltet den angegebenen Ausgang am RCX für die angegebene Zeit (in 1/1000 Sekunden) an
`HTRCXPlayTone(frequenz, laenge);`	`frequenz`: Integer `laenge`: Integer (1/1000 Sekunden)	Wie `PlayTone()`, aber per Infrarot auf dem RCX
`HTRCXSetSensorType(IN_X, typ);`	IN_X: IN_1, IN_2, IN_3 typ: SENSOR_TYPE_TOUCH, SENSOR_TYPE_LIGHT, SENSOR_TYPE_ROTATION	Setzt den angegebenen Ausgang an einem verbundenen RCX auf den angegebenen Sensor
`HTScoutMuteSound();`		Schaltet den Scout stumm

Befehl	Parameter	Funktion
`HTScoutUnmuteSound();`		Schaltet den Ton des Scouts wieder an
`HTScoutSet-Light(SCOUT_LIGHT);`	SCOUT_LIGHT: SCOUT_LIGHT_ON, SCOUT_LIGHT_OFF	Schaltet den im Scout eingebauten Lichtsensor ein bzw. aus
`x = BluetoothStatus(ver-bindnugsnr);`	`verbindungsnr`: Integer	Gibt `NO_ERR` zurück, falls eine Bluetooth-Verbindung besteht
`SendRemoteNumber(verbin-dungsnummer, outboxNum-mer, zahl);`	`verbindungsnummer`, `outboxNummer`, `zahl`: Integer	Sendet die angegebene Zahl über die angegebene Bluetooth-Verbindung und das angegebene Ausgangsfach
`ReceiveRemoteNumber(inbox-Nummer, leeren, zielvari-able);`	`inboxNummer`, `zielvariable`: Integer `leeren`: Boolean	Liest die in der angegebenen Inbox gespeicherte Zahl und löscht den Inhalt gegebenenfalls
`SendRemoteString(verbin-dungsnummer, outboxNum-mer, string);`	`verbindungsnummer`, `outboxNummer`: Integer `string`: String	Wie `Send-RemoteNumber()`, sendet jedoch einen String
`ReceiveRemoteString(inbox-Nummer, leeren, zielvari-able);`	`inboxNummer`: Integer `leeren`: Boolean `zielvariable`: String	Wie `ReceiveRe-moteNumber()`, empfängt jedoch einen String
`SendResponseNumber(outbox-Nummer, zahl)`	`outboxNummer`: Integer `zahl`: Integer	Sendet eine Zahl über die angegebene Outbox, über die Verbindung, über die zuvor eine Zahl erhalten wurde

Befehl	Parameter	Funktion
`SendResponseString(outboxNummer, string);`	`outboxNummer`: Integer `string`: String	Sendet einen String über die angegebene Outbox über die Verbindung, über die zuvor ein String erhalten wurde
`SendRemoteBool(verbindungsnummer, outboxNummer, boolean);`	`verbindungsnummer`, `outboxNummer`: Integer `boolean`: Boolean	Wie `SendRemoteNumber()`, sendet jedoch einen Boolean-Wert
`ReceiveRemoteBool(inboxNummer, leeren, zielvariable);`	`inboxNummer`: Integer `leeren`, `zielvariable`: Boolean	Wie `ReceiveRemoteNumber()`, empfängt jedoch einen Boolean-Wert
`SendResponseBool(outboxNummer, boolean);`	`outboxNummer`: Integer `boolean`: Boolean	Wie `SendResponseNumber()`, sendet aber einen Boolean-Wert
`RemoteStartProgram(verbindungsnummer, dateiname);`	`verbindungsnummer`: Integer `dateiname`: String	Startet auf dem verbundenen Roboter das Programm mit dem angegebenen Namen
`RemoteStopProgram(verbindungsnummer);`	`verbindungsnummer`: Integer	Stoppt das aktuell laufende Programm auf dem verbundenen Roboter
`RemoteKeepAlive(verbindungsnummer);`	`verbindungsnummer`: Integer	Setzt den Ausschalt-Timer des Slave-Roboters zurück
`RemotePlayTone(verbindungsnummer, frequenz, länge);`	`verbindungsnummer`, `frequenz`, `länge`: Integer	Wie `PlayTone()`, Ton wird jedoch auf dem Slave-Roboter gespielt

Befehl	Parameter	Funktion
`RemotePlaySoundFile(verbindungsnummer, dateiname, wiederholung);`	`verbindungsnummer`: Integer `dateiname`: String `wiederholung`: Boolean	Wie `PlaySoundFile()`, jedoch wird die Datei auf dem Slave-Roboter gespielt
`RemoteStopSound(verbindungsnummer);`	`verbindungsnummer`: Integer	Beendet die Wiedergabe auf dem Slave-Roboter
`RemoteSetOutputState(verbindungsnummer, OUT_X, geschwindigkeit, modus, synchronisierungsmodus, bogen, runstate, tacholimit);`	`verbindungsnummer`: Integer `OUT_X`: OUT_A, OUT_B, OUT_C, OUT_AB, ..., OUT_ABC `geschwindigkeit`: Integer `modus`: OUT_MODE_MOTORON, OUT_MODE_BRAKE, OUT_MODE_REGULATED, OUT_MODE_MOTORON+ OUT_MODE_BRAKE, ... `synchronisierungsmodus`: OUT_REGMODE_IDLE, OUT_REGMODE_SPEED, OUT_REGMODE_SYNC `bogen`: Integer (-127 bis 127) `runstate`: OUT_RUNSTATE_RUNNING, OUT_RUNSTATE_RAMPUP, OUT_RUNSTATE_RAMPDOWN `tacholimit`: Integer	Schaltet den Motor am angegebenen Ausgang eines verbundenen NXT mit den angegebenen Parametern ein
`RemoteSetInputMode(verbindungsnummer, IN_X, sensortyp, modus);`	`verbindungsnummer`: Integer `IN_X`: IN_1, IN_2, IN_3, IN_4 `sensortyp`: SENSOR_TYPE_TOUCH, SENSOR_TYPE_LIGHT_ACTIVE, SENSOR_TYPE_SOUND_DB, SENSOR_TYPE_LOWSPEED, SENSOR_TYPE_LIGHT_INACTIVE, SENSOR_TYPE_SOUND_DBA, SENSOR_TYPE_ROTATION, SENSOR_TYPE_LIGHT `modus`: SENSOR_MODE_RAW, SENSOR_MODE_BOOL, SENSOR_MODE_PERCENT, SENSOR_MODE_FAHRENHEIT, SENSOR_MODE_CELSIUS, SENSOR_MODE_ROTATION	Gibt an, von welchem Typ der am verbundenen Roboter am angegebenen Port angeschlossene Sensor ist und in welchem Modus er betrieben werden soll

Befehl	Parameter	Funktion
`SetHSState(HS_INITIALISE);`		Befehl wird benötigt, um eine Kommunikation zwischen zwei NXTs per Kabel zu ermöglichen.
`SetHSFlags(HS_UPDATE);`		Befehl wird benötigt, um eine Kommunikation zwischen zwei NXTs per Kabel zu ermöglichen.

`SetHSOutputBuffer(0, laengenachricht, nachricht);`
`SetHSOutputBufferOutPtr(0);`
`SetHSOutputBufferInPtr(laengenachricht);`
`SetHSState(HS_SEND_DATA);`
`SetHSFlags(HS_UPDATE);`
	`laengenachricht`: Byte
	`nachricht`: String
		Befehlskombination zum Senden einer Nachricht an einen anderen NXT per Kabel (das Versenden funktioniert nur, wenn alle Befehle gemeinsam verwendet werden)

`x = HSInputBufferInPtr;`	x: Byte	Bestimmt die Länge einer per Kabel erhaltenen Nachricht
`GetHSInputBuffer(0, laengenachricht, nachricht);`	`laengenachricht`: Byte `nachricht`: String	Empfängt eine per Kabel gesendete Nachricht, wobei `laengenachricht` der tatsächlichen Länge entsprechen muss
`SetHSInputBufferInPtr(0);`		Setzt die Länge der erhaltenen Nachricht zurück (nötig, um neue Nachrichten korrekt empfangen zu können, falls die Länge der Nachrichten wechselt)

Kapitel 21

Abschlussprojekt

Als letztes großes Projekt in diesem Buch wollen wir uns an etwas Ungewöhnliches wagen. Bisher haben wir hauptsächlich Programme für typische Roboter programmiert mit Motoren und Sensoren, aber der NXT bietet durch die verbaute Technik noch viel mehr Möglichkeiten.

In diesem Kapitel wollen wir den NXT zu einer kleinen »Spielekonsole« umbauen. Wir werden den Spieleklassiker Pong für den NXT programmieren. Ziel soll es dabei sein, dass später zwei Spieler gegeneinander an einem NXT spielen können. Dazu brauchen wir lediglich den NXT und zwei Tastsensoren.

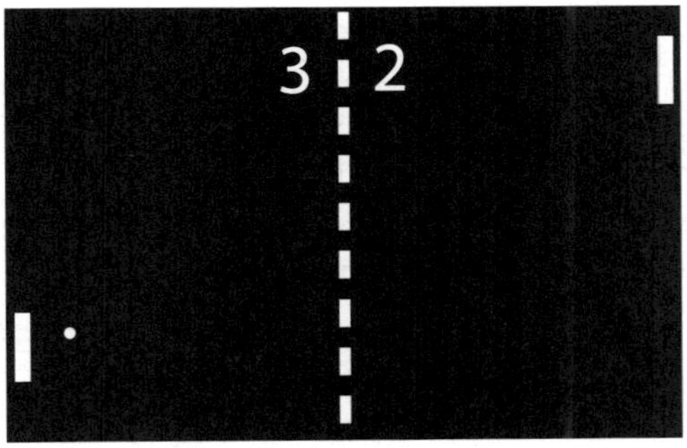

Abb. 21.1: Klassisches Pong-Spielfeld

Da auch jedes kleine Projekt einmal klein anfängt, beginnen wir auch mit unserem Pong-Projekt klein. Wir erstellen zuerst einmal eine Datei und den Schläger des ersten Spielers. Dazu müssen wir uns zuerst überlegen, wie wir die Position des Schlägers speichern. Da wir immer eine x- und eine y-Koordinate brauchen, bietet es sich an, hierfür ein Struct zu erstellen. Wie viele Pixel unser Schläger lang sein soll, speichern wir in einer Konstanten. Zum Zeichnen des Schlägers können wir den Befehl `LineOut()` verwenden. Erstellen Sie also eine Datei `pong.nxc` mit folgendem Inhalt:

```
#include "NXCDefs.h"

#define LAENGE 15

struct punkt
```

```
{
 int x;
 int y;
};

task main()
{
 punkt player1;

 player1.x = 0;
 player1.y = 0;

 while(true)
 {
  LineOut(player1.x, player1.y, player1.x, player1.y + LAENGE);
 }
}
```

Programm 21.1

Nachdem der Schläger des ersten Spielers nun da ist, muss er noch bewegt werden können. Zum Bewegen sollen die beiden Pfeiltasten auf dem NXT benutzt werden. Der Pfeil nach rechts soll den Schläger nach unten bewegen, der Pfeil nach links nach oben. Unbedingt beachten sollte man dabei aber, dass der Schläger nicht außerhalb des Bildschirmrands bewegt werden kann. Außerdem muss man bedenken, dass der Schläger wegen seiner Länge den oberen Rand schon 15 Pixel vorher trifft. In Code sieht das Ganze so aus:

```
#include "NXCDefs.h"

#define LAENGE 15

struct punkt
{
 int x;
 int y;
};

task main()
{
 punkt player1;

 player1.x = 0;
 player1.y = 0;
```

```
while(true)
{
 if(ButtonState(BTNRIGHT) < 0 && player1.y > 0)
 {
  player1.y = player1.y - 1;
 }
 else if(ButtonState(BTNLEFT) < 0 && player1.y + 15 < 65)
 {
  player1.y = player1.y + 1;
 }

 LineOut(player1.x, player1.y, player1.x, player1.y + LAENGE);
 Wait(30);
 ClearScreen();
}
}
```

Programm 21.2

Schon können wir Spieler 1 ohne Probleme bewegen, ohne Gefahr zu laufen, außerhalb des anzeigbaren Bereichs zu kommen. Nun fehlt uns aber noch ein Spieler 2. Der braucht natürlich auch eine Steuerung, um seinen Schläger steuern zu können. Hierfür schließen wir einfach zwei Tastsensoren an die Eingänge 1 und 2 an, die dienen dann zum Steuern. Um das Programm übersichtlicher zu halten, lagern wir die `if`-Verzweigung, die für jeden Spieler überprüft, ob er bewegt wird, in jeweils eine eigene Subroutine aus. Außerdem erstellen wir eine weitere Variable für den zweiten Spieler. Damit die Variablen auch von den Subroutinen aus aufgerufen werden können, deklarieren wir sie global. Für zwei Spieler sieht der Code dann so aus:

```
#include "NXCDefs.h"

#define LAENGE 15

struct punkt
{
 int x;
 int y;
};

punkt player1;
punkt player2;
```

```
sub bewegungSpieler1()
{
 if(ButtonState(BTNRIGHT) < 0 && player1.y > 0)
 {
  player1.y = player1.y - 1;
 }
 else if(ButtonState(BTNLEFT) < 0 && player1.y + 15 < 65)
 {
  player1.y = player1.y + 1;
 }
}

sub bewegungSpieler2()
{
 if(Sensor(IN_2) > 0 && player2.y > 0)
 {
  player2.y = player2.y - 1;
 }
 else if(Sensor(IN_1) > 0 && player2.y + 15 < 65)
 {
  player2.y = player2.y + 1;
 }
}


task main()
{
 SetSensorTouch(IN_1); //hoch
 SetSensorTouch(IN_2); //runter

 player1.x = 0;
 player1.y = 0;

 player2.x = 99;
 player2.y = 0;

 while(true)
 {
  bewegungSpieler1();
  bewegungSpieler2();

  LineOut(player1.x, player1.y, player1.x, player1.y + LAENGE);
  LineOut(player2.x, player2.y, player2.x, player2.y + LAENGE);
```

```
  Wait(30);
  ClearScreen();
 }
}
```

Programm 21.3

Nun haben wir bereits zwei bewegliche Spieler, aber etwas ganz Entscheidendes fehlt noch, nämlich der Ball, denn ohne Ball kein Spiel. Zuerst wollen wir es einmal schaffen, den Ball zu zeichnen – hierfür verwenden wir den `CircleOut()`-Befehl – und ihn dann auf den Schläger von Player 1 zu setzen. Solange der Ball noch nicht in Bewegung ist, soll er auf dem Schläger von Spieler 1 bleiben, auch wenn dieser sich nach oben oder unten bewegt. Außerdem wollen wir im nächsten Schritt eine Subroutine `zeichneSchlaeger` erstellen, der wir eine der Spieler-Variablen übergeben und die dann die Schläger daraus zeichnet.

```
#include "NXCDefs.h"

#define LAENGE 15

struct punkt
{
 int x;
 int y;
};

punkt player1;
punkt player2;
punkt ball;

sub bewegungSpieler1()
{
 if(ButtonState(BTNRIGHT) < 0 && player1.y > 0)
 {
  player1.y = player1.y - 1;
 }
 else if(ButtonState(BTNLEFT) < 0 && player1.y + 15 < 65)
 {
  player1.y = player1.y + 1;
 }
}

sub bewegungSpieler2()
```

```
{
 if(Sensor(IN_2) > 0 && player2.y > 0)
 {
  player2.y = player2.y - 1;
 }
 else if(Sensor(IN_1) > 0 && player2.y + 15 < 65)
 {
  player2.y = player2.y + 1;
 }
}

sub zeichneBall()
{
 CircleOut(ball.x,ball.y,1);
}

sub zeichneSchlaeger(punkt zplayer)
{
 LineOut(zplayer.x, zplayer.y, zplayer.x, zplayer.y + LAENGE);
}

task main()
{
 SetSensorTouch(IN_1); //hoch
 SetSensorTouch(IN_2); //runter

 player1.x = 0;
 player1.y = 0;

 player2.x = 99;
 player2.y = 0;

 ball.x = 1;
 ball.y = 32;

 while(true)
 {
  bewegungSpieler1();
  bewegungSpieler2();

  ball.x = player1.x + 1;
  ball.y = player1.y + 8;
```

```
  zeichneBall();
  zeichneSchlaeger(player1);
  zeichneSchlaeger(player2);

  Wait(30);
  ClearScreen();
 }
}
```

Programm 21.4

So weit, so gut. Allerdings ist das Spiel nicht besonders sinnvoll, solange sich der Ball nicht bewegt. Der Ball soll sich bewegen, sobald der orange Knopf gedrückt wird. Wir wollen einmal ganz einfach beginnen und den Ball nur bis auf die andere Seite des Spielfelds fliegen lassen. Die Geschwindigkeit des Balles und der Spieler können wir dabei einfach über den `Wait()`-Befehl steuern. Die Bewegung realisieren wir einfach, indem wir die x-Koordinate des Balls bei jedem Schleifendurchlauf um eins erhöhen, so lange, bis der rechte Rand erreicht ist.

```
#include "NXCDefs.h"

#define LAENGE 15

struct punkt
{
 int x;
 int y;
};

punkt player1;
punkt player2;
punkt ball;

sub bewegungSpieler1()
{
 if(ButtonState(BTNRIGHT) < 0 && player1.y > 0)
 {
  player1.y = player1.y - 1;
 }
 else if(ButtonState(BTNLEFT) < 0 && player1.y + 15 < 65)
 {
  player1.y = player1.y + 1;
 }
}
```

```
sub bewegungSpieler2()
{
 if(Sensor(IN_2) > 0 && player2.y > 0)
 {
  player2.y = player2.y - 1;
 }
 else if(Sensor(IN_1) > 0 && player2.y + 15 < 65)
 {
  player2.y = player2.y + 1;
 }
}

sub zeichneBall()
{
 CircleOut(ball.x,ball.y,1);
}

sub zeichneSchlaeger(punkt zplayer)
{
 LineOut(zplayer.x, zplayer.y, zplayer.x, zplayer.y + LAENGE);
}

task main()
{
 bool halt = true;
 SetSensorTouch(IN_1); //hoch
 SetSensorTouch(IN_2); //runter

 player1.x = 0;
 player1.y = 0;

 player2.x = 99;
 player2.y = 0;

 ball.x = 1;
 ball.y = 32;

 while(true)
 {
  while(halt == true)
  {
   if(ButtonState(BTNCENTER) != 0)
```

```
   {
    halt = false;
   }
   ball.x = player1.x + 1;
   ball.y = player1.y + 8;
   zeichneBall();

   bewegungSpieler1();
   bewegungSpieler2();

   zeichneSchlaeger(player1);
   zeichneSchlaeger(player2);

   Wait(60);
   ClearScreen();
  }

  bewegungSpieler1();
  bewegungSpieler2();

  zeichneSchlaeger(player1);
  zeichneSchlaeger(player2);
  zeichneBall();

  Wait(60);
  ClearScreen();

  if(ball.x < 98)
  {
   ball.x = ball.x + 1;
  }
 }
}
```

Programm 21.5

Wie Sie gemerkt haben, ist unser Programm schon recht lang geworden und das, obwohl wir noch lange nicht fertig sind. Der Ball fliegt nun zwar schon auf die andere Seite, dort bleibt er allerdings stehen. Im nächsten Schritt wollen wir uns jetzt darum kümmern, dass der Ball auch wieder zurückkommt von der anderen Seite, aber natürlich nur, wenn der andere Spieler ihn auch mit seinem Schläger berührt. Außerdem sollten wir immer bemüht sein, unseren Code möglichst übersichtlich zu halten. Dazu würde es sich anbieten, alle Aufrufe für das Zeichnen der

Schläger und des Balls wieder in eine eigene Subroutine zu verpacken, um das Programm noch übersichtlicher zu halten.

```
#include "NXCDefs.h"

#define LAENGE 15

struct punkt
{
 int x;
 int y;
};

punkt player1;
punkt player2;
punkt ball;

sub bewegungSpieler1()
{
 if(ButtonState(BTNRIGHT) < 0 && player1.y > 0)
 {
  player1.y = player1.y - 1;
 }
 else if(ButtonState(BTNLEFT) < 0 && player1.y + 15 < 65)
 {
  player1.y = player1.y + 1;
 }
}

sub bewegungSpieler2()
{
 if(Sensor(IN_2) > 0 && player2.y > 0)
 {
  player2.y = player2.y - 1;
 }
 else if(Sensor(IN_1) > 0 && player2.y + 15 < 65)
 {
  player2.y = player2.y + 1;
 }
}

sub zeichneBall()
{
 CircleOut(ball.x,ball.y,1);
```

```
}

sub zeichneSchlaeger(punkt zplayer)
{
 LineOut(zplayer.x, zplayer.y, zplayer.x, zplayer.y + LAENGE);
}

sub zeichneAlles()
{
 zeichneSchlaeger(player1);
 zeichneSchlaeger(player2);
 zeichneBall();
}

task main()
{
 bool halt = true;
 SetSensorTouch(IN_1); //hoch
 SetSensorTouch(IN_2); //runter
 int richtung = 1;
 int i = 0;

 player1.x = 0;
 player1.y = 0;

 player2.x = 99;
 player2.y = 0;

 ball.x = 1;
 ball.y = 32;

 while(true)
 {
  while(halt == true)
  {
   if(ButtonState(BTNCENTER) != 0)
   {
    halt = false;
   }
   ball.x = player1.x + 1;
   ball.y = player1.y + 8;

   bewegungSpieler1();
   bewegungSpieler2();
```

```
    zeichneAlles();

    Wait(60);
    ClearScreen();
   }

   bewegungSpieler1();
   bewegungSpieler2();

   zeichneAlles();

   Wait(60);
   ClearScreen();

   if(ball.x == 98)
   {
    while(i < 15)
    {
     if((player2.y + i) == ball.y)
     {
      richtung = -1;
      break;
     }
     i = i+1;
    }
   }
   ball.x = ball.x + richtung;
  }
 }
```

Programm 21.6

Stößt der Ball nun an den rechten Rand, prüfen wir, ob er auf ein Pixel getroffen ist, das auch vom Schläger belegt wird. Ist das der Fall, wird in die Variable `richtung` der Wert -1 eingetragen, danach bewegt sich der Ball also nicht mehr nach rechts, sondern nach links. Trifft der Ball auf ein Pixel, das nicht vom Schläger bewegt wird, fliegt er aus dem Spielfeld heraus und das Spiel ist vorbei. Nun müssen wir das Gleiche noch für die andere Seite tun, damit auch hier der Ball wieder zurückgeworfen wird.

```
#include "NXCDefs.h"

#define LAENGE 15
```

```
struct punkt
{
 int x;
 int y;
};

punkt player1;
punkt player2;
punkt ball;

sub bewegungSpieler1()
{
 if(ButtonState(BTNRIGHT) < 0 && player1.y > 0)
 {
  player1.y = player1.y - 1;
 }
 else if(ButtonState(BTNLEFT) < 0 && player1.y + 15 < 65)
 {
  player1.y = player1.y + 1;
 }
}

sub bewegungSpieler2()
{
 if(Sensor(IN_2) > 0 && player2.y > 0)
 {
  player2.y = player2.y - 1;
 }
 else if(Sensor(IN_1) > 0 && player2.y + 15 < 65)
 {
  player2.y = player2.y + 1;
 }
}

sub zeichneBall()
{
 CircleOut(ball.x,ball.y,1);
}

sub zeichneSchlaeger(punkt zplayer)
{
 LineOut(zplayer.x, zplayer.y, zplayer.x, zplayer.y + LAENGE);
}
```

```
sub zeichneAlles()
{
 zeichneSchlaeger(player1);
 zeichneSchlaeger(player2);
 zeichneBall();
}

task main()
{
 bool halt = true;
 SetSensorTouch(IN_1); //hoch
 SetSensorTouch(IN_2); //runter
 int richtung = 1;
 int i = 0;

 player1.x = 0;
 player1.y = 0;

 player2.x = 99;
 player2.y = 0;

 ball.x = 1;
 ball.y = 32;

 while(true)
 {
  while(halt == true)
  {
   if(ButtonState(BTNCENTER) != 0)
   {
    halt = false;
   }
   ball.x = player1.x + 1;
   ball.y = player1.y + 8;

   bewegungSpieler1();
   bewegungSpieler2();

   zeichneAlles();

   Wait(60);
   ClearScreen();
```

```
    }

    bewegungSpieler1();
    bewegungSpieler2();

    zeichneAlles();

    Wait(60);
    ClearScreen();

    if(ball.x == 98)
    {
     i = 0;
     while(i < 15)
     {
      if((player2.y + i) == ball.y)
      {
       richtung = -1;
       break;
      }
      i = i+1;
     }
    }
    else if(ball.x == 1)
    {
     i = 0;
     while(i < 15)
     {
      if((player1.y + i) == ball.y)
      {
       richtung = +1;
       break;
      }
      i = i+1;
     }
    }
    ball.x = ball.x + richtung;
  }
}
```

Programm 21.7

Nun fliegt unser Ball schon schön von der einen zur anderen Seite, genau so, wie wir es wollten. Allerdings wird schnell klar, dass das Spiel so nicht besonders spannend ist, denn der Ball fliegt immer nur gerade hin und her und ändert nie seine Richtung. Nun könnte man komplizierte physikalische Berechnung anstellen, wie der Ball exakt abprallt, aber das erhöht den Spielspaß nicht und ist auch nicht unser Ziel, deshalb machen wir es uns etwas einfacher. Trifft der Ball auf die beiden mittleren Pixel des Schlägers (6 und 7), fliegt er gerade, trifft er höher als 7, lassen wir ihn nach oben fliegen, trifft er unter 6, fliegt er nach unten. Das können wir realisieren, indem wir nicht nur die x-Koordinate, sondern auch die y-Koordinate bei jedem Schritt ändern. Dann müssen wir allerdings auch dafür sorgen, dass der Ball von der oberen und der unteren Wand abprallt, da er sonst aus dem Spielfeld fliegen würde.

```
#include "NXCDefs.h"

#define LAENGE 15

struct punkt
{
 int x;
 int y;
};

punkt player1;
punkt player2;
punkt ball;

sub bewegungSpieler1()
{
 if(ButtonState(BTNRIGHT) < 0 && player1.y > 0)
 {
  player1.y = player1.y - 1;
 }
 else if(ButtonState(BTNLEFT) < 0 && player1.y + 15 < 65)
 {
  player1.y = player1.y + 1;
 }
}

sub bewegungSpieler2()
{
 if(Sensor(IN_2) > 0 && player2.y > 0)
 {
  player2.y = player2.y - 1;
 }
```

```
 else if(Sensor(IN_1) > 0 && player2.y + 15 < 65)
 {
  player2.y = player2.y + 1;
 }
}

sub zeichneBall()
{
 CircleOut(ball.x,ball.y,1);
}

sub zeichneSchlaeger(punkt zplayer)
{
 LineOut(zplayer.x, zplayer.y, zplayer.x, zplayer.y + LAENGE);
}

sub zeichneAlles()
{
 zeichneSchlaeger(player1);
 zeichneSchlaeger(player2);
 zeichneBall();
}

task main()
{
 bool halt = true;
 SetSensorTouch(IN_1); //hoch
 SetSensorTouch(IN_2); //runter
 punkt richtung;
 int i = 0;

 richtung.x = 1;
 richtung.y = 0;

 player1.x = 0;
 player1.y = 0;

 player2.x = 99;
 player2.y = 0;

 ball.x = 1;
 ball.y = 32;
```

```
while(true)
{
 while(halt == true)
 {
  if(ButtonState(BTNCENTER) != 0)
  {
   halt = false;
  }
  ball.x = player1.x + 1;
  ball.y = player1.y + 7;

  bewegungSpieler1();
  bewegungSpieler2();

  zeichneAlles();

  Wait(60);
  ClearScreen();
 }

 bewegungSpieler1();
 bewegungSpieler2();

 zeichneAlles();

 Wait(60);
 ClearScreen();

 if(ball.x == 98)
 {
  i = 0;
  while(i < 15)
  {
   if((player2.y + i) == ball.y)
   {
    richtung.x = -1;

    if((i == 6) || (i == 7))
    {
     richtung.y = 0;
    }
    else if(i < 6)
    {
```

```
      richtung.y = -1;
     }
     else if(i > 7)
     {
      richtung.y = 1;
     }

     break;
    }
    i = i+1;
   }
  }
  else if(ball.x == 1)
  {
   i = 0;
   while(i < 15)
   {
    if((player1.y + i) == ball.y)
    {
     richtung.x = +1;

     if((i == 6) || (i == 7))
     {
      richtung.y = 0;
     }
     else if(i < 6)
     {
      richtung.y = -1;
     }
     else if(i > 7)
     {
      richtung.y = 1;
     }

    break;
    }
    i = i+1;
   }
  }
  //Prüfen, ob am oberen / unteren Rand
  if((ball.y >= 64) || (ball.y <= 0))
  {
   richtung.y = richtung.y * (-1);
```

```
    }
    ball.x = ball.x + richtung.x;
    ball.y = ball.y + richtung.y;
  }
}
```

Programm 21.8

Wenn Sie sich nun noch einmal Abbildung 21.1 anschauen, wird Ihnen auffallen, dass noch etwas fehlt zum fertigen Pong. Bisher wird noch kein Punktestand angezeigt, denn es werden noch gar keine Punkte vergeben. Gerät der Ball außerhalb des Spielfeldes, fliegt er, für uns unsichtbar, weiter. Um Punkte zu vergeben, müssen wir hier, wie beim oberen und unteren Rand, abfangen, wenn sich der Ball hinter den Schläger bewegt. Passiert das auf der linken Seite, bekommt der rechte Spieler einen Punkt, passiert das auf der rechten Seite, bekommt der linke Spieler einen Punkt. Nach jedem verlorenen Ball gibt es einen neuen Aufschlag. Dazu setzen wir die Variable `halt` einfach wieder auf `true`. Die Ausgabe des Punktestands packen wir in eine Subroutine, um das Programm übersichtlicher zu machen. Speichern können wir den Punktestand in einer Variablen vom Typ `Punkt`, der x-Wert speichert dann die Punkte von Spieler 1, der y-Wert die Punkte von Spieler 2.

```
#include "NXCDefs.h"

#define LAENGE 15

struct punkt
{
 int x;
 int y;
};

punkt player1;
punkt player2;
punkt ball;
punkt punktestand;

sub bewegungSpieler1()
{
 if(ButtonState(BTNRIGHT) < 0 && player1.y > 0)
 {
  player1.y = player1.y - 1;
 }
 else if(ButtonState(BTNLEFT) < 0 && player1.y + 15 < 65)
```

```
  {
   player1.y = player1.y + 1;
  }
 }

sub bewegungSpieler2()
{
 if(Sensor(IN_2) > 0 && player2.y > 0)
 {
  player2.y = player2.y - 1;
 }
 else if(Sensor(IN_1) > 0 && player2.y + 15 < 65)
 {
  player2.y = player2.y + 1;
 }
}

sub zeichneBall()
{
 CircleOut(ball.x,ball.y,1);
}

sub zeichneSchlaeger(punkt zplayer)
{
 LineOut(zplayer.x, zplayer.y, zplayer.x, zplayer.y + LAENGE);
}

sub zeichnePunktestand()
{
 NumOut(39, LCD_LINE1, punktestand.x);
 NumOut(60, LCD_LINE1, punktestand.y);
}

sub zeichneAlles()
{
 zeichneSchlaeger(player1);
 zeichneSchlaeger(player2);
 zeichneBall();
 zeichnePunktestand();
}


task main()
```

```
{
 bool halt = true;
 SetSensorTouch(IN_1); //hoch
 SetSensorTouch(IN_2); //runter
 punkt richtung;
 int i = 0;

 richtung.x = 1;
 richtung.y = 0;

 player1.x = 0;
 player1.y = 0;

 player2.x = 99;
 player2.y = 0;

 punktestand.x = 0;
 punktestand.y = 0;

 ball.x = 1;
 ball.y = 32;

 while(true)
 {
  while(halt == true)
  {
   if(ButtonState(BTNCENTER) != 0)
   {
    halt = false;
   }
   ball.x = player1.x + 1;
   ball.y = player1.y + 7;

   bewegungSpieler1();
   bewegungSpieler2();

   zeichneAlles();

   Wait(60);
   ClearScreen();
  }

  bewegungSpieler1();
```

```
bewegungSpieler2();

zeichneAlles();

Wait(60);
ClearScreen();

if(ball.x == 98)
{
 i = 0;
 while(i < 15)
 {
  if((player2.y + i) == ball.y)
  {
   richtung.x = -1;

   if((i == 6) || (i == 7))
   {
    richtung.y = 0;
   }
   else if(i < 6)
   {
    richtung.y = -1;
   }
   else if(i > 7)
   {
    richtung.y = 1;
   }

   break;
  }
  i = i+1;
 }
}
else if(ball.x == 1)
{
 i = 0;
 while(i < 15)
 {
  if((player1.y + i) == ball.y)
  {
   richtung.x = +1;
```

```
      if((i == 6) || (i == 7))
      {
       richtung.y = 0;
      }
      else if(i < 6)
      {
       richtung.y = -1;
      }
      else if(i > 7)
      {
       richtung.y = 1;
      }

     break;
     }
     i = i+1;
    }
   }

   //Prüfe, ob Ball hinter Schläger
   if(ball.x < 0)
   {
    punktestand.y = punktestand.y + 1;
    halt = true;
   }
   else if(ball.x > 99)
   {
    punktestand.x = punktestand.x + 1;
    halt = true;
   }

   //Prüfen, ob am oberen / unteren Rand
   if((ball.y >= 64) || (ball.y <= 0))
   {
    richtung.y = richtung.y * (-1);
   }
   ball.x = ball.x + richtung.x;
   ball.y = ball.y + richtung.y;
  }
 }
```

Programm 21.9

Und schon ist Ihr erstes eigenes Spiel für den NXT fertig, hätten Sie gedacht, dass es so einfach ist? Jetzt können wir noch einige Schönheitskorrekturen durchführen. So können wir zum Beispiel noch eine Linie in der Mitte des Spielfelds ziehen. Diese Linie hat zwar keine spielerische Auswirkung, macht das Spielfeld aber noch ein Stück hübscher.

```
#include "NXCDefs.h"

#define LAENGE 15

struct punkt
{
 int x;
 int y;
};

punkt player1;
punkt player2;
punkt ball;
punkt punktestand;

sub bewegungSpieler1()
{
 if(ButtonState(BTNRIGHT) < 0 && player1.y > 0)
 {
  player1.y = player1.y - 1;
 }
 else if(ButtonState(BTNLEFT) < 0 && player1.y + 15 < 65)
 {
  player1.y = player1.y + 1;
 }
}

sub bewegungSpieler2()
{
 if(Sensor(IN_2) > 0 && player2.y > 0)
 {
  player2.y = player2.y - 1;
 }
 else if(Sensor(IN_1) > 0 && player2.y + 15 < 65)
 {
  player2.y = player2.y + 1;
 }
}

sub zeichneBall()
```

```
{
 CircleOut(ball.x,ball.y,1);
}

sub zeichneSchlaeger(punkt zplayer)
{
 LineOut(zplayer.x, zplayer.y, zplayer.x, zplayer.y + LAENGE);
}

sub zeichnePunktestand()
{
 NumOut(39, LCD_LINE1, punktestand.x);
 NumOut(60, LCD_LINE1, punktestand.y);
}

sub zeichneMittellinie()
{
 LineOut(50,0,50,10);
 LineOut(50,20,50,30);
 LineOut(50,40,50,50);
}

sub zeichneAlles()
{
 zeichneSchlaeger(player1);
 zeichneSchlaeger(player2);
 zeichneMittellinie();
 zeichneBall();
 zeichnePunktestand();
}


task main()
{
 bool halt = true;
 SetSensorTouch(IN_1); //hoch
 SetSensorTouch(IN_2); //runter
 punkt richtung;
 int i = 0;

 richtung.x = 1;
 richtung.y = 0;
```

```
player1.x = 0;
player1.y = 0;

player2.x = 99;
player2.y = 0;

punktestand.x = 0;
punktestand.y = 0;

ball.x = 1;
ball.y = 32;

while(true)
{
 while(halt == true)
 {
  if(ButtonState(BTNCENTER) != 0)
  {
   halt = false;
  }
  ball.x = player1.x + 1;
  ball.y = player1.y + 7;

  bewegungSpieler1();
  bewegungSpieler2();

  zeichneAlles();

  Wait(60);
  ClearScreen();
 }

 bewegungSpieler1();
 bewegungSpieler2();

 zeichneAlles();

 Wait(60);
 ClearScreen();

 if(ball.x == 98)
 {
  i = 0;
```

```
 while(i < 15)
 {
  if((player2.y + i) == ball.y)
  {
   richtung.x = -1;

   if((i == 6) || (i == 7))
   {
    richtung.y = 0;
   }
   else if(i < 6)
   {
    richtung.y = -1;
   }
   else if(i > 7)
   {
    richtung.y = 1;
   }

   break;
  }
  i = i+1;
 }
}
else if(ball.x == 1)
{
 i = 0;
 while(i < 15)
 {
  if((player1.y + i) == ball.y)
  {
   richtung.x = +1;

   if((i == 6) || (i == 7))
   {
    richtung.y = 0;
   }
   else if(i < 6)
   {
    richtung.y = -1;
   }
   else if(i > 7)
   {
```

```
      richtung.y = 1;
     }

    break;
    }
    i = i+1;
   }
  }

  //Prüfe, ob Ball hinter Schläger
  if(ball.x < 0)
  {
   punktestand.y = punktestand.y + 1;
   halt = true;
  }
  else if(ball.x > 99)
  {
   punktestand.x = punktestand.x + 1;
   halt = true;
  }

  //Prüfen, ob am oberen / unteren Rand
  if((ball.y >= 64) || (ball.y <= 0))
  {
   richtung.y = richtung.y * (-1);
  }
  ball.x = ball.x + richtung.x;
  ball.y = ball.y + richtung.y;
 }
}
```

Programm 21.10

Nachdem wir die Anzeige etwas schöner gestaltet haben, können wir jetzt noch den Code an einigen Stellen verbessern. So lässt sich zum Beispiel die neu geschriebene `zeichneMittellinie()`-Subroutine auch kürzer, nämlich mit Hilfe einer Schleife darstellen.

```
#include "NXCDefs.h"

#define LAENGE 15

struct punkt
{
 int x;
```

```
 int y;
};

punkt player1;
punkt player2;
punkt ball;
punkt punktestand;

sub bewegungSpieler1()
{
 if(ButtonState(BTNRIGHT) < 0 && player1.y > 0)
 {
  player1.y = player1.y - 1;
 }
 else if(ButtonState(BTNLEFT) < 0 && player1.y + 15 < 65)
 {
  player1.y = player1.y + 1;
 }
}

sub bewegungSpieler2()
{
 if(Sensor(IN_2) > 0 && player2.y > 0)
 {
  player2.y = player2.y - 1;
 }
 else if(Sensor(IN_1) > 0 && player2.y + 15 < 65)
 {
  player2.y = player2.y + 1;
 }
}

sub zeichneBall()
{
 CircleOut(ball.x,ball.y,1);
}

sub zeichneSchlaeger(punkt zplayer)
{
 LineOut(zplayer.x, zplayer.y, zplayer.x, zplayer.y + LAENGE);
}

sub zeichnePunktestand()
```

```
{
 NumOut(39, LCD_LINE1, punktestand.x);
 NumOut(60, LCD_LINE1, punktestand.y);
}

sub zeichneMittellinie()
{
 for(int x = 0; x<61; x = x+20)
 {
  LineOut(50,x,50,x+10);
 }
}

sub zeichneAlles()
{
 zeichneSchlaeger(player1);
 zeichneSchlaeger(player2);
 zeichneMittellinie();
 zeichneBall();
 zeichnePunktestand();
}


task main()
{
 bool halt = true;
 SetSensorTouch(IN_1); //hoch
 SetSensorTouch(IN_2); //runter
 punkt richtung;
 int i = 0;

 richtung.x = 1;
 richtung.y = 0;

 player1.x = 0;
 player1.y = 0;

 player2.x = 99;
 player2.y = 0;

 punktestand.x = 0;
 punktestand.y = 0;
```

```
ball.x = 1;
ball.y = 32;

while(true)
{
 while(halt == true)
 {
  if(ButtonState(BTNCENTER) != 0)
  {
   halt = false;
  }
  ball.x = player1.x + 1;
  ball.y = player1.y + 7;

  bewegungSpieler1();
  bewegungSpieler2();

  zeichneAlles();

  Wait(60);
  ClearScreen();
 }

 bewegungSpieler1();
 bewegungSpieler2();

 zeichneAlles();

 Wait(60);
 ClearScreen();

 if(ball.x == 98)
 {
  i = 0;
  while(i < 15)
  {
   if((player2.y + i) == ball.y)
   {
    richtung.x = -1;

    if((i == 6) || (i == 7))
    {
     richtung.y = 0;
```

```
    }
    else if(i < 6)
    {
     richtung.y = -1;
    }
    else if(i > 7)
    {
     richtung.y = 1;
    }

    break;
   }
   i = i+1;
  }
 }
 else if(ball.x == 1)
 {
  i = 0;
  while(i < 15)
  {
   if((player1.y + i) == ball.y)
   {
    richtung.x = +1;

    if((i == 6) || (i == 7))
    {
     richtung.y = 0;
    }
    else if(i < 6)
    {
     richtung.y = -1;
    }
    else if(i > 7)
    {
     richtung.y = 1;
    }

   break;
   }
   i = i+1;
  }
 }
```

```
    //Prüfe, ob Ball hinter Schläger
    if(ball.x < 0)
    {
     punktestand.y = punktestand.y + 1;
     halt = true;
    }
    else if(ball.x > 99)
    {
     punktestand.x = punktestand.x + 1;
     halt = true;
    }

    //Prüfen, ob am oberen / unteren Rand
    if((ball.y >= 64) || (ball.y <= 0))
    {
     richtung.y = richtung.y * (-1);
    }
    ball.x = ball.x + richtung.x;
    ball.y = ball.y + richtung.y;
  }
}
```

Programm 21.11

Damit ist unser klassisches Pong nun aber endgültig fertig und unser Projekt damit beendet. Das muss natürlich noch lange nicht heißen, dass Sie das Projekt nicht noch weiter ausbauen, es gibt noch viele Möglichkeiten, wie Sie das Programm erweitern können. Sie könnten zum Beispiel auch ein Spiel mit zwei Bällen programmieren, oder Sie realisieren, dass die Spieler immer abwechselnd Aufschlag haben, speichern den Spielstand in einer Datei oder, falls Sie zwei NXTs zur Verfügung haben, können Sie das Spiel auch so umprogrammieren, dass jeder Spieler an einem NXT spielt und die beiden NXTs miteinander verbunden werden (am besten per Kabel, da eine kurze Reaktionszeit wichtig ist).

Anhang A

Lösungen

Auf den folgenden Seiten finden Sie die Antworten zu den Fragen, die Sie am Ende jedes Kapitels finden. Bitte beachten Sie, dass es, gerade für die Programmieraufgaben, immer mehr als eine und auch immer mehr als eine richtige Lösung gibt. Die angegebene Musterlösung ist zum Vergleichen gedacht, vielleicht ist die angegebene Lösung ja etwas effektiver als Ihre oder verbraucht weniger Speicher, es kann aber auch durchaus sein, dass Ihre Idee viel besser ist als die hier abgedruckte, es liegt also an Ihnen, zu entscheiden, was Sie in Ihr Programm übernehmen und was nicht.

A.1 Kapitel 3

- 1/1000 s
- `OnFwd()`
- OUT_A, OUT_B und OUT_C
- Es fehlt ein Semikolon:

```
OnRev(OUT_AC, 30);
Off(OUT_AC); //Hier fehlt das Semikolon
OnFwd(OUT_AC, 60);
```

A.2 Kapitel 4

- 25-mal
- Er fährt für 2 Sekunden mit den Motoren A und C und der Geschwindigkeit 75.

A.3 Kapitel 5

-

Nr.	Aussage	Wahrheit
1	1 < 3	wahr
2	1 > 3	falsch
3	1 == 2	falsch

Nr.	Aussage	Wahrheit
4	1 != 2	wahr
5	2 > 2	falsch
6	2 >= 2	wahr
7	3 < 3	falsch
8	3 <= 3	wahr

- Ganze Zahlen zwischen -32000 und +32000

A.4 Kapitel 6

- Der Ultraschallsensor ist am zweiten Eingang angeschlossen.
- Der Roboter fährt maximal 5 cm nahe an einen Gegenstand heran.
- Danach bleibt er stehen.

A.5 Kapitel 7

- Der Punkt in der linken unteren Ecke hat die Koordinaten (0|0).
- Mit dem Befehl `CircleOut()` lassen sich Kreise zeichnen.
- Da die Auflösung des Displays vergleichsweise gering ist, können keine exakten Kreise gezeichnet werden und die Kreise wirken teilweise eckig.
- Das Display hat insgesamt 6400 Pixel (64 * 100).
- Die x- und y-Koordinate des Anfangspunkts sowie die x- und y-Koordinate des Endpunkts
- `GraphicOut(0, 64, "bild1.ric");`

A.6 Kapitel 8

- Der zweite Namen für `BTN1` lautet `BTNEXIT`.
- Möchte man nur die Betätigungen innerhalb des Programms zählen, lautet der Befehl `ButtonCount()`. Sollen die Betätigungen seit Anschalten des NXT gezählt werden, lautet der Befehl `ButtonPressCount()`.
- Es kann entweder erfasst werden, wenn ein Button gedrückt oder wenn er losgelassen wird.

- Der `ReadButtonEx()`-Befehl kann die Anzahl der Betätigungen eines Buttons und den aktuellen Status in Variablen speichern.

A.7 Kapitel 9

- `PlayTone(440, 2000);`
- Der NXT kann nur rso-Dateien abspielen. Wav- oder MIDI-Dateien müssen zuerst mit BricxCC umgewandelt werden.
- Als Parameter können Zahlen zwischen 0 und 4 (einschließlich) übergeben werden.
- Der Befehl hat außerdem die Parameter `frequenz`, `länge` und `wiederholung`.
- Man muss darauf achten, dass zwischen den beiden Tönen ein `Wait()`-Befehl steht, da sonst nur der letzte Ton gespielt wird.

A.8 Kapitel 10

- »call by reference« bedeutet, dass beim Aufruf einer Subroutine ein Verweis auf die übergebene Variable an die Subroutine weitergegeben wird, somit wirken sich Änderungen an der an die Subroutine übergebenen Variablen auch auf die Ursprungs-Variable aus. »call by value« bedeutet dagegen, dass nur eine Kopie des Wertes der übergebenen Variablen an die Subroutine weitergegeben wird.
- Im Kopf der Subroutine muss ein Ampersand (&) vor den Variablennamen gesetzt werden.
- Die Subroutine »test« bekommt den Wert über »call by reference« übergeben, es wird jedoch im Main-Task keine Variable, sondern eine konstante Zahl übergeben, das ist nicht möglich.
- Der Code für das Makro kann zum Beispiel so aussehen:

```
#define makro(zahl, text) Anweisung1;
```

A.9 Kapitel 11

- Hinter der Definition des Structs fehlt die geschweifte Klammer und es wurde keine Variable deklariert. Der korrekte Code müsste lauten:

```
struct meinStruct
{
 int name1;
```

```
 int name2;
};

meinStruct var;

var.name1 = 3;
```

- Zwei globale Variablen dürfen **nicht** denselben Namen haben.
  Zwei lokale Variablen dürfen denselben Namen haben, wenn sie nicht innerhalb des gleichen Tasks oder der gleichen Subroutine stehen.
  Eine lokale und eine globale Variable dürfen **nicht** denselben Namen haben.
- Das Schlüsselwort `unsigned` bewirkt, dass nur der Betrag einer Zahl gespeichert wird (also ohne Vorzeichen).
- Die Länge eines Arrays lässt sich mit dem Befehl `ArrayLen()` bestimmen, die Länge eines Strings kann mit dem Befehl `StrLen()` bestimmt werden.

A.10 Kapitel 12

- Eine mögliche Lösung sieht so aus:

```
#include "NXCDefs.h"

task main()
{
 label1: PlayTone(440, 4000);
 goto: label1;
}
```

Programm A.1

- Bei einer `case`-Verzweigung können Integer-Werte oder Strings auf Gleichheit geprüft werden, ansonsten sind keine Bedingungen zulässig.
- Nein, das wäre nicht möglich, da wir prüfen, ob der Wert kleiner oder größer gleich unserem Schwarzwert ist, mit einer `case`-Verzweigung könnten wir den Sensorwert aber nur auf Gleichheit prüfen.
- Der `break`-Befehl sorgt dafür, dass nur der Fall, dessen Bedingung erfüllt ist, ausgeführt wird. Würde das `break` nicht stehen, würden auch alle nachfolgenden Fälle ausgeführt.

A.11 Kapitel 13

- Die Lösung könnte zum Beispiel so aussehen:

```
#include "NXCDefs.h"

sub musik(int frequenz)
{
 PlayTone(frequenz, 1000);
}

task fahren()
{
 OnFwd(OUT_AC, 80);
}

task main()
{
 int i = 0;
 int ton = 440;

 while(i < 4)
 {
  Precedes(fahren);
  musik(ton);
  i = i + 1;
  if(ton == 440)
  {
   PlayTone(ton);
   ton = 300;
  }
  else if(ton == 300)
  {
   ton = 440;
  }
  Wait(1000);
 }
}
```

Programm A.2

- Lösungsvorschlag:

```
#include "NXCDefs.h"

//Mutex-Variable
mutex mainMutex;
```

```
task motor1()
{
 Acquire(mainMutex);
 OnFwd(OUT_AC, 80);
 Wait(1000);
 Release(mainMutex);
}

task motor2()
{
 Acquire(mainMutex);
 OnFwd(OUT_A, 60);
 Wait(1200);
 Release(mainMutex);
}

task display1()
{
 Acquire(mainMutex);
 TextOut(0,LCD_LINE1,"Hallo, dies ist");
 Wait(1500);
 Release(mainMutex);
}

task display2()
{
 Acquire(mainMutex);
 ClearScreen();
 TextOut(0,LCD_LINE1," ein Test!");
 Wait(1500);
 Release(mainMutex);
}

task ton1()
{
 Follows(motor1,motor2);
 Acquire(mainMutex);
 PlayTone(440, 1200);
 Wait(1200);
 Release(mainMutex);
}

task ton2()
{
 Follows(motor1,motor2);
 Acquire(mainMutex);
 PlayTone(200, 1200);
 Wait(1200);
```

```
 Release(mainMutex);
 Precedes(display1,display2);
}


task main()
{
 Precedes(motor1,motor2);
}
```

Programm A.3

A.12 Kapitel 14

- Nichts, es kann keine neue Datei angelegt werden, solange eine Datei mit dem gleichen Namen besteht.
- Der Befehl `WriteLnString()` schreibt jeden String, den wir an die Datei übergeben, in eine eigene Zeile, der Befehl `WriteString()` schreibt die Strings dagegen hintereinander in eine Zeile.
- Der Quellcode könnte zum Beispiel so aussehen:

```
#include "NXCDefs.h"

int dateiVariable;
int groesseByte;
int zahl;

task main()
{
 zahl = 4242

 DeleteFile("zahl.txt"); //bestehende Datei
                         //löschen
 CreateFile("zahl.txt",512,dateiVariable); //Datei erstellen
 WriteLnString(dateiVariable, NumToStr(zahl), groesseByte);
 CloseFile(dateiVariable);
}
```

Programm A.4

- Ein entsprechendes Programm zum Auslesen könnte zum Beispiel so aussehen:

```
#include "NXCDefs.h"

int dateiVariable;
int groesse;
string ausgabe;
```

```
task main()
{
 OpenFileRead("zahl.txt",groesse,dateiVariable);

 ReadLnString(dateiVariable,ausgabe);

 TextOut(0,LCD_LINE1,ausgabe);
 Wait(2000);
 ClearScreen();

 CloseFile(dateiVariable);
}
```

Programm A.5

- Möchte man die Datei auch noch umbenennen, könnte der Quellcode zum Beispiel so aussehen:

```
#include "NXCDefs.h"

int dateiVariable;
int groesse;
string ausgabe;

task main()
{
 OpenFileRead("zahl.txt",groesse,dateiVariable);

 ReadLnString(dateiVariable,ausgabe);

 TextOut(0,LCD_LINE1,ausgabe);
 Wait(2000);
 ClearScreen();

 CloseFile(dateiVariable);

 DeleteFile("zahlAlt.txt"); //bestehende Datei
                            //löschen
 RenameFile("zahl.txt", "zahlAlt.txt"); //Datei umbenennen
}
```

Programm A.6

- Das Programm zum Löschen könnte zum Beispiel so aussehen:

```
#include "NXCDefs.h"

task main()
{
```

```
 while(ButtonState(BTN4) == 0)
 {
  TextOut(0, LCD_LINE1, "zahlAlt.txt wirklich");
  TextOut(0, LCD_LINE2, "loeschen?");
 }

 DeleteFile("zahlAlt.txt");
}
```

Programm A.7

A.13 Kapitel 15

- Die Header-Datei könnte zum Beispiel so aussehen:

```
int potenz(int a, int n)
{
 int result;
 result = 1;

 if(n == 0)
 {
  return 1;
 }

 else
 {
  while(n > 0)
  {
   result = result * a;
   n = n - 1;
  }
  return result;
 }
}
```

Programm A.8

A.14 Kapitel 16

- Der Befehl `Float()` schneidet die Stromzufuhr zu den Motoren ab und diese laufen damit aus, der Befehl `Off()` dagegen bremst die Motoren aktiv ab.
- Das Programm könnte zum Beispiel so aussehen:

```
#include "NXCDefs.h"

task main()
```

```
{
 OnFwdSync(OUT_AC, 80, 127);
 Wait(4000);
}
```

Programm A.9

- Erweitert um die Anzeiger der Geschwindigkeit könnte das Programm zum Beispiel so aussehen:

```
#include "NXCDefs.h"

#define GESCHWINDIGKEIT 70

task main()
{
 OnFwdSync(OUT_AC, GESCHWINDIGKEIT, 127);
 NumOut(0, LCD_LINE1, MotorActualSpeed(OUT_A));
 Wait(4000);
}
```

Programm A.10

A.15 Kapitel 17

- `while`-Schleife:

```
int i;
i = 0;

while(i < 5)
{
 NumOut(0, LCD_LINE1, element[i]);
 Wait(2000);
 ClearScreen();
 i = i + 1;
}
```

- `until`-Schleife:

```
int i;
i = 0;

until(i = 5)
{
 NumOut(0, LCD_LINE1, element[i]);
 Wait(2000);
 ClearScreen();
```

```
 i = i + 1;
}
```

A.16 Kapitel 18

- Die Subroutine könnt zum Beispiel so aussehen:

```
sub Warte(int zeit)
{
 zeit =  zeit * 1000;
 Wait(zeit);
}
```

Programm A.11

- Das Programm könnte zum Beispiel so aussehen:

```
#include "NXCDefs.h"

task main()
{
 SetSleepTimer(1);

 while(true)
 {
  TextOut(0, LCD_LINE1, "Orange Button");
  TextOut(0, LCD_LINE2, "druecken!");

  if(ButtonState(BTN4) == 0)
  {
   SetSleepTimer(1);
  }
 }
}
```

Programm A.12

A.17 Kapitel 19

- Das Programm zum Folgen der Linie könnte zum Beispiel so aussehen:

```
#include "NXCDefs.h"

#define SCHWARZ 60
#define GESCHW 80

task main()
```

```
{
 SetSensorType(IN_1, SENSOR_TYPE_LIGHT);

 while(true)
 {
  while(Sensor(IN_1) < SCHWARZ)
  {
   OnFwd(OUT_A, GESCHW);
  }
  while(Sensor(IN_1) >= SCHWARZ)
  {
   OnFwd(OUT_C, GESCHW);
  }
 }
}
```

Programm A.13

- Beispiel-Programm:

```
#include "NXCDefs.h"

task main()
{
 SetSensorType(IN_1, SENSOR_TYPE_ROTATION);

 while(true)
 {
  TextOut(0, LCD_LINE1, "NXT-Sensor:");
  NumOut(0, LCD_LINE2, MotorRotationCount(OUT_A));
  TextOut(0, LCD_LINE2, "RCX-Sensor:");
  NumOut(0, LCD_LINE4, Sensor(IN_1));
 }
}
```

Programm A.14

- Das Programm zum Vergleichen der Lichtsensorwerte könnte zum Beispiel so aussehen:

```
#include "NXCDefs.h"

task main()
{
 SetSensorLight(IN_1); //Licht an
 SetSensorType(IN_2, SENSOR_TYPE_LIGHT_INACTIVE); //Licht aus

 while(true)
 {
```

```
    TextOut(0, LCD_LINE1, "Licht an:");
    NumOut(0,LCD_LINE2, Sensor(IN_1));
    TextOut(0, LCD_LINE3, "Licht aus:");
    NumOut(0,LCD_LINE4, Sensor(IN_2));
    Wait(100);
    ClearScreen();
  }
}
```

Programm A.15

A.18 Kapitel 20

- Der Code für das Programm könnte zum Beispiel so aussehen:

```
#include "NXCDefs.h"

task main()
{
 HTRCXSetIRLinkPort(IN_1);

 while(true)
 {
  NumOut(0, LCD_LINE1, HTRCXBatteryLevel());
 }
}
```

Programm A.16

- Die besondere Schwierigkeit bei diesem Programm liegt darin, dass wir unser eigenes Protokoll entwickeln müssen, da man abhängig davon, ob man einen Text oder eine Nummer sendet, entweder den `NumOut()`- oder den `TextOut()`-Befehl braucht. Eine Möglichkeit wäre zum Beispiel, zuerst eine Zahl zu senden, ist diese 0, wird ein Text angezeigt, ist diese 1, wird eine Zahl angezeigt. Das Master- und das Slave-Programm würden dann so aussehen:

```
//Master//

#include "NXCDefs.h"

#define BT_CONN 1 //Verbindungsnummer
#define OUTBOX 1 //Nummer der Outbox

sub BTCheck(int conn)
{
 if (!BluetoothStatus(conn)==NO_ERR)
 {
  TextOut(5,LCD_LINE2,"Fehler");
```

```
  Wait(1000);
  StopAllTasks(); //Programm beenden
 }

 else
 {
  TextOut(5,LCD_LINE2,"OK!");
  Wait(1000);
  ClearScreen();
 }
}

task main()
{
 int auswahl;
 auswahl = -1;

 BTCheck(BT_CONN); //Prüfen ob Verbindung besteht

 while(auswahl == -1)
 {
  if(ButtonState(BTN2) == 1)
  {
   auswahl = 0;
  }
  if(ButtonState(BTN3) == 1)
  {
   auswahl = 1;
  }
 }

 SendRemoteNumber(BT_CONN, 2, auswahl);

 while(true)
 {
  if(auswahl == 0)
  {
   SendRemoteString(BT_CONN, OUTBOX, "Hallo Welt"); //Frage senden
  }
  if(auswahl == 1)
  {
   SendRemoteNumber(BT_CONN, OUTBOX,42); //Frage
                                         //senden
  }
 }
}
```

Programm A.17

```
//Slave//

#include "NXCDefs.h"

#define BT_CONN 1 //Verbindungsnummer
#define INBOX 1 //Nummer der Outbox

sub BTCheck(int conn)
{
 if (!BluetoothStatus(conn)==NO_ERR)
 {
  TextOut(5,LCD_LINE2,"Fehler");
  Wait(1000);
  StopAllTasks(); //Programm beenden
 }

 else
 {
  TextOut(5,LCD_LINE2,"OK!");
  Wait(1000);
  ClearScreen();
 }
}

task main()
{
 int auswahl;
 auswahl = -1;
 string text;
 int zahl;

 BTCheck(BT_CONN); //Prüfen, ob Verbindung besteht

 while(auswahl == -1)
 {
  ReceiveRemoteString(2, true, auswahl); //Antwort empfangen
 }

 while(true)
 {
  if(auswahl == 0)
  {
   ReceiveRemoteString(INBOX, true, text);
   TextOut(0, LCD_LINE1, text);
  }
  if(auswahl == 1)
  {
```

```
    ReceiveRemoteNumber (INBOX, true, zahl);
    NumOut(0, LCD_LINE1, zahl);
   }
  }
}
```

Programm A.18

- Für zwei per Kabel verbundene Roboter könnten die Programme zum Beispiel so aussehen:

```
//Master//

#include "NXCDefs.h"

sub SendeNachricht(string nachricht)
{
 //Variable
 byte laengenachricht;

 //Länge der Nachricht bestimmen
 laengenachricht = ArrayLen(nachricht);
 SetHSOutputBuffer(0, laengenachricht, nachricht); //Nachricht
                                                   //vorbereiten
 SetHSOutputBufferOutPtr(0);
 SetHSOutputBufferInPtr(laengenachricht);
 SetHSState(HS_SEND_DATA); //Senden
 SetHSFlags(HS_UPDATE);
}

task main()
{
 //Initialisierung
 SetSensorType(IN_4, SENSOR_TYPE_HIGHSPEED);
 SetHSState(HS_INITIALISE);
 SetHSFlags(HS_UPDATE);

 //Variable
 string nachricht;
 int auswahl;

 auswahl = -1;

 while(auswahl == -1)
 {
  if(ButtonState(BTN2) == 1)
  {
   auswahl = 0;
```

```
      nachricht = "Hallo Welt";
    }
    if(ButtonState(BTN3) == 1)
    {
      auswahl = 1;
      nachricht = NumToStr(42);
    }
  }

  while(true)
  {
    SendeNachricht(nachricht);
    Wait(10);
  }
}
```

Programm A.19

```
//Slave//
#include "NXCDefs.h"

task main()
{
  //Initialisierung
  SetSensorType(IN_4, SENSOR_TYPE_HIGHSPEED);
  SetHSState(HS_INITIALISE);
  SetHSFlags(HS_UPDATE);

  //Variablen
  string nachricht;
  byte laengenachricht;

  while(true)
  {
    //Länge der Nachricht
    laengenachricht = HSInputBufferInPtr();
    GetHSInputBuffer(0, laengenachricht, nachricht); //Nachricht empfangen

    TextOut(0, LCD_LINE1, nachricht); //ausgeben

    SetHSInputBufferInPtr(0); //Länge zurücksetzen

    Wait(10);
  }
}
```

Programm A.20

- Das Programm könnte zum Beispiel so aussehen:

```
//Master//

#include "NXCDefs.h"

sub SendeNachricht(string nachricht)
{
 //Variable
 byte laengenachricht;

 //Länge der Nachricht bestimmen
 laengenachricht = ArrayLen(nachricht);
 SetHSOutputBuffer(0, laengenachricht, nachricht); //Nachricht vorbereiten
 SetHSOutputBufferOutPtr(0);
 SetHSOutputBufferInPtr(laengenachricht);
 SetHSState(HS_SEND_DATA); //Senden
 SetHSFlags(HS_UPDATE);
}

task main()
{
 //Initialisierung
 SetSensorType(IN_4, SENSOR_TYPE_HIGHSPEED);
 SetHSState(HS_INITIALISE);
 SetHSFlags(HS_UPDATE);

 //Variable
 string nachricht;

 while(true)
 {
  if(ButtonState(BTN4) == 1)
  {
   nachricht = "an";
  }

  else
  {
   nachricht = "aus";
  }
  SendeNachricht("nachricht");
  Wait(10);
 }
}
```

Programm A.21

```
//Slave//

#include "NXCDefs.h"

task main()
{
 //Initialisierung
 SetSensorType(IN_4, SENSOR_TYPE_HIGHSPEED);
 SetHSState(HS_INITIALISE);
 SetHSFlags(HS_UPDATE);

 //Variablen
 string nachricht;
 byte laengenachricht;

 while(true)
 {
  //Länge der Nachricht
  laengenachricht = HSInputBufferInPtr();
  GetHSInputBuffer(0, laengenachricht, nachricht); //Nachricht empfangen
  SetHSInputBufferInPtr(0); //Länge zurücksetzen

  if(nachricht == "an")
  {
   OnFwd(OUT_A, 80);
  }
  else if(nachricht == "aus")
  {
   Off(OUT_A);
  }
  Wait(10);
 }
}
```

Programm A.22

Anhang B

Befehlsübersicht

Im Folgenden finden Sie eine tabellarische Auflistung aller wichtigen NXC-Befehle und -Strukturen inklusive ihrer Parameter und Funktion. Die Liste ist nach Themen sortiert und soll Ihnen beim Programmieren helfen, damit Sie Befehle, die Sie nicht mehr wissen, nicht erst umständlich in den entsprechenden Kapiteln suchen müssen.

B.1 Buttons

Befehl	Parameter	Funktion
`ButtonCount(BTN, zurücksetzen);`	`BTN`: BTN1, BTN2, BTN3, BTN4, BTNEXIT, BTNRIGHT, BTNLEFT, BTNCENTER `zurücksetzen`: Boolean	Gibt an, wie oft der angegebene Button seit Start des Programms bzw. seit des letzten Zurücksetzens betätigt wurde
`ButtonPressCount(BTN);`	`BTN`: BTN1, BTN2, BTN3, BTN4, BTNEXIT, BTNRIGHT, BTNLEFT, BTNCENTER	Gibt an, wie oft der angegebene Button seit Einschalten des NXT gedrückt wurde
`SetButtonPressCount(BTN, wert);`	`BTN`: BTN1, BTN2, BTN3, BTN4, BTNEXIT, BTNRIGHT, BTNLEFT, BTNCENTER `wert`: Integer	Setzt den Zähler für die Button-Betätigungen des angegebenen Buttons auf den angegebenen Wert
`ButtonLongPressCount(BTN);`	`BTN`: BTN1, BTN2, BTN3, BTN4, BTNEXIT, BTNRIGHT, BTNLEFT, BTNCENTER	Gibt an, wie oft der angegebene Button seit Einschalten des NXT mindestens drei Sekunden (oder länger) gedrückt wurde

Befehl	Parameter	Funktion
`SetButtonLongPressCount(BTN, wert);`	BTN: BTN1, BTN2, BTN3, BTN4, BTNEXIT, BTNRIGHT, BTNLEFT, BTNCENTER `wert`: Integer	Setzt den Zähler für die Button-Betätigungen, die mindestens drei dauerten, des angegebenen Buttons auf den angegebenen Wert
`ButtonReleaseCount(BTN);`	BTN: BTN1, BTN2, BTN3, BTN4, BTNEXIT, BTNRIGHT, BTNLEFT, BTNCENTER	Gibt an, wie oft der angegebene Button seit Einschalten des NXT losgelassen wurde
`SetButtonReleaseCount(BTN, wert);`	BTN: BTN1, BTN2, BTN3, BTN4, BTNEXIT, BTNRIGHT, BTNLEFT, BTNCENTER `wert`: Integer	Setzt den Zähler, der zählt, wie oft der Button losgelassen wurde, des angegebenen Buttons auf den angegebenen Wert
`ButtonLongReleaseCount(BTN);`	BTN: BTN1, BTN2, BTN3, BTN4, BTNEXIT, BTNRIGHT, BTNLEFT, BTNCENTER	Gibt an, wie oft der angegebene Button seit Einschalten des NXT losgelassen wurde, nachdem er mindestens drei Sekunden gedrückt wurde
`SetButtonLongReleaseCount(BTN, wert);`	BTN: BTN1, BTN2, BTN3, BTN4, BTNEXIT, BTNRIGHT, BTNLEFT, BTNCENTER `wert`: Integer	Setzt den Zähler, der zählt, wie oft der Button losgelassen wurde, nachdem er mindestens drei Sekunden gedrückt wurde, des angegebenen Buttons auf den angegebenen Wert
`ButtonShortReleaseCount(BTN);`	BTN: BTN1, BTN2, BTN3, BTN4, BTNEXIT, BTNRIGHT, BTNLEFT, BTNCENTER	Gibt an, wie oft der angegebene Button seit Einschalten des NXT losgelassen wurde, nachdem er weniger als drei Sekunden gedrückt wurde

Befehl	Parameter	Funktion
`SetButtonShortRelease-Count(BTN, wert);`	BTN: BTN1, BTN2, BTN3, BTN4, BTNEXIT, BTNRIGHT, BTNLEFT, BTNCENTER `wert`: Integer	Setzt den Zähler, der zählt, wie oft der Button losgelassen wurde, nachdem er weniger als drei Sekunden gedrückt wurde, des angegebenen Buttons auf den angegebenen Wert

B.2 Dateizugriff

Befehl	Parameter	Funktion
`CreateFile(dateiname, zeichenlänge, dateiVariable);`	`dateiname`: String `zeichenlänge`: Integer `dateiVariable`: Integer	Erstellt eine Datei mit dem angegebenen Dateinamen mit der maximalen Länge, die in `zeichenlänge` angegeben wird (bereits bestehende Dateien werden **nicht** überschrieben)
`DeleteFile(dateiname);`	`dateiname`: String	Löscht die Datei mit dem angegebenen Namen (ACHTUNG: ohne Nachfrage)
`WriteLnString(dateiVari-able, string, groesse);`	`dateiVariable`: Integer `string`: String `groesse`: Integer	Schreibt den angegebenen String in eine neue Zeile der angegebenen Datei
`WriteString(dateiVari-able, string, groesse);`	`dateiVariable`: Integer `string`: String `groesse`: Integer	Schreibt den angegebenen String in die angegebene Datei, beginnt keine neue Zeile
`CloseFile(dateiVariable);`	`dateiVariable`: Integer	Schließt die angegebene Datei nach Schreib- oder Lesevorgängen
`Write(dateiVariable, ascii-code);`	`dateiVariable`: Integer `ascii-code`: Integer mit gültigem ASCII-Code	Schreibt das Zeichen mit dem angegebenen ASCII-Code in die angegebene Datei, ohne eine neue Zeile zu beginnen

Befehl	Parameter	Funktion
`WriteLn(dateiVariable, ascii-code);`	`dateiVariable`: Integer `ascii-code`: Integer mit gültigem ASCII-Code	Schreibt das Zeichen mit dem angegebenen ASCII-Code in die angegebene Datei in eine extra Zeile
`OpenFileRead(dateiname, groesse, dateiVariable);`	`dateiname`: String `groesse`: Integer `dateiVariable`: Integer	Öffnet die Datei mit dem angegebenen Namen für das Lesen (nur `dateiname` muss angegeben werden, die anderen Variablen weist der Befehl selbst zu)
`ReadLnString(dateiVariable, ausgabeString);`	`dateiVariable`: Integer `ausgabeString`: String	Liest eine Zeile aus der angegebenen Datei und speichert den Inhalt im `ausgabeString`
`RenameFile(nameAlt, nameNeu);`	`nameAlt`, `nameNeu`: String	Benennt die Datei mit dem unter `nameAlt` angegebenen Dateinamen in die Datei mit dem unter `nameNeu` angegebenen Namen um

B.3 Display

Befehl	Parameter	Funktion
`NumOut(Startzeichen, Startreihe, Zahl);`	`Startzeichen`, `Zahl`: Integer `Startreihe`: Integer oder `LCD_LINE1`, `LCD_LINE2` usw.	Gibt die angegebene Zahl auf dem Display an der angegebenen Position aus
`TextOut(Startzeichen, Startreihe, Zeichenkette);`	`Startzeichen`: Integer `Startreihe`: Integer oder `LCD_LINE1`, `LCD_LINE2` usw. `Zeichenkette`: String	Gibt den angegebenen String auf dem Display an der angegebenen Position aus
`ClearScreen();`		Löscht die gesamte Anzeige des Displays
`PointOut(x, y);`	x: Integer zwischen 0 und 100 y: Integer zwischen 0 und 64	Zeichnet einen Punkt mit den angegebenen Koordinaten auf dem Display
`RectOut(x, y, breite, höhe);`	x: Integer zwischen 0 und 100 y: Integer zwischen 0 und 64 `breite`, `höhe`: Integer	Zeichnet ein Rechteck vom angegebenen Punkt aus mit der angegebenen Höhe und Breite

Befehl	Parameter	Funktion
`CircleOut(x, y, radius);`	x: Integer zwischen 0 und 100 y: Integer zwischen 0 und 64 `radius`: Integer	Zeichnet einen Kreis um den angegebenen Punkt mit angegebenem Radius
`LineOut(x1, y1, x2, y2);`	x1, x2: Integer zwischen 0 und 100 y1, y2: Integer zwischen 0 und 64	Zeichnet eine Linie zwischen den beiden angegebenen Punkten
`GraphicOut(x, y, datei);`	x: Integer zwischen 0 und 100 y: Integer zwischen 0 und 64 `datei`: String, Name einer Grafik-Datei	Gibt die angegebene Grafik-Datei vom angegebenen Punkt aus an

B.4 Kommunikation

B.4.1 Infrarot

Befehl	Parameter	Funktion
`HTRCXSetIRLinkPort(IN_X);`	IN_X: IN_1, IN_2, IN_3	Legt fest, an welchem Eingang ein IR-Link angeschlossen ist
`HTRCXStartTask(x);`	x: Integer	Startet auf dem RCX das Programm mit der angegebenen Nummer (x)
`HTRCXStopTask(x);`	x: Integer	Stoppt auf dem RCX das Programm mit der angegebenen Nummer (x)
`HTRCXDeleteTask(x);`	x: Integer	Löscht auf dem RCX das Programm mit der angegebenen Nummer (x)
`x = HTRCXBatteryLevel();`	x: Integer	Gibt den aktuellen Batteriestand des RCX zurück
`HTRCXMuteSound();`		Schaltet den RCX stumm
`HTRCXUnmuteSound();`		Schaltet den Ton des RCX wieder an
`HTRCXOnFwd(RCX_OUT_X);`	RCX_OUT_X: RCX_OUT_A, RCX_OUT_B, RCX_OUT_C	Lässt den angegebenen Motor eines verbundenen RCX vorwärtsfahren

Befehl	Parameter	Funktion
`HTRCXSetPower(RCX_OUT_X, RCX_ConstantSrc, geschw);`	RCX_OUT_X: RCX_OUT_A, RCX_OUT_B, RCX_OUT_C `geschw`: Integer	Stellt die Geschwindigkeit des angegebenen Motors des RCX ein (0 für aus und 7 für schnell)
`HTRCXOnRev(RCX_OUT_X);`	RCX_OUT_X: RCX_OUT_A, RCX_OUT_B, RCX_OUT_C	Lässt den angegebenen Motor eines verbundenen RCX rückwärtsfahren
`HTRCXSetDirection(RCX_OUT_X, RCX_OUT_DIR);`	RCX_OUT_X: RCX_OUT_A, RCX_OUT_B, RCX_OUT_C RCX_OUT_DIR: RCX_OUT_FWD, RCX_OUT_REV	Weitere Möglichkeit, die Drehrichtung eines Motors am RCX anzugeben
`HTRCXOff(RCX_OUT_X);`	RCX_OUT_X: RCX_OUT_A, RCX_OUT_B, RCX_OUT_C	Bremst den angegebenen Motor des RCX
`HTRCXFloat(RCX_OUT_X);`	RCX_OUT_X: RCX_OUT_A, RCX_OUT_B, RCX_OUT_C	Lässt den angegebenen Motor des RCX langsam auslaufen
`HTRCXOnFor(RCX_OUT_X, zeit);`	RCX_OUT_X: RCX_OUT_A, RCX_OUT_B, RCX_OUT_C `zeit`: Integer (1/1000 Sekunden)	Schaltet den angegebenen Ausgang am RCX für die angegebene Zeit (in 1 /1000 Sekunden) an
`HTRCXPlayTone(frequenz, laenge);`	`frequenz`: Integer `laenge`: Integer (1/1000 Sekunden)	Wie `PlayTone()`, aber per Infrarot auf dem RCX
`HTRCXSetSensorType(IN_X, typ);`	IN_X: IN_1, IN_2, IN_3 `typ`: SENSOR_TYPE_TOUCH, SENSOR_TYPE_LIGHT, SENSOR_TYPE_ROTATION	Setzt den angegebenen Ausgang an einem verbundenen RCX auf den angegebenen Sensor
`HTScoutMuteSound();`		Schaltet den Scout stumm
`HTScoutUnmuteSound();`		Schaltet den Ton des Scouts wieder an
`HTScoutSetLight(SCOUT_LIGHT);`	SCOUT_LIGHT: SCOUT_LIGHT_ON, SCOUT_LIGHT_OFF	Schaltet den im Scout eingebauten Lichtsensor ein bzw. aus

B.4.2 Bluetooth

Befehl	Parameter	Funktion
`x = BluetoothStatus(verbindnugsnr);`	`verbindungsnr`: Integer	Gibt `NO_ERR` zurück, falls eine Bluetooth-Verbindung besteht
`SendRemoteNumber(verbindungsnummer, outboxNummer, zahl);`	`verbindungsnummer`, `outboxNummer`, `zahl`: Integer	Sendet die angegebene Zahl über die angegebene Bluetooth-Verbindung und das angegebene Ausgangsfach
`ReceiveRemoteNumber(inboxNummer, leeren, zielvariable);`	`inboxNummer`, `zielvariable`: Integer `leeren`: Boolean	Liest die in der angegebenen Inbox gespeicherte Zahl und löscht den Inhalt gegebenenfalls
`SendRemoteString(verbindungsnummer, outboxNummer, string);`	`verbindungsnummer`, `outboxNummer`: Integer `string`: String	Wie `SendRemoteNumber()`, sendet jedoch einen String
`ReceiveRemoteString(inboxNummer, leeren, zielvariable);`	`inboxNummer`: Integer `leeren`: Boolean `zielvariable`: String	Wie `ReceiveRemoteNumber()`, empfängt jedoch einen String
`SendResponseNumber(outboxNummer, zahl);`	`outboxNummer`, `zahl`: Integer	Sendet eine Zahl über die angegebene Outbox, über die Verbindung, über die zuvor eine Zahl erhalten wurde
`SendResponseString(outboxNummer, string);`	`outboxNummer`: Integer `string`: String	Sendet einen String über die angegebene Outbox, über die Verbindung, über die zuvor ein String erhalten wurde

Befehl	Parameter	Funktion
`SendRemoteBool(verbindungsnummer, outboxNummer, boolean);`	`verbindungsnummer`, `outboxNummer`: Integer `boolean`: Boolean	Wie `SendRemoteNumber()`, sendet jedoch einen Boolean-Wert
`ReceiveRemoteBool(inboxNummer, leeren, zielvariable);`	`inboxNummer`: Integer `leeren`, `zielvariable`: Boolean	Wie `ReceiveRemoteNumber()`, empfängt jedoch einen Boolean-Wert
`SendResponseBool(outboxNummer, boolean);`	`outboxNummer`: Integer boolean: Boolean	Wie `SendResponseNumber()`, sendet aber einen Boolean-Wert
`RemoteStartProgram(verbindungsnummer, dateiname);`	`verbindungsnummer`: Integer `dateiname`: String	Startet auf dem verbundenen Roboter das Programm mit dem angegebenen Namen
`RemoteStopProgram(verbindungsnummer);`	`verbindungsnummer`: Integer	Stoppt das aktuell laufende Programm auf dem verbundenen Roboter
`RemoteKeepAlive(verbindungsnummer);`	`verbindungsnummer`: Integer	Setzt den Ausschalt-Timer des Slave-Roboters zurück
`RemotePlayTone(verbindungsnummer, frequenz, länge);`	`verbindungsnummer`, `frequenz`, `länge`: Integer	Wie `PlayTone()`, Ton wird jedoch auf dem Slave-Roboter gespielt
`RemotePlaySoundFile(verbindungsnummer, dateiname, wiederholung);`	`verbindungsnummer`: Integer `dateiname`: String `wiederholung`: Boolean	Wie `PlaySoundFile()`, jedoch wird die Datei auf dem Slave-Roboter gespielt
`RemoteStopSound(verbindungsnummer);`	`verbindungsnummer`: Integer	Beendet die Wiedergabe auf dem Slave-Roboter

Befehl	Parameter	Funktion
`RemoteSetOutputState(verbindungsnummer, OUT_X, geschwindigkeit, modus, synchronisierungsmodus, bogen, runstate, tacholimit);`	verbindungsnummer: Integer OUT_X: OUT_A, OUT_B, OUT_C, OUT_AB, ..., OUT_ABC `geschwindigkeit`: Integer `modus`: OUT_MODE_MOTORON, OUT_MODE_BRAKE, OUT_MODE_REGULATED, OUT_MODE_MOTORON+ OUT_MODE_BRAKE, ... `synchronisierungsmodus`: OUT_REGMODE_IDLE, OUT_REGMODE_SPEED, OUT_REGMODE_SYNC `bogen`: Integer (-127 bis 127) `runstate`: OUT_RUNSTATE_RUNNING, OUT_RUNSTATE_RAMPUP, OUT_RUNSTATE_RAMPDOWN `tacholimit`: Integer	Schaltet den Motor am angegebenen Ausgang eines verbundenen NXT mit den angegebenen Parametern ein
`RemoteSetInputMode(verbindungsnummer, IN_X, sensortyp, modus);`	`verbindungsnummer`: Integer IN_X: IN_1, IN_2, IN_3, IN_4 `sensortyp`: SENSOR_TYPE_TOUCH, SENSOR_TYPE_LIGHT_ACTIVE, SENSOR_TYPE_SOUND_DB, SENSOR_TYPE_LOWSPEED, SENSOR_TYPE_LIGHT_INACTIVE, SENSOR_TYPE_SOUND_DBA, SENSOR_TYPE_ROTATION, SENSOR_TYPE_LIGHT `modus`: SENSOR_MODE_RAW, SENSOR_MODE_BOOL, SENSOR_MODE_PERCENT, SENSOR_MODE_FAHRENHEIT, SENSOR_MODE_CELSIUS, SENSOR_MODE_ROTATION	Gibt an, von welchem Typ der am verbundenen Roboter, am angegebenen Port angeschlossene Sensor ist und in welchem Modus er betrieben werden soll

B.4.3 Kabel

Befehl	Parameter	Funktion
`SetHSState(HS_INITIALISE);`		Befehl wird benötigt, um eine Kommunikation zwischen zwei NXTs per Kabel zu ermöglichen

Befehl	Parameter	Funktion
`SetHSFlags(HS_UPDATE);`		Befehl wird benötigt, um eine Kommunikation zwischen zwei NXTs per Kabel zu ermöglichen
`SetHSOutputBuffer(0, laengenachricht, nachricht);` `SetHSOutputBufferOutPtr(0);` `SetHSOutputBufferInPtr(laengenachricht);` `SetHSState(HS_SEND_DATA);` `SetHSFlags(HS_UPDATE);`	`laengenachricht`: Byte `nachricht`: String	Befehlskombination zum Senden einer Nachricht an einen anderen NXT per Kabel (das Versenden funktioniert nur, wenn alle Befehle gemeinsam verwendet werden)
`x = HSInputBufferInPtr;`	x: Byte	Bestimmt die Länge einer per Kabel erhaltenen Nachricht
`GetHSInputBuffer(0, laengenachricht, nachricht);`	`laengenachricht`: Byte `nachricht`: String	Empfängt eine per Kabel gesendete Nachricht, wobei `laengenachricht` der tatsächlichen Länge entsprechen muss
`SetHSInputBufferInPtr(0);`		Setzt die Länge der erhaltenen Nachricht zurück (nötig, um neue Nachrichten korrekt empfangen zu können, falls die Länge der Nachrichten wechselt)

B.5 Motoren

Befehl	Parameter	Funktion
`OnFwd(ausgaenge,geschw);`	`ausgaenge`: OUT_A, OUT_B, OUT_C, OUT_AB, OUT_BC, OUT_ABC ... `geschw`: Zahl zwischen 0 und 100	Bringt die Motoren am angegebenen Ausgang zum Vorwärtsdrehen, mit der angegebenen Geschwindigkeit
`OnRev(ausgaenge,geschw);`	Wie `OnFwd()`	Wie `OnFwd()`, allerdings drehen die Motoren rückwärts.

Befehl	Parameter	Funktion
`Off(ausgaenge);`	ausgaenge: OUT_A, OUT_B, OUT_C, OUT_AB, OUT_BC, OUT_ABC ...	Hält die Motoren an den angegebenen Ausgängen an
`Float(ausgaenge);`	ausgaenge: OUT_A, OUT_B, OUT_C, OUT_AB, OUT_BC, OUT_ABC ...	Lässt die Motoren langsam ausrollen
`Coast(ausgaenge);`	ausgaenge: OUT_A, OUT_B, OUT_C, OUT_AB, OUT_BC, OUT_ABC ...	Wie `Float()`
`OnFwdSync(ausgaenge, geschwindigkeit, bogen);`	ausgaenge: OUT_A, OUT_B, OUT_C, OUT_AB, OUT_BC, OUT_ABC ... `geschwindigkeit`: Integer 0 bis 100 `bogen`: Integer zwischen -127 und 127	Die angegebenen Motoren drehen mit der angegebenen Geschwindigkeit vorwärts. Bei `bogen = 0` drehen die Motoren gleichschnell, bei Werten größer oder kleiner 0 dreht der linke beziehungsweise der rechte Motor schneller (der Roboter fährt einen Bogen)
`OnRevSync(ausgaenge, geschwindigkeit, bogen);`	Wie `OnFwdSync();`	Wie `OnFwdSync();`, jedoch drehen die Motoren rückwärts statt vorwärts.
`OnFwdReg(ausgaenge, geschwindigkeit, modus);`	ausgaenge: OUT_A, OUT_B, OUT_C, OUT_AB, OUT_BC, OUT_ABC ... `geschwindigkeit`: Integer 0 bis 100 `modus`: OUT_REGMODE_IDLE, OUT_REGMODE_SPEED, OUT_REGMODE_SYNC	Die angegebenen Motoren fahren synchronisiert vorwärts mit der angegebenen Geschwindigkeit. Dabei wird unterschieden zwischen: `OUT_REGMODE_IDLE`: Keine Synchronisation `OUT_REGMODE_SPEED`: Unterschiede werden durch Schneller- (bzw. Langsamer-) Drehen der Motoren ausgeglichen. `OUT_REGMODE_SYNC`: Unterschiede werden durch Pausieren eines Motors ausgeglichen
`OnRevReg(ausgaenge, geschwindigkeit, modus);`	Wie `OnFwdReg();`	Wie `OnFwdReg();`, jedoch drehen die Motoren rückwärts statt vorwärts.

Befehl	Parameter	Funktion
`RotateMotor(ausgaenge, geschwindigkeit, winkel);`	`ausgaenge`: OUT_A, OUT_B, OUT_C, OUT_AB, OUT_BC, OUT_ABC ... `geschwindigkeit`: Integer 0 bis 100 `winkel`: Integer	Dreht die angegebenen Motoren mit der angegebenen Geschwindigkeit um den angegebenen Winkel
`RotateMotorEx(ausgaenge, geschwindigkeit, winkel, bogen, synchron, bremsen);`	`ausgaenge`: OUT_A, OUT_B, OUT_C, OUT_AB, OUT_BC, OUT_ABC ... `geschwindigkeit`: Integer 0 bis 100 `winkel`: Integer `bogen`: Integer zwischen -127 und 127 `synchron`: OUT_REGMODE_IDLE, OUT_REGMODE_SPEED, OUT_REGMODE_SYNC `bremsen`: Boolean	Wie `RotateMotor();`, aber zusätzlich mit der Möglichkeit, einen Bogen zu fahren, die Motoren zu synchronisieren und am Ende entweder zu bremsen (`true`), oder die Motoren auslaufen zu lassen (`false`)
`x = MotorPower(ausgang);`	x: Integer `ausgang`: OUT_A, OUT_B, OUT_C	Gibt die aktuelle Geschwindigkeit des angegebenen Motors aus
`x = MotorActualSpeed(ausgang);`	x: Integer `ausgang`: OUT_A, OUT_B, OUT_C	Wie `MotorPower();`
`x = MotorTachoCount(ausgang);`	x: Integer `ausgang`: OUT_A, OUT_B, OUT_C	Gibt die Rotationen des angegebenen Motors an, die seit dem Starten des aktuellen Befehls gefahren wurden
`x = SetOutput(ausgang, TachoLimit, ziel);`	x: Integer `ausgang`: OUT_A, OUT_B, OUT_C `ziel`: Integer	Setzt den TachoCount des angegebenen Motors zurück, sobald die unter `ziel` angegebene Anzahl von Rotationen erreicht ist
`x = MotorRegulation(ausgang);`	x: Integer `ausgang`: OUT_A, OUT_B, OUT_C	Gibt den Synchronisierungsmodus des angegebenen Motors an, 0 entspricht `OUT_REGMODE_IDLE`, 1 `OUT_REGMODE_SPEED` und 2 entspricht `OUT_REGMODE_SYNC`

Befehl	Parameter	Funktion
`x = MotorRunState(ausgang);`	x: String ausgang: OUT_A, OUT_B, OUT_C	Gibt den aktuellen Bewegungszustand des angegebenen Motors zurück. Bewegt er sich, wird `OUT_RUNSTATE_RUNNING`, bewegt er sich nicht, `OUT_RUNSTATE_IDLE` zurückgegeben

B.6 Präprozessor

Befehl	Parameter	Funktion
`#include "NXCDefs.h"`		Dieser Befehl muss am Anfang jedes Programms stehen.
`#define Name "Text"` `#define Name2 Zahl`	`Name`, `Name2`: Name der Konstanten Text bzw. Zahl: Wert der Konstanten	In einer Konstanten kann ein Wert (egal ob Text oder Zahl) gespeichert werden und innerhalb des Programms über den Namen der Konstanten abgerufen werden. Der Wert einer Konstanten ist während der Laufzeit nicht veränderbar.
`//Text`		Markiert eine einzeilige Anmerkung zum Code, die beim Kompilieren nicht berücksichtigt wird (Kommentar)

`/*`
` Text`
` Text`
` Text`
`*/`
		Markiert einen mehrzeiligen Kommentar.

`#define n Anweisung;`	n: Name des Makros	Definiert ein einzeiliges Makro mit dem angegebenen Namen

`#define n Anweisung;\`
`Anweisung2;\`
`Anweisung3;`
	n: Name des Makros	Definiert ein mehrzeiliges Makro mit dem angegebenen Namen

Befehl	Parameter	Funktion
`name;`		Ruft das Makro mit dem angegebenen Namen auf
`#define n(parameter)\` `Anweisung(parameter);`		Erstellt ein Makro mit einem (oder mehreren) Parametern
`name(wert);`		Ruft das Makro mit dem angegebenen Namen auf und übergibt die angegebenen Parameter
`#include "dateiname"`		Fügt die (Header-)Datei mit dem angegebenen Dateinamen in das Programm ein (als Dateinamen dürfen keine Variablen verwendet werden)

`#ifdef KONSTANTE`
` Anweisung;`
` Anweisung;`
`#endif`
	`KONSTANTE`: Name einer Konstanten	Kompiliert den Code zwischen `#ifdef` und `#endif` nur, wenn die angegebene Konstante definiert ist (unabhängig von deren Wert)

`#ifndef KONSTANTE`
` Anweisung;`
` Anweisung;`
`#endif`
	`KONSTANTE`: Name einer Konstanten	Kompiliert den Code zwischen `#ifndef` und `#endif` nur, wenn die angegebene Konstante **nicht** definiert ist

`#ifdef KONSTANTE`
` Anweisung1;`
 	
`#else`
` Anweisung2;`
`#endif`
	`KONSTANTE`: Name einer Konstanten	Wie `#ifdef`, aber mit `else`-Fall, der ausgeführt wird, falls die Bedingung nicht erfüllt ist (analog auch für `#ifndef`)

`#if KONSTANTE < wert`
` Anweisung`
`#endif`
	`KONSTANTE`: Name einer Konstanten	Kompiliert den Code zwischen `#if` und `#endif` nur, wenn die angegebene Bedingung erfüllt ist (es sind dieselben Bedingungen wie bei der `if`-Verzweigung zulässig)

Befehl	Parameter	Funktion
#if KONSTANTE < wert Anweisung; #elif KONSTANTE == wert2 Anweisung; #else Anweisung; #endif	KONSTANTE: Name einer Konstanten	Wie #if, allerdings zusätzlich mit einem else-if-Fall (#elif) und einem else-Fall (#else)

B.7 Schleifen

Befehl	Parameter	Funktion

repeat(wiederholungen)
{
Anweisung 1;
Anweisung 2;
Anweisung n;
}
	wiederholungen: Zahl	Die Befehle innerhalb der geschweiften Klammern werden so oft ausgeführt, wie als Parameter angegeben

while(bedingung)
{
Anweisung 1;
Anweisung 2
Anweisung n;
}
	bedingung: Wahr oder falsch	Solange die Bedingung wahr ist, wird der Code innerhalb der geschweiften Klammer ausgeführt.

do
{
Anweisung1;
Anweisung2;
}
while(bedingung)
	bedingung: Boolean	Führt die Anweisung(en) innerhalb der Klammer aus, solange die Bedingung erfüllt ist, mindestens aber einmal

until(abbruchbedingung)
{
Anweisung;
}
	abbruchbedingung: Boolean	Die Anweisung(en) werden ausgeführt, bis die Abbruchbedingung erfüllt wird.

for(initialisierung;
bedingung; fortsetzung)
{
Anweisung;
}
		Die Anweisung(en) werden ausgeführt, solange die Bedingung erfüllt ist, nach jedem Schleifendurchlauf wird die Schleifenvariable um die in fortsetzung angegebene Zahl erhöht.

B.8 Sensoren

Befehl	Parameter	Funktion
`SetSensorTouch(IN_X);`	IN_X: IN_1, IN_2, IN_3 oder IN_4	Gibt dem NXT an, dass am angegebenen Eingang ein Tastsensor angeschlossen ist
`x = SENSOR_X;`	x: Integer SENSOR_X: SENSOR_1, SENSOR_2, SENSOR_3 oder SENSOR_4,	Gibt den Wert eines Sensors zurück (z.B. Tastsensor, Soundsensor usw.)
`SetSensorLight(IN_X);`	IN_X: IN_1, IN_2, IN_3 oder IN_4	Gibt dem NXT an, dass am angegebenen Eingang ein Lichtsensor angeschlossen ist
`x = Sensor(IN_X);`	x: Integer IN_X: IN_1, IN_2, IN_3 oder IN_4	Gibt den Wert eines Sensors zurück (z.B. Lichtsensor, Soundsensor usw.)
`SetSensor-Lowspeed(IN_X);`	IN_X: IN_1, IN_2, IN_3 oder IN_4	Gibt dem NXT an, dass am angegebenen Eingang ein Ultraschallsensor angeschlossen ist
`x = SensorUS(IN_X);`	x: Integer IN_X: IN_1, IN_2, IN_3 oder IN_4	Gibt den Abstand des Ultraschallsensors (in cm) zurück
`SetSensorSound(IN_X);`	IN_X: IN_1, IN_2, IN_3 oder IN_4	Gibt dem NXT an, dass am angegebenen Eingang ein Geräuschsensor angeschlossen ist
`x = MotorRotati-onCount(OUT_X);`	x: Integer OUT_X: OUT_A, OUT_B oder OUT_C	Gibt die Zahl der Rotationen des angegebenen Motors zurück, die seit Beginn des Programms getätigt wurden
`ResetRotati-onCount(OUT_X);`	OUT_X: OUT_A, OUT_B oder OUT_C	Setzt den Rotationszähler des angegebenen Motors auf 0 zurück

Befehl	Parameter	Funktion
`SetSensorType(IN_X, sensortyp);`	IN_X: IN_1, IN_2, IN_3, IN_4 sensortyp: SENSOR_TYPE_TOUCH, SENSOR_TYPE_LIGHT_ACTIVE, SENSOR_TYPE_SOUND_DB, SENSOR_TYPE_LOWSPEED, SENSOR_TYPE_LIGHT_INACTIVE, SENSOR_TYPE_SOUND_DBA, SENSOR_TYPE_ROTATION, SENSOR_TYPE_LIGHT	Legt fest, von welchem Typ der am angegebenen Port angeschlossene Sensor ist
`x = SensorHTCompass(IN_X);`	x: Integer IN_X: IN_1, IN_2, IN_3, IN_4	Gibt den Wert des Kompass-Sensors am angegebenen Port aus
`SetSensorHTGyro(IN_X);`	IN_X: IN_1, IN_2, IN_3, IN_4	Legt fest, dass am angegebenen Eingang ein Gyro-Sensor angeschlossen ist
`x = SensorHTGyro(IN_X, offset);`	x: Integer IN_X: IN_1, IN_2, IN_3, IN_4 offset: Integer	Liest den Wert des Gyro-Sensors am angegebenen Port und korrigiert Fehler mit Hilfe des Offset-Werts
`x = SensorHTColorNum(IN_X);`	x: Integer (Werte siehe Tabelle 19.4) IN_X: IN_1, IN_2, IN_3, IN_4	Gibt den Wert für die gemessene Farbe des Farbsensors am angegebenen Eingang zurück
`bool = ReadSensorHTColor(IN_X, num, rot, gruen, blau);`	`bool`: Boolean IN_X: IN_1, IN_2, IN_3, IN_4 `num`, `rot`, `gruen`, `blau`: Integer	Speichert in den angegebenen Variablen die Nummer der gemessenen Farbe (`num`) des angegebenen Farbsensors sowie die Farbzusammensetzung aus Rot, Grün und Blau und gibt bei erfolgreichem Schreiben der Werte `true`, ansonsten `false` zurück
`bool = ReadSensorHTRawColor(IN_X, rot, gruen, blau);`	`bool`: Boolean IN_X: IN_1, IN_2, IN_3, IN_4 `rot`, `gruen`, `blau`: Integer	Wie `ReadSensorHTColor()`, aber ohne Ausgabe der Farbnummer

Befehl	Parameter	Funktion
`bool = ReadSensorHTAccel(IN_X, x, y, z);`	`bool`: Boolean x, y, z: Integer	Weist den Variablen die x-, y- bzw. z-Beschleunigung des angegebenen Beschleunigungssensors zu, liefert `true` zurück, wenn die Zuweisung erfolgreich war, ansonsten `false`
`x = SensorHTIRSeekerDir(IN_X);`	x: Integer (0 bis 9) IN_X: IN_1, IN_2, IN_3, IN_4	Gibt zurück, in welchem der Sektoren des angegebenen IR-Seekers sich eine Infrarotquelle befindet (wenn keine vorhanden, wird 0 zurückgegeben)
`bool = ReadSensorHTIRSeeker(IN_X, messbereich, b1, b3, b5, b7, b9);`	IN_X: IN_1, IN_2, IN_3, IN_4 `messbereich`: Integer (0 bis 9) `b1`, `b3`, `b5`, `b7`, `b9`: Integer	Gibt in `messbereich` zurück, in welchem Bereich des angegebenen IR-Seekers sich eine Infrarotquelle befindet, in `b1` bis `b9` wird die Stärke der Quelle in den einzelnen Bereichen gespeichert, zur genaueren Positionsbestimmung
`bool = ReadSensorMSRTClock(IN_X, ss, mm, hh, dw, dd, mon, yy);`	`bool`: Boolean IN_X: IN_1, IN_2, IN_3, IN_4 `ss`, `mm`, `hh`, `dw`, `dd`, `mon`, `yy`: Integer	Liest die aktuelle Uhrzeit und das aktuelle Datum und gibt bei Erfolg `true` zurück und speichert die Sekunden (`ss`), Minuten (`mm`), Stunden (`hh`), den Tag der Woche (`dw`), den Tag (`dd`), den Monat (`mon`) und das Jahr (`yy`) in den entsprechenden Variablen

Befehl	Parameter	Funktion
`x = RXMuxSelChannel(IN_X, ChX, sensortyp, sensormodus, 5);`	x: Integer IN_X: IN_1, IN_2, IN_3, IN_4 ChX: Integer (1, 2, 3 oder 4) `sensortyp`: SENSOR_TYPE_TOUCH, SENSOR_TYPE_SOUND_DBA, SENSOR_TYPE_ROTATION, SENSOR_TYPE_LIGHT `sensormodus`: SENSOR_MODE_PERCENT, SENSOR_MODE_BOOL, SENSOR_MODE_ROTATION	Gibt den Sensorwert des am angegebenen Port des Multiplexers angeschlossenen Sensors zurück

B.9 Sprunganweisungen

Befehl	Parameter	Funktion
`labelName: Anweisung;`		Markiert Ziel für eine Sprunganweisung
`goto: labelName;`		Springt an die angegebene Sprungmarke

B.10 Subroutinen

Befehl	Parameter	Funktion

`sub name()`
`{`
`Anweisung;`
`}`
	`name`: Name der Subroutine (keine Variablen zulässig)	Erstellt eine Subroutine mit dem angegebenen Namen

`void name()`
`{`
`Anweisung;`
`}`
	`name`: Name der Subroutine (keine Variablen zulässig)	Siehe `sub`

`name();`	`name`: Name einer Subroutine (keine Variablen zulässig)	Ruft die Subroutine mit dem angegebenen Namen auf

`sub name(typ varname)`
`{`
`Anweisung;`
`}`
	`name`: Name einer Subroutine (keine Variablen zulässig)
	`typ`: Typ der Variablen
	`varname`: Name der Variablen
		Erstellt eine Subroutine mit Parametern

Befehl	Parameter	Funktion
`name(wert);`	`name`: Name einer Subroutine (keine Variablen zulässig) `wert`: Zum Parameter passender Wert	Ruft eine Subroutine mit Parametern auf

`sub name(typ &varname)`
`{`
`Anweisung;`
`}`
	`name`: Name einer Subroutine (keine Variablen zulässig)
	`typ`: Typ der Variablen
	`varname`: Name der Variablen
		Erstellt eine Subroutine mit Parametern, die »by reference« übergeben werden

`typ name()`
`{`
`Anweisung;`
`}`
	`typ`: Variablentyp
	`name`: Name der Subroutine
		Erstellt eine Subroutine mit Rückgabewert vom angegebenen Typ

`typ name()`
`{`
`return var;`
`}`
	`typ`: Variablentyp
	`name`: Name der Subroutine
	`var`: Variable oder Wert vom selben Typ wie `typ`
		Legt den Rückgabewert einer Subroutine fest

`x = name();`	`x`: Variable vom selben Typ wie die Subroutine	Weist einer Variablen den Rückgabewert der Subroutine zu

B.11 Tasks

Befehl	Parameter	Funktion
`task main() {}`		Der Main-Task markiert die Hauptaufgabe, die der Roboter ausführen soll
`Precedes(name);`	`name`: Task	Führt den Task mit dem angegebenen Namen aus, sobald der aktuell laufende Task beendet wird
`Follows(name);`	`name`: Task	Der Task, aus dem der Befehl aufgerufen wird, wird erst ausgeführt, wenn der angegebene Task beendet wurde
`ExitTo(name);`	`name`: Task	Beendet den aktuellen Task und ruft den angegebenen auf
`Precedes(name1,...,nameN);`	`name1,...,nameN`: Tasks	Führt die angegebenen Tasks gleichzeitig aus (Multitasking)

Befehl	Parameter	Funktion
`StopAllTasks();`		Beendet alle laufenden Tasks
`Stop(bedingung);`	`bedingung`: Boolean	Beendet alle Tasks, falls die Bedingung erfüllt ist
`stop name;`	`name`: Task	Beendet den Task mit dem angegebenen Namen sofort
`start name;`	`name`: Task	Führt den Task mit dem angegebenen Namen sofort aus
`Acquire(mutexName);`	`mutexName`: Mutex	Führt den aktuellen Task nur weiter aus, wenn die angegebene Mutex-Variable frei ist, und sperrt diese
`Release(mutexName);`	`mutexName`: Mutex	Gibt die angegebene Mutex-Variable frei

B.12 Timer

Befehl	Parameter	Funktion
`Wait(zeit);`	`zeit`: Zahl	Das Programm wird für `zeit` / 1000 Sekunden pausiert, laufende Befehle werden weiter ausgeführt.
`x = CurrentTick();`	`x`: Integer	Gibt den aktuellen Wert des Timers in 1/1000 Sekunden an
`x = FirstTick();`	`x`: Integer	Gibt an, wann das aktuelle Programm gestartet wurde (in 1/1000 Sekunden)
`SleepNow();`		Schaltet den NXT sofort aus
`SetSleepTime(zeit);`	`zeit`: Integer	Schaltet den NXT nach der angegebenen Zeit aus (Angabe in Minuten)
`x = SleepTimer();`	`x`: Integer	Gibt den aktuellen Wert des Sleep-Timers zurück
`SetSleepTimer(zeit);`	`zeit`: Integer	Spielt dem Sleep-Timer vor, die angegebene Zeitspanne wäre bereits vergangen (Angabe in Minuten)
`ResetSleepTimer();`		Der Sleep-Timer beginnt noch einmal bei 0 zu zählen.

B.13 Töne

Befehl	Parameter	Funktion
`PlayTone(frequenz,länge);`	`frequenz`: Integer nach Tabelle 9.1 `länge`: Integer in 1/1000 Sekunden	Spielt den Ton mit der angegebenen Frequenz für die angegebene Dauer
`PlayToneEx(frequenz, länge, lautstärke, wiederholung);`	`frequenz`: Integer nach Tabelle 9.1 `länge`: Integer in 1/1000 Sekunden `lautstärke`: Integer zwischen 0 (sehr leise) und 4 (sehr laut) `wiederholung`: Boolean	Wie `PlayTone()`, aber zusätzlich mit der Möglichkeit, die Lautstärke festzulegen und eine Wiederholung einzustellen
`PlayFile(dateiname, lautstärke, wiederholung);`	`dateiname`: String (Name einer Sound-Datei) `lautstärke`: Integer zwischen 0 (sehr leise) und 4 (sehr laut) `wiederholung`: Boolean	Spielt die rso-Datei mit dem angegebenen Dateinamen in der angegebenen Lautstärke ab, außerdem Wiederholung einstellbar

B.14 Variablen

Befehl	Parameter	Funktion
`typ name;`	`typ`: int für Ganzzahl, string für Text, bool für wahr oder falsch `name`: Name der Variable	Mit dem Befehl können Variablen deklariert werden, in Variablen können, je nach Typ, verschiedene Werte gespeichert werden und wie bei einer Konstanten über den Namen aufgerufen werden. Im Gegensatz zu Konstanten kann der Wert einer Variablen während der Laufzeit geändert werden.
`name = wert;`	`name`: Name der Variable, der ein Wert zugewiesen werden soll `wert`: Vom selben Typ wie die Variable	Der Variablen wird der angegebene Wert zugewiesen.

Befehl	Parameter	Funktion

`ergebnis = zahl + zahl;`
`ergebnis = zahl - zahl;`
`ergebnis = zahl * zahl;`
`ergebnis = zahl / zahl;`
	`ergebnis`, `zahl`: Integer	Addition/Subtraktion/Multiplikation/Division von zwei (oder mehr) Zahlen und Zuweisung des Ergebnisses in eine Variable. (Bei der Division wird nur der ganzzahlige Anteil berechnet.)

`var1 == var 2`
`var1 != var 2`
`var1 < var 2`
`var1 <= var 2`
`var1 > var 2`
`var1 >= var 2`
	`var1`, `var2`: Variablen vom gleichen Typ	Prüft ob `var1` gleich/ungleich/kleiner/kleiner oder gleich/größer/größer oder gleich `var2` ist und gibt `true` (wahr) oder `false` (falsch) zurück

`typ name[];`		Deklariert ein Array des angegebenen Typs unter dem angegebenen Namen
`x = name[index];`	x: Variable vom selben Typ wie das Array	Gibt den Wert des Elements, mit dem angegebenen Index, des Arrays zurück
`x = ArrayLen(array);`	x: Integer	Gibt die Anzahl der Elemente des angegebenen Arrays zurück
`ArraySubset(ziel, quelle, startindex, anzahl);`	`ziel`, `quelle`: Array vom selben Typ `startindex`, `anzahl`: Integer	Kopiert eine angegebene Anzahl von Elementen des Quell-Arrays, ab dem angegebenen Startindex, in das Ziel-Array
`ArrayBuild(ziel, quelle1, quelle2, quelle3, ..., quelleN);`	`ziel`, `quelle1, ..., quelleN`: Arrays vom selben Typ	Setzt die angegebenen Quell-Arrays im Ziel-Array zusammen
`array1[x] = wert;` `array2[y] = array1;`		Erzeugt ein mehrdimensionales Array
`x = StrLen(string);`	x: Integer	Gibt die Länge eines Strings zurück (also aus wie vielen Zeichen er besteht)
`string = NumToStr(zahl);`	`string`: String `zahl`: Zahl	Wandelt die angegebene Integer-Variable in einen String um

Befehl	Parameter	Funktion
`zahl = StrToNum(string);`	`zahl`: Zahl `string`: String	Wandelt den angegebenen String in eine Integer-Variable um (funktioniert nur, wenn der String nur aus Zahlen besteht)
`x = StrIndex(string,zeichenNummer);`	`x`: Integer `string`: String `zeichenNummer`: Integer	Gibt den ASCII-Code des angegebenen Zeichens im angegebenen String zurück
`string = StrCat(string1, string2, ..., stringN)`	`string, string1, ..., stringN`: String	Fügt die angegebenen Strings zusammen
`stringNeu = SubStr(stringAlt, beginn, länge);`	`stringNeu, stringAlt`: String `beginn, länge`: integer	Kopiert die angegebene Anzahl von Zeichen des alten Strings, ab der angegebenen Stelle, in den neuen String
`stringNeu = StrReplace(stringAlt, beginn, stringErsatztext);`	`stringNeu, stringAlt, stringErsatztext`: String `beginn`: Integer	Ersetzt den alten String ab dem angegebenen Zeichen durch den Ersatztext
`long name;`		Deklariert eine Variable vom Typ Long mit dem angegebenen Namen
`unsigned int name;`		Deklariert eine Variable vom Typ Integer ohne Vorzeichen
`unsigned long name;`		Deklariert eine Variable vom Typ Long ohne Vorzeichen
`char name;`		Deklariert eine Variable vom Typ char

`struct name`
`{`
`typ name1;`
`typ name2;`
`};`
		Definiert ein Struct mit dem angegebenen Namen und den angegebenen Bestandteilen

`structName varName;`		Deklariert eine Variable mit dem angegebenen Namen vom Typ des angegebenen Structs
`structName.varName = x;` `structName.varName2 = y;`	`x`: Vom selben Typ wie `structName.varName` `y`: Vom selben Typ wie `structName.varName2`	Weist den angegebenen Variablen des Structs die angegebenen Werte zu

Befehl	Parameter	Funktion
`mutex name;`		Deklariert eine Variable vom Typ `Mutex` mit dem angegebenen Namen

B.15 Verzweigungen

Befehl	Parameter	Funktion

`if(bedingung)`
`{`
` Anweisung 1;`
` Anweisung 2;`
` Anweisung n;`
`}`
`else`
`{`
` Anweisung 1;`
` Anweisung 2;`
` Anweisung n;`
`}`
	`bedingung`: Wahr oder falsch	Ist die Bedingung wahr, werden die Anweisungen in der geschweiften Klammer nach `if` ausgeführt, ist die Bedingung falsch, wird der Code zwischen den geschweiften Klammern unter `else` ausgeführt.
		Eine `if`-Verzweigung kann auch alleine, also ohne `else`-Fall, stehen.

`switch(wert)`
`{`
` case bedingung1:`
`Anweisung1; break;`
` case bedingung2:`
`Anweisung2; break;`
` case bedingung3:`
`Anweisung1; break;`
`}`
	`wert`, `bedingung1`, `bedingung2`, `bedingung3`: Integer oder Char	Ist der Wert gleich einer der Bedingungen, wird die entsprechende Anweisung ausgeführt.

`switch(wert)`
`{`
` case bedingung:`
`Anweisung1; break;`
 	
` default: AnweisungN;`
`break;`
`}`
	`wert`, `bedingung`: Integer oder Char	Der Default-Fall wird immer dann ausgeführt, wenn keine der Bedingungen wahr ist.

Stichwortverzeichnis

I

J

K

L

M

N

O

P

Q

R